江晓原作品集·甲编

回天——武王伐纣与天文历史年代学

江晓原 钮卫星 著

上海交通大學出版社
SHANGHAI JIAO TONG UNIVERSITY PRESS

内容提要：

本书是上海交通大学科学史与科学文化研究院院长江晓原博士及其重要的学术助手钮卫星博士撰写而成的天文历史年代学著作。作者以“夏商周断代工程”中《武王伐纣时的天象研究》和《三代大火星象》的研究成果为基础，通过测算武王伐纣之年及孔子、佛陀生年，并加以补充和拓展，详细阐述了如何运用现代天文学方法和历史文献中留存的资料来解决历史年代学问题。

图书在版编目（CIP）数据

回天：武王伐纣与天文历史年代学 / 江晓原，钮卫星著. —上海 ：上海交通大学出版社，2014
ISBN 978-7-313-11737-3

Ⅰ. ①回… Ⅱ. ①江… ②钮… Ⅲ. ①天文学史—研究—中国—古代 Ⅳ. ①P1-092

中国版本图书馆CIP数据核字（2014）第216059号

回天——武王伐纣与天文历史年代学

著　　者：江晓原　钮卫星
出版发行：上海交通大学出版社　　地　　址：上海市番禺路951号
邮政编码：200030　　电　　话：021-64071208
出 版 人：韩建民
印　　制：上海盛通时代印刷有限公司　　经　　销：全国新华书店
开　　本：787mm × 960mm　1/16　　印　　张：17.5
字　　数：247千字
版　　次：2014年10月第1版　　印　　次：2014年10月第1次印刷
书　　号：ISBN 978-7-313-11737-3/P
定　　价：48.00元

公元前1044年1月9日，武王在牧野之战中击溃商纣大军。有周八百年基业，正以此为标志。

图 1:BC 1044.1.9. 牧野当地时间 4:55 向正南方所见实际天象

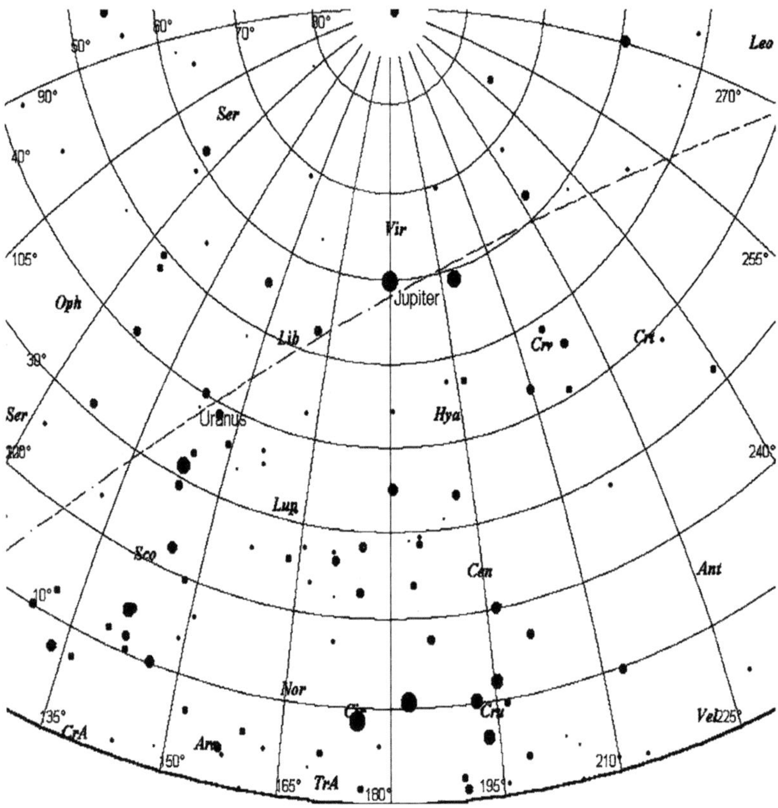

STARS	SYMBOLS	
● <1 · 3.5 ● 1.5 · >4 ● 2 • 2.5 · 3	Comet Asteroid Galaxy Open Cluster Bright Nebula Globular Cluster Planetary Nebula Quasar Other Object	木星上中天。地平高度约 60 度，极有利于观测。确实是利簋铭文中“岁鼎”天象之精确重现。

《牧野之战清晨天象图》

图 2:BC 1045.12.3. 西安当地时间 5:30 向正东方所见实际天象

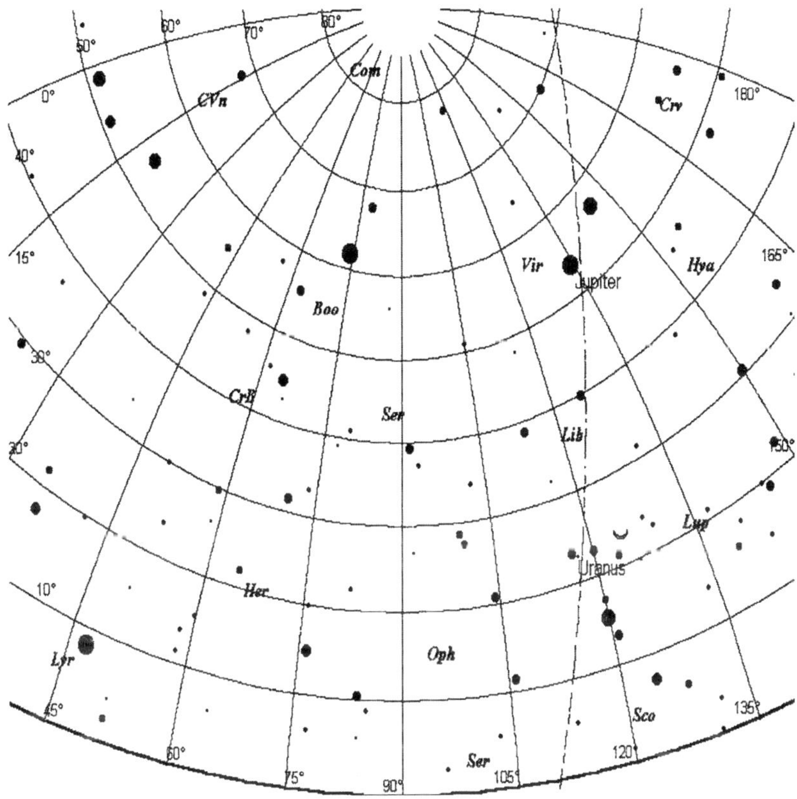

STARS

- <1 · 3.5
- 1.5 · >4
- 2
- 2.5
- 3

SYMBOLS

Comet　Globular Cluster
Asteroid　Planetary Nebula
Galaxy　Quasar
Open Cluster　Other Object
Bright Nebula

木星出现于东方显著位置，甚合《淮南子·兵略训》、《荀子·儒效》等古籍“武王伐纣，东面而迎岁”之说。残月恰位于天驷（Sco π）之上，精确符合《国语》中伶州鸠“月在天驷”之语。

《武王出师前日天象图》

武王伐纣天象与历史事件一览表

公历日期（公元前）	干支	天象	天象记载之出处	事件	事件记载之出处
1047		岁在鹑火（持续了约半年）	《国语》	孟津之会，伐纣之始	《史记·周本纪》
1045.12.3.	丁亥	月在天驷 日在析木之津	《国语》		
1045.12.4.	戊子	东面而迎岁（此后多日皆如此）	《淮南子》	周师出发	《三统历·世经》
1045.12.7.	辛卯	朔	《武成》		
1045.12.9.	癸巳			武王乃朝步自周	《武成》
1045.12.21.	乙巳	星在天鼋（此后可见5日）	《国语》		
1045.12.22.	丙午	望（旁生魄）	《世俘》		
1044.1.3.	戊午			师渡孟津	《史记·周本纪》
1044.1.5.	庚申	既死霸	《武成》		
1044.1.6.	辛酉	朔			
1044.1.9.	甲子	岁鼎	利簋铭文	牧野之战，克商	利簋铭文 《武成》 《世俘》
1044.2.4.	庚寅	朔 星在天鼋（此后可见20日）	《国语》		
1044.2.19.	乙巳	望（既旁生霸）	《武成》		
1044.2.24.	庚戌			武王燎于周庙	《武成》
1044.3.1.	乙卯			乃以庶国祀馘于周庙	《武成》

目　录 CONTENTS

第四章　背景知识之二：解决历史年代学问题之天文学方法

第五章　武王伐纣时的天象记录及其考证与检验

第六章　可用天象之回推计算及筛选结果

第七章　刘歆以来的天文历史年代学

图表目录

序

屈指算来，这已经是在第三次为晓原兄的天文学史著作写序了。当然，在晓原兄这三本我为之写序的专著之外，他还有其他关于天文学史的著作，如对占星学史的研究著作，以及像性文化史方面的专著等等出版。由此可见，晓原兄在学术上可谓异常勤奋，成果颇丰，且每本著作均有新意，而绝非以拼凑、重复等方式为写书而写书，实在难得，也足令我等科学史同行惭愧不已。

不仅仅对于历史学界和考古学界的人士，就连许多其他领域的学者甚至更大范围的公众来说，国家九五重大科研项目“夏商周断代工程”都是引人瞩目的一项重要研究课题。而作为此课题中的专题之一，对于武王伐纣之年代的确定，可以说又是一个一千多年来一直为人们争论而无确切答案的著名难题。正因为如此，每当晓原兄主持的用天文学方法来对此难题进行的研究有些新进展时，各种媒体便争相报道。但媒体的报道总有某些不准确、不完备之处，也不能代替研究者本人的专业论述。终于，晓原兄对此问题的研究得到了惊人的结果，两篇报告其结果的专业论文，1999 年末在《自然科学史研究》和《科学》这两份期刊上同时问世。不过，期刊上的学术论文通常总是以极度浓缩的形式发表，不得不略去许多相当重要的背景和细节。因此，这本名为《回天——武王伐纣与天文历史年代学》的专著，由于系统、全面地阐述了他们对这一难题的研究，将有其重要的学术价值，我们相信它必将成为一份经典的文献。

关于确定武王伐纣之年代的意义，关于用现代天文学方法来进行这项研究的创新，以及关于这项研究中的具体细节，在《回天》一书中已有详细的论述，这里不必多讲。在此序中值得谈及的，似乎倒是其他一些相关的问题。

首先，值得注意的是作者对学术研究所持的“智力体操说”。其实，不仅在此项研究中，在平日与晓原兄的交往中，也常常听他反复提及这种观点。我以为，正是由于把学术研究看作是“过程比结果要紧，方法比成果重要”的“智力体操”，而不是为了其他更功利的目的，才是晓原兄能做出这种出色成果的一个重要的先决条件。

其次，尽管晓原兄在此项研究中应用了新的方法和手段，但其以往对于中国古代天文学史（或按其本人更确切的讲法则是中国古代“天学”史）颇有新意的“外史”研究，也即对于中国古代“天学”之功能及其与社会政治之关系的研究，应该是一个非常重要的背景，是重要的基础。这些成果在其《天学真原》和《天学外史》两书中已有更详细的讨论，在某种意义上，正是由于有了那些关于星占与通天、天命与革命等关系的基础性研究，才有可能对中国古代的天象记录形成其独特的理解，并顺理成章地为后续的研究铺平道路。

再次，在此项研究中，思路和方法的创新是不可忽视的。如果说在思路上更多地属于研究者个人的话，在此项研究中方法上的创新则不可避免地受制于当代天文学及其计算手段的最新发展。但天文学领域中的发展毕竟主要是为天文学的研究服务的，能够想到，并恰当地将其利用到历史的研究中，就应该说是一种重要的创新。其带来的，也就是像晓原兄所称的“建立在现代天文学方法之上的天文历史年代学”这一新的创造。

除了上述几点之外，我们也可以注意到像当代科学哲学的背景对于研究者的影响，如作者在书中所表述的对其成果之证伪性的关注，以及这种观念与其研究结论之确切性的关系等等。像这样的意识对于科学史的研究者来说显然是非常有益的。

也正是在此书完成的1999年，我国第一个在大学中的科学史系在上海交通大学成立，晓原兄出任该系首任系主任。随后，又有中国科学技术大学成立了科技史与科技考古系。像这样的学科建制的发展，对于中国科学史的发展是极为关键性的，是一种体制上的创新。但科学史在学科建制方面的创新只是为科学史的发展提供了一种可能，更重要的，还是在建制创新的基础上有更多的在研究上的创新。当下，创新一词忽然被人们所青睐。其实，创新又并不是什么新的概念。在学术上，任何时期都离不开创新。离开了创新也就不会有学术的发展。如果与科学史在西方的发展相比，我们不难看出，国内大多数对中国科学史的研究，虽然颇不乏非常严谨、精于考证之作，但在研究观念和研究方法的创新上，却落后许多。因而，体现在《回天》这部书中的创新的意义与价值相对也就是显而易见的了。

有了建制上的创新，有了研究方法和研究观念上的创新，科学史这门学科在中国的发展也就有了希望。

刘　兵

1999年12月1日

于清华东园黑道堂

新版前言

作为“夏商周断代工程”中重要专题的综合性成果，《回天——武王伐纣与天文历史年代学》初版于2000年，完稿至今，转瞬已将15年。

当年我在中国科学院上海天文台，领导着当时国内唯一的天文学史研究组，天文历史年代学本来并非我们研究的主要方向。我和我的团队接受“夏商周断代工程”的任务，是出于工程首席科学家席泽宗院士的指派。

工程对我们团队的工作非常满意，并给以高度评价——2001年国家科技部、财政部、国家计委、国家经贸委联合颁发的“九五国家重点科技攻关计划优秀科技成果”就是颁发给我们团队的，证书和奖状都经由中国科学院上海天文台送交到我的手中。新华社为我和我们团队的工作播发了全球通稿，海内外媒体对我们的工作成果作过大量报导和后续采访。《回天》则被视为天文历史年代学的经典作品——至今尚无同类作品问世。

也许可以令人稍感欣慰的是，15年来，我还没有在任何严肃的学术刊物上见到对我们团队当年的结论——**牧野之战发生于公元前1044年1月9日**——提出商榷的学术文本；赞成我们结论的学术文本倒是见过，例如陈奇猷教授有题为“读江晓原《回天》后——兼论周武王何以必须在甲子朝到达殷郊牧野及封微子于孟诸”的论文，载《古籍整理研究学刊》2001年第1期，其中称我们发表上述结论的论文“证据确凿，所定日期令人信服，对夏商周断代工程是一重大贡献”。

我自从1999年调入上海交通大学，创建了科学史与科学哲学系之后，就将大量时间和精力投放在系的建设及教学科研上了，我个人的学术兴趣也延伸到了科学政治学、对科幻作品的科学史研究等方向上去了。2012年，上海交通大学将科学史与科学哲学系升格为学院，这不仅为我们打开了新的发展空间，也是对我们此前十多年工作的充分肯定。

武王伐纣与天文历史年代学很快在我的学术活动中画上了句号——当然我仍然会适度关注这个领域的新进展。通常，一个学者不可能一生只研究一个课题，随着时间的流逝和研究领域的拓展，学术兴趣延伸或转移到新的课题上几乎是必然的。这种延伸或转移，有时是不知不觉的，有时是身不由己的，有时则是欣然喜悦的。

值此《回天——武王伐纣与天文历史年代学》新版在即，我回顾往事，回顾此前做过的研究课题，也是欣然喜悦的。这一点，我想我昔日的团队成员、本书的合作者、我现在的亲密同事钮卫星教授一定有同感。

新版修订了少数初版误植，抽换了少数插图，内容保持原状。

江晓原

2014年8月2日

于上海交通大学

科学史与科学文化研究院

初版前言

本书以国家九五重大科研项目“夏商周断代工程”中的两个专题：《武王伐纣时的天象研究》和《三代大火星象》的研究成果为基础，再加以补充和拓展而成。旨在以武王伐纣之年这一千古之谜为个案，阐述如何使用现代天文学方法来解决历史年代学问题——也就是我们所说的天文历史年代学。

江晓原是上述两个专题的负责人，钮卫星是该两专题的主要参加者。此外，卢仙文博士也参加了《武王伐纣时的天象研究》专题的工作，他的成果凡在本书中被引用之处，皆已分别注明。在这里我们要向他表示诚挚的谢意——因为他的博士论文解决了《武王伐纣时的天象研究》中的关键问题之一。

如今数年心血，即将付梓，回首往事，感慨系之。

首先是感慨于价值标准之碰撞。

我们应用现代天文学方法和国际上最先进的天文学软件，并且设计了两种推算方案[1]，结果这两种方案竟然殊途同归，不仅得出了武王伐纣的准确年份，而且得出了整个武王伐纣战役的日程表。其中最主要的日期是：

---

[1] 该两方案已经分别在北京和上海的学术刊物上发表：

第一方案：江晓原、钮卫星：“《国语》伶州鸠所述武王伐纣天象及其年代”，《自然科学史研究》18 卷 4 期（1999）。

第二方案：江晓原、钮卫星：“以天文学方法重现武王伐纣之年代及日程表”，《科学》51 卷 5 期（1999）。

公元前 1045 年 12 月 4 日——周师出发

公元前 1044 年 1 月 3 日——周师渡过孟津

公元前 1044 年 1 月 9 日——牧野之战

这样精确的结果是传统的考古学方法、碳 14 测年方法等都无法得出的。这曾使不少学者感到难以置信，难以想象。他们不太习惯于接受这样的事实。

因此当我们的结果提出之后，我们就一再被强烈要求提供“次优解”——实际上就是希望我们将已经得到的明确结论不确定化，使之有一定的游移范围，或者提供另外若干个可供选择的武王伐纣年份，以便与其他某些专题结论所要求的年代“匹配”。

但是我们不能这样做。

一者，按照天文学计算的正常程序，各个解的优劣判然可分，相差极为悬殊，我们找不出任何别的解可以有资格充当“次优解”（参见本书第六章中的详细内容，以及本书附录七）。

二者，我们认为多学科参与夏商周断代工程，各种不同手段所得出的解，其价值就在于它们的相对独立性，若都相互“匹配”，则结果自然是众口一词，听上去也许很“理想”，其实却可能大大损害了结论的科学性。对此，一位考古学家曾有评语云：**“科学的结论是研究出来的，不是少数几个人商量出来的。”**旨哉斯言！何况我们的结论，已经和碳 14 测年等科学手段得出的结论（30 年的时间段——公元前 1050—1020 年）完全吻合了。

也有好心人相劝：你们提供可选择的年代越多，则你们的结论被采纳的可能性就越大，一旦“钦定”，青史留名，有何不好呢?

但是我们不想这样做。

我们知道结论表述得越不确定，就越容易被接受，也就越不容易被证伪，然而也就离开科学价值越远。我们宁愿将数年心血奉献在学术发展的祭坛上——我们宁愿冒被证伪的风险。因为科学发展的历史告诉我们，一个真正有科学价值的成果，才会有希望青史留名——即使它已被证伪。

我们的结论和上述态度，得到许多学者的热烈支持。但是我们一贯服膺多元和宽容的学术态度，当然不反对有兴趣和有必要的人士去“匹配”。

其次是感慨于学术理念之不同。

天文学是一种专门之学，它要求从业者接受大量的专业训练，并非靠天分聪明或博览群书就可以轻易掌握的。即使只想略窥门径，也需要耐着性子作出相当艰苦的努力。正因为如此，天文学计算被许多学者视为非常神秘的工作。某些与历史学家打交道的天文工作者，也一直有意无意地培育着这种神秘感。其中特别神秘者，厥有两端：其一为日食计算，其二为天文软件。

我们虽然无意于和这种神秘感作对，但我们在工作中，遵循前辈的教诲，坚持实事求是之意，力戒哗众取宠之心，我们认为应该坦然公布我们所依据的各种材料和工具，比如说使用了哪种星历表，哪种天文学软件等等，遂可能在客观上大大削弱了这种神秘感。对此读者可参阅本书附录二和附录四。知我罪我，亦听之公断可矣。

我们要感谢夏商周断代工程的首席科学家席泽宗院士、李学勤先生、仇士华先生，工程办公室的朱学文女士、王肃端女士，参加工程的专家曹定云教授、黄怀信教授，以及《文汇报》施宣圆先生、新华社张建松女士、《文汇报》张咏晴女士。我们的研究工作一直得到他们的关心、支持或鼓励。

江晓原　钮卫星

1999 年 11 月 18 日

于上海交通大学科学史系

第一章

导言：问题之提出、界定及其意义

为什么要确定武王伐纣之年？

周武王即位之后数年（到底是两年、三年，尚无定论），出兵伐商，帅诸侯联军，在牧野（今河南汲县北）与商纣王的大军决战，一战而胜，遂灭亡商朝，开创了周朝八百年的统治。此事就是人们通常所说的“武王伐纣”。

西方人取笑罗马帝国历法不精密，戏言曰：“罗马人确实经常打胜仗，但不知道是哪一天打的。”武王伐纣，一战击溃商朝大军，以小邦而胜大国，这一战自然是周朝八百年间最重要的战役。周人倒是知道牧野之战是哪一天进行的——他们知道这一天的纪日干支是甲子。因为这有 1976 年在陕西临潼零口镇西段村出土的西周早期青铜器利簋上的铭文，铭文中有这样的字句可以证明：

> 武王征商，隹甲子朝，岁鼎克昏，夙有商。

可惜流传下来的文献记载不全，至少到汉代，人们就搞不清武王伐纣是在哪一年了。

这个问题有那么重要吗——以至于需要为它写一本专著？

在对历史不感兴趣的人们看来，这个问题当然不重要。管它发生在哪一年呢？地球不是照样旋转，生活不是照样进行？

即使是对历史很感兴趣的人，大部分也会有类似的想法——比如可以表述成这样：管它发生在哪一年呢？王朝不是照样更替，历史不是照样展开？

这种想法确实很普遍，也很自然。我们可以先举一个生活中的例子来佐证。本书作者之一有一位朋友，是研究唐宋文学史的专家，他擅长考证某位诗人出生于哪一年、某一首诗是不是某人所作之类的“琐事”。他的太太也是中文系古典文学专业毕业的，就曾表示，她实在不明白，即使考证出了——比如说，晏幾道是出生于1050年左右而不是前人所说的1030年左右，又有什么意义呢？

当然，武王伐纣这件事比晏幾道出生年份要重大得多。但仅从这个意义上去理解，仍然远远构不成为之写一专著的理由。

人们常说中华文明五千年历史，近年丰富的考古发现，也证明此说并不夸张。然而中国有确切年代记载的历史，却只能从公元前841年开始。这年倒行逆施的周厉王在国人的叛乱中弃位逃亡，国政由召穆公、周定公两位贵族共同执掌，称为“共和元年”[1]。《史记·十二诸侯年表》就是从这一年开始的。从这年往后，中国历史都有明确的纪年。然而，说是五千年古老文明，真正有确切年代的却只是五分之三不到。因为从公元前841年数到公元1999年，只有：

$$841 + 1999 - 1 = 2839\text{年}^{[2]}。$$

[1]　“共和”政权持续了14年。关于“共和”政权，历史上有两种说法。一为召、周二公共执国政，另一种说法是有一个称为“共伯和”的人执政（或代行天子事）。第二说法不仅与主流的史料如《史记·周本纪》、《史记·卫世家》等不合，而且“共伯和”其人的身份也难以落实。由现今所知西周政治的组织及运作情形推测，第二说法的可信程度很小。

[2]　注意：因为在公元前1年和公元1年之间并没有“公元0年”，所以计算从公元前某年起到公元后某年之间的周年总数，都要在公元前年数与公元年数之和中减去1才对。这一点许多人（包括历史学家）都容易搞错，其实只要做如下一个实际计算就可一目了然：

设某甲出生于公元前1年1月1日，问在公元1年1月1日他几周岁？很多人想当然地认为，当然是 $1 + 1 = 2$ 周岁，然而实际上此时他只有1周岁。

或者可以说，在这一正负数的数轴上，坐标原点是公元前1年12月31日24:00，也就是公元1年1月1日0:00。

历史学家每念及此，都难免有点痛心疾首。

既然痛心疾首，就要设法解决问题，设法考定共和元年之前——也就是夏、商和西周三代的年代。三代之中，夏代毕竟遥远，向上与史前文明相连接。真正有希望弄清准确年代的是商代和西周早期。

武王伐纣是中国历史上的一件大事，更是商周年代学上的大关键。

武王伐纣之年，正是商朝结束，周朝开始。如能定出武王伐纣的确切年代，就可以根据文献和考古材料所记载商、周各有多少王，各王在位多少年等资料推算出一个年表。所以武王伐纣的年代问题，同时对商、周两朝的定年产生影响，是判断商、周年代至关重要的一个点。

同时，考定武王伐纣之年，又是一个非常典型的历史年代学课题。由于传世的有关史料比较丰富但又不够确定，使得这一课题涉及许多方面，如文献史料的考证、古代历谱的编排、古代天象的天文学解释与推算、青铜器铭文的释读等等。这一课题为古今中外的学者提供了一个极具魅力的舞台，让他们在此施展考据之才，驰骋想象之力。

正因为如此，这一课题研究发端之早、持续年代之长、参与学者之多，都达到了惊人的程度。

尽管董作宾认为，战国时人即已开始尝试解决伐纣之年问题——他是指“殷历家”根据《尚书·武成》(以下简称《武成》)所作的推算，以及《古本竹书纪年》中“十一年庚寅周始伐商”的记载。但是最先在这一舞台上正式亮相的，或当推西汉末的刘歆，《汉书·律历志》中的《世经》篇，是刘歆依据《三统历》求得的历史年代学成果，他在其中推定武王伐纣之年为公元前1122年。这一结果在此后两千年间一直有不少赞同者。《新唐书·律历志》则有唐代一行《大衍历议》中所推算的武王伐纣之年，换算成公历是公元前1111年。这一结论也得到董作宾等现代学者的支持。

古代学者多从刘歆之说，如宋代邵雍之《皇极经世》、刘恕之《通鉴外纪》、郑樵之《通志》、元代金履祥之《通鉴前编》、清乾隆时“奉敕编撰”之《通鉴辑览》等，皆是如此。不过，刘歆之说影响虽大，古代仍有多种不同的伐纣年代之说，如：

据《毛诗正义》推算的公元前 1130 年说。

据皇甫谧《帝王世纪》推算的公元前 1116 年说。

据《易纬·乾凿度》推算的公元前 1070 年说。

据《今本竹书纪年》推算的公元前 1050 年说。

此外如邹伯奇《学计一得》有“太岁无超辰说”，推得公元前 1070 年。而姚文田的《周初年月日岁星考》则可推出公元前 1067、1066、1065 年三说。

进入 20 世纪之后，研究武王伐纣之年问题的学者越来越多。加入这一队伍的不仅有中国学者，还有日本、欧洲和美国的学者。已经在中外各种学术刊物上发表了关于武王伐纣之年的大量研究论著。近有《武王克商之年研究》一书，收集前贤论著较为详备（截至 1997 年 5 月 1 日）[1]，共计收载论文全文或摘要 57 种，书末附“要目”106 种，虽然这一数量已经足以让人叹为观止，但是很可能仍有某些零星论著未被搜集到，而新的论文仍在陆续问世。在此百余种论著中，研究者们提出了至少 44 种不同的伐纣之年。有的学者还随着研究的不断深入，以今日之我而否定昨日之我，先后提出过不止一种伐纣之年的结论。这里先以简表形式给出一览如下：

44 种武王克商之年一览

序号	克商之年（公元前）	提出者及支持者
1	1130	林春溥
2	1127	谢元震
3	1123	胡厚宣
4	1122	刘歆、邵雍、刘恕、郑樵、金履祥、马端临、吴其昌、岛邦男
5	1118	成家彻郎
6	1117	胡厚宣

[1] 北京师范大学国学研究所编：《武王克商之年研究》，北京师范大学出版社，1997 年。

（续表）

序号	克商之年（公元前）	提出者及支持者
7	1116	皇甫谧
8	1112	刘朝阳
9	1111	一行、董作宾、严一萍、郑天杰
10	1106	张汝舟、张闻玉
11	1105	马承源
12	1102	黎东方
13	1093	葛真
14	1088	水野清一
15	1087	白川静
16	1078	胡厚宣
17	1076	丁骕
18	1075	唐兰、刘启益
19	1071	李仲操
20	1070	“殷历家”、邹伯齐、李仲操、张政烺、刘启益
21	1067	姚文田
22	1066	姚文田、新城新藏
23	1065	姚文田、哈特纳（W.Hartner）、白光琦
24	1063	山田统
25	1059	彭瓞钧
26	1057	朱右曾、张钰哲、葛真、赵光贤、张培瑜
27	1055	章鸿钊、荣孟源
28	1051	高木森、姜文奎
29	1050	李兆洛、叶慈（W.P.Yetts）
30	1049	王保德
31	1047	林春溥
32	1046	班大为（D.W.Pankenier）
33	1045	倪德卫（D.S.Nivison）、夏含夷、周法高、赵光贤
34	1044	李丕基
35	1041	吉德炜（Keightley）
36	1040	倪德卫、周文康
37	1039	何幼琦
38	1035	萧子显

（续表）

序号	克商之年（公元前）	提出者及支持者
39	1030	丁山、方善柱、周流溪
40	1029	黄宝权
41	1027	梁启超、雷海宗、莫非斯、陈梦家、高本汉、屈万里、何炳棣
42	1025	劳榦
43	1024	平势隆郎
44	1018	周法高

在国内外一些比较有影响的历史著作或工具书中，对武王伐纣之年也是众说纷纭，这里姑稍举几例：

范文澜《中国通史》，取公元前1066年，谓“据《史记》周本纪、鲁世家及《竹书纪年》年代推算，武王克商当在此年”[1]。

柏杨《中国人史纲》，取公元前1122年作为武王克商之年[2]。

《中国大百科全书·中国历史》，其“牧野之战”条定武王克商之年为公元前1025年[3]。

翦伯赞主编《中外历史年表》，定牧野之战为公元前1066年[4]。

许倬云《西周史》，本是责无旁贷应该取定一个武王伐纣之年的，书中却完全回避了这个问题，只说“周初年代学是极为复杂的问题，此处以无关宏旨，暂不赘言”[5]。一本《西周史》，竟说西周从哪年开始是“无关宏旨”，这遁词未免太勉强了。

上述几种说法中，武王伐纣之年相去已近百年。足见武王伐纣之年问题不解决，则商周年代聚讼终无宁日也。

然而，仅此还未足以构成为武王伐纣问题写一本专著的理由。

---

[1] 范文澜：《中国通史》第一册，131页，人民出版社，1949年。

[2] 柏杨：《中国人史纲》，90页，中国友谊出版公司，1998年。

[3] 《中国大百科全书·中国历史·Ⅱ》，706页，中国大百科全书出版社，1992年。

[4] 翦伯赞主编：《中外历史年表》，16页，中华书局，1961年。

[5] 许倬云：《西周史》，93页，三联书店，1994年。

确定武王伐纣之年的困难之处

武王伐纣之年这一问题，何以如此之多的学者研究了两千余年，还一直未有定论？最根本的困难，是由于找不到一个能够直接说明伐纣是哪一年的文献记录。

比如利簋上的铭文，是迄今所发现的关于武王伐纣唯一的当时实录，但铭文只证明了武王伐纣获胜之日确实是甲子日，却并未告诉后人这是哪一年。又如《尚书·武成》和《逸周书·世俘》，都记载了伐纣时的历日和月相，但无年份；而且历日中的岁首问题、月相术语的定义问题，都曾有不止一种解释。再如《古本竹书纪年》，书中虽载有西周的王年，但此书已是战国时的作品，又晚至西晋时方才出土整理。而且这些材料相互之间又往往不能一致，这就使武王伐纣之年变得扑朔迷离。

由于天人感应的思想观念在古代中国源远流长，改朝换代、人间治乱等等都被认为与某些特殊天象有直接关系[1]，因此许多历史事件的记载中往往包括了事件前后所出现的某些特殊天象记录。像武王伐纣这样的重大历史事件，自不例外。《国语·周语》、《今本竹书纪年》、《淮南子·兵略训》等古籍在论及武王伐纣时，都有当时一些特殊天象的记录，但是这些能够提供有关文献的古籍，成书年代都要比武王伐纣晚很多，比如《国语》成书于战国，《淮南子》成书于西汉，都不是当时的记录。这样就使得史籍中关于武王伐纣时的天象记载，本身还有真伪难辨的问题。

史籍所载武王伐纣时的特殊天象，成为现代学者探索伐纣之年的重要途径。因为应用现代天文学中的天体力学方法，天文学家已经能够对几千年前的许多天象进行回推计算。如日食、月食、行星位置、周期彗星等等，从理论上说，都可以根据史籍中的记载，推算出此天象发生于何年何月何日，甚至精确到几时几分几秒。由此即可推得武王伐纣之年究竟是哪一年。

[1]　关于这一问题可参见本书第二章。

然而，问题的复杂性在于，上面所说的思路，仅仅“从理论上说”是如此，实际施行起来仍有许多困难。古人之记录天象，是基于天人感应的思想观念，和现代天文学家进行科学记录时的着眼点及方法有很大不同，因此从现代天文学计算的要求来看，古代的天象记录很不完整，这样，在进行回推计算时就可能得不出明确的答案，或是得出不止一个答案。

正是由于上述这些困难，造成古今中外研究者所推得的伐纣之年大相径庭。据目前所见材料，最早者为公元前1130年，最晚者为公元前1018年，前后相差竟达112年之久，超出一个世纪。

要克服上面这些困难，我们必须寻求全新的途径和思路，采用全新的手段和工具。

“难圆之梦”和“智力体操”

我在拙作《天学外史》的绪论中曾说：

> 这样一来，我们就难免会被引导到某些历史学的基本理论问题上去。国内几十年前“以论带史”还是“论从史出”的陈旧争论早已被时代抛弃，国外各种史学理论则或多或少被介绍进来。“真实的历史”初听起来——或者说只是在我们的下意识里——似乎仍然是一个天经地义应该追求的目标，实际上却是难以达到的境界。有人说，如今在美国，谁要是宣称他自己能够获得“真实的历史”，那就将因理论上的陈旧落伍而失去在大学教书的资格。这或许是一种夸张的说法，不过在比较深入的思考之下，“真实的历史”确实已经成为一个难圆之梦。现在的问题是：若明知为难圆之梦，我们要不要就此抛弃这一梦想？就我个人而言，我觉得还是保留这一梦想为好——人类毕竟不能没有梦想。[1]

[1]　江晓原：《天学外史》，3页，上海人民出版社，1999年。

在武王伐纣问题上，我们也不能没有梦想。

有没有梦想主要是态度问题，能不能实现梦想很大程度上是机遇问题——比如在前电子计算机时代，要真正解决武王伐纣的日程问题就没有可能。

对于那些在此时明显无法彻底解决的问题，也不是没有进行尝试的价值。就像拳击手需要有沙袋作为练习的目标一样，研究者（特别是初出道的青年研究者）也总是需要一些具有难度的题目来进行“智力体操”。武王伐纣的年代问题，就是这样一道绝佳的“智力体操”题，所以从两千年前的刘歆开始，历代学者们都乐此不疲。

对于“智力体操”而言，毫无疑问，**过程比结果要紧**，方法比成果重要。说到这里，我们已经可以顺理成章地和盘托出本书的目的——通过确定武王伐纣之年及其日程表这个个案，来阐明天文历史年代学的理论基础、主要原则和基本方法。因此在本书中我们也将介绍一些其他天文历史年代学的课题和成果。

这才是为这个题目写一本专著的主要理由。

第二章
背景知识之一：武王伐纣所涉及的政治文化观念

通天者王

在中国历史上，特别是早期，王权并不是仅靠军事和经济实力就可以建立起来的。

在早期，掌握“通天”能力是确立王权的必要条件之一，其重要性远出现代人通常的想象之外；到后来，“通天”能力的重要性有所下降，但仍然是王权的基本象征之一，不可或缺。关于上述结论，我曾在拙作《天学真原》中作过比较系统的论证[1]，这里仅略述其大要：

所谓“通天”，是指与上天交流沟通的能力。

在古代中国人心目中，“天”通常可以指整个自然界。但是这个自然界并非近代科学“客观性假定”中那样的自然界——那是无意志、无情感，不会因人的主观意愿而改变，但可以被人类认识并通过实际行动进行改造和征服的世界。古代中国人的“天”，是一个有意志、有情感，无法彻底认识，只能顺应其“道”与之和睦共处的庞大而神秘的活物。

这个有意志的“天”，被古代中国人想象为道德至上的，比如，人间政治清明，统治者“有道”、“有德”，“天”就会嘉许，此时它呈现

[1] 江晓原：《天学真原》，第二、三章，辽宁教育出版社，1991 年。

"祥瑞"——象征吉祥的天象：麒麟、凤凰、灵龟、黄龙、白鹿乃至"九尾之狐"的出现，还有灵芝出、嘉禾生、甘露降之类。反之，若政治黑暗、君王"无道"，上天就会愤怒并警告，为此它可以呈现无数"凶"的天象，以及地震、山崩、干旱、洪水之类的自然灾害。

然而，这个道德至上的"天"的意志的最大体现，是所谓"天命"。上天将"天命"归于它所嘉许的统治者，该统治者的王权就有了最大的合法性。如果上天因为某统治者无道昏庸而收回"天命"，转交给他的敌人，那他的王权就失去合法性，他的王朝就会崩溃，他的敌人就可以名正言顺地改朝换代，建立自己的新王朝了。

既然如此，知道上天将"天命"赐予何人，以及上天对人间的统治是否满意，即了解"天意"，也就成为君王的头等大事了。因为只有具备了与上天交通能力的人，才有资格确立王权。董仲舒《春秋繁露》卷十一"王道通三"云：

> 古之造文者，三画而连其中，谓之王。三画者，天、地与人也；而连其中者，通其道也。取天、地与人之中以为贯而参通之，非王者孰能当是？

若以此作为造字理论，固稍有穿凿附会之嫌（也未必全无道理），但"通天者王"的观念，实为中国上古政治思想之要义所在。著名考古学家张光直，曾对中国上古时代通天与王权的关系作过研究，阐述两者关系极为明确：

> 通天的巫术，成为统治者的专利，也就是统治者施行统治的工具。"天"是智识的源泉，因此通天的人是先知先觉的，拥有统治人间的智慧与权力。……占有通达祖神意旨手段的便有统治的资格。统治阶级也可以叫做通天阶级，包括有通天本事的巫觋与拥有巫觋亦即拥有通天手段的帝王。事实上，王本身即常是巫。[1]

---

[1] 张光直：《考古学专题六讲》，107 页，文物出版社，1986 年。

关于古代巫觋的通天手段，张光直主要是从青铜礼器及其上的动物纹样等方面来讨论的，他尚未将目光投向古代天学的广阔领域。而事实上，中国古代的天学，即星占历法之学，才是最直接、最根本、最重要的通天手段。

在玛雅文明中，上层统治阶级把主要精力放在处理时间和时间的推移上，因为相信时间可以延伸到永恒，通过这种活动，统治者使自己与真实或虚幻的祖先联系起来，从而获得统治的合法性，这一主题和象征明显渗透到玛雅艺术之中。将这一点与古代中国人的通天观念对比，也是意味深长的。和其他民族的观念一样，在古代中国人心目中，神总是居于天界，而功业盛大的祖先也可以上升为神，因此与祖神“在天之灵”进行沟通，自是通天事务中的重要内容，可以有助于提供统治的合法性。祭祀在商周文明中何以受到如此超乎寻常的重视，原因就在这里。另一方面，时间的推移也必然与天文学发生关系，在中国古代，这就是历法、历术之学——它们可以被看成星占之学的一部分——所处理的课题了。

张光直所说的能提供王权合法性的来自上天的“智识的源泉”，究竟在什么地方？内容又是什么呢？答案非常简单——就是星占学。古代各种星占学著作中的大量占辞，可以认为就是上天所传示的“智识”，其中有着关于王朝兴衰、战争胜负、帝王安危、年成丰歉、水旱灾害……几乎一切古代军国大事的预言[1]。历法以及与此有关的各种数术之学，归根结底也有着同样的性质和功能[2]。掌握着星占历法奥秘的巫觋——他们的后任就是古代的天学家——就是先知先觉者，他们为某帝王服务，该帝王就能获得统治的资格和权力。

为此我们必须剖析一个关于周文王的个案，来帮助说明“通天者王”。

---

[1] 关于星占学，可以参阅：江晓原：《星占学与传统文化》，上海古籍出版社，1991 年，江晓原：《星占》，香港中华书局，1997 年，该两书专论中国星占学；江晓原：《历史上的星占学》，上海科技教育出版社，1995 年，主要论述西方星占学。

[2] 关于古代中国历法“为农业服务”之说的谬误，以及历法的真实性质及功能，请参见《天学真原》第四章。

周文王的灵台

《诗·大雅·灵台》首章云：

> 经始灵台，经之营之，庶民攻之，不日成之。

灵台，即古人观天象之台。视之为现代天文台的前身，亦无不可。从表面上看，这只是周文王发动民众建造一座灵台，似乎没有什么特殊之处。但是我们如果考查儒家的礼制，问题就来了——儒家的礼制禁止诸侯染指通天事务，当然也禁止诸侯拥有灵台。孔颖达疏《灵台》此章时，引公羊说（或可理解为汉儒之说）云：

> 天子有灵台，以观天文……诸侯卑，不得观天文，无灵台。非天子不得作灵台。

而我们知道，周文王当时还只是一个诸侯，他应该是“不得观天文”也“不得作灵台”的，可是他却采用人海战术，在很短时间内就赶工造成了一座灵台（“庶民攻之，不日成之”），这岂非越礼犯上之举？

在儒家理论中，周文王当然是“古之圣王”，按理说这样的人是不可能越礼犯上的，更不用说窥窃神器，觊觎大宝了。所以孔颖达在疏《灵台》此章时感到很为难，他试图作一些解释来弥缝，但终究不得要领。

这个使后世儒家感到为难的故事背后的真相，其实说穿了也很简单——那就是周文王此时已经起了不臣之心，他倚仗自己的实力，以“不得观天文”的诸侯身份，公然擅自建造灵台，为的就是染指本来被商王所垄断的通天手段，从而为自己谋取超乎诸侯之上的政治权威，以便进而夺取天下。

周文王用极短的时间造成灵台，为的是避免夜长梦多，万一在建造过程中走漏风声，招致商王的制裁或讨伐，那就不仅不能得到超乎诸侯之上的政治权威，反而会丧失原有的政治权威，甚至可能陷入灭顶之灾。而灵台一旦建成，情况就不一样了。况且周文王当时还有美女玉帛去商王那里“公关”，而商王也可能已经对制止周的崛起力不从心，只好听之任之了。

周文王建造的灵台，可以说是他留给周武王最重要的政治遗产之一，因为灵台所带来的超乎诸侯之上的政治权威很快就起作用了。《史记·周本纪》记载：

> 九年，武王上祭于毕，东观兵，至于盟津。……是时，诸侯不期而会盟津者八百诸侯。诸侯皆曰：纣可伐矣。武王曰：女未知天命，未可也。乃还师归。

这就是有名的“八百诸侯会盟津”的故事。这是以周武王为首的政治联盟的一次军事示威，明确表示了反叛商王朝的立场。实际上就是称兵谋反，公然呼吁推翻中央政府，企图改朝换代。这样的事何等重大？我们看殷墟甲骨卜辞，殷人一举一动都要占卜，求问天意，则当时八百诸侯会盟津这样的大事，没有“先知先觉”者依据天意进行指导是不可想象的。然而谁有资格作这样的指导？八百诸侯中没有人能知道天命，只有周武王知道，他说现在还不能伐纣，大家就回去了。周武王那时自己也只是一个诸侯，为什么在天命问题上，他的发言权比八百诸侯都大？原因很简单：因为此时他已拥有自己的通天手段——周文王赶工建造的灵台正屹立在周原的大地之上，掌握着通天奥秘而又效忠周王父子的巫觋（比如姜太公之类）正在灵台上观天测星，预告着天命的转移。这番神秘庄严的景象，象征着一个新的强大政治权威已经在周地崛起，商纣王对通天手段的垄断已被打破，他的统治正在日益失去合法性，不可避免从动摇走向崩溃[1]。

自此以后，灵台就一直是历代王朝的皇家观象台。灵台——以及

[1]　前些年国内曾有电视连续剧《封神榜》，剧中周文王赶造了灵台之后紧接着就立国称王，这虽未必是史实，却甚合情理。剧中还用了相当笔墨描写了赶造灵台时“庶民攻之，不日成之”的景象，也说明编导者对“通天者王”这一古代政治要义可能确实有所理解和把握。

它所象征的一整套通天事务，就成为皇家的禁脔，从来不许别人染指。每个王朝建立之初，都要重申对民间“私习天文”的重罪处罚[1]。直到今天仍能见到这一传统的流风遗韵。所以儒家礼制中“非天子不得作灵台”之类的规矩，原不是为周文周武而设——可以说，恰恰是在姬昌父子夺得天下之后，禁止别人“通天”，才有了这些规矩。汉儒以下，已经不明白这其中的演变和道理，所以才会对《灵台》首章大感为难。

“天命”与“革命”

根据现今所见史料，中国历史上的“天命”之说，最先就是周人提出的。周人灭商，以小邦而灭亡大国，以诸侯而取代中央，这是何等惊心动魄！周人无疑迫切需要一种理论，来支持周朝王权的合法性。这理论就是“天命”之说。

在周人的理论中，“天命”是可以转移的，转移之依据，即在“有德”与否。对此最透彻的解说，可举《左传·宣公三年》中王孙满力斥楚王“问鼎”时的辞令：

> 昔夏之方有德也，远方图物，贡金九牧，铸鼎象物，百物而为之备，……用能协于上下，以承天休（按即通天之意）。桀有昏德，鼎迁于商，载祀六百。商纣暴虐，鼎迁于周，……天祚明德，有所底止。（周朝定鼎之初）卜世三十，卜年七百，天所命也；周德虽衰，天命未改，鼎之轻重，未可问也！

王孙满所说的天命，与其他儒家经典中所述完全一致。在周人留下的历史文献中，言“天命”及其转移者比比皆是。如《诗经》中诸篇：

> 有命自天，命此文王。于周于京。（《大明》）

[1] 详见《天学真原》，62—68页。

> 昊天有成命，二后受之。(《昊天有成命》)
>
> 维天之命，于穆不已。(《维天之命》)
>
> 穆穆文王，于缉熙敬止。假哉天命！……侯服于周，天命靡常。(《文王》)
>
> 绥万邦，娄丰年。天命匪解。(《桓》)
>
> 天命降监，下民有严。不僭不滥，不敢怠遑。命于下国，封建厥福。(《殷武》)

又《尚书》中亦屡言天命，如：

> 我西土惟时怙，冒闻于上帝，帝休。天乃大命文王，殪戎殷，诞受厥命。(《康诰》)
>
> 旻天大降丧于殷，我有周佑命，……非我小国敢弋殷命，惟天不畀。(《多士》)
>
> 呜呼！皇天上帝改厥元子兹大国殷之命，惟王受命，无疆惟休，亦无疆惟恤！(《召诰》)
>
> 我周王享天之命。(《多方》)

这些说法都强调了周人是受命于天，以及是上帝不再将天命给予殷人(“惟天不畀”)，所以周人才能取而代之。

上帝把原先给予殷人的天命收回，这被称为“革命”——即革除了殷的天命，这才是我们今天司空见惯的“革命”一词的本义。按周人自己的说法，采取这一“革命”行动的是上帝，然而大家心里都明白，其实是周人自己的反叛行动革了殷王朝的命。

“革命”依据既在“有德”与否，就还需要从这方面进行辩护。儒家是“祖述尧舜，宪章文武”的，“汤武革命”自然必须是他们所赞成的。《孟子》对此论述最多，辩护最力，下面是其中较重要的几段：

> 齐宣王问曰：汤放桀，武王伐纣，有诸？孟子对曰：于传有之。曰：臣弑其君可乎？曰：贼仁者谓之贼，贼义者谓之残；残

贼之人，谓之一夫。闻诛一夫纣矣。未闻弑君也。(《梁惠王下》)

取之而燕民悦，则取之。古之人有行之者，武王是也。取之而燕民不悦，则勿取。古之人有行之者，文王是也。(《梁惠王下》)

曰：文王何可当也！由汤至于武丁，贤圣之君六七作；天下归殷久矣，久则难变也。武丁朝诸侯，有天下，犹运之掌也。纣之去武丁，未久也；其故家遗俗，流风善政，犹有存者；又有微子、微仲、王子比干、箕子、胶鬲，皆贤人也，相与辅相之；故久而后失之也。尺地莫非其有也，一民莫非其臣也。然而文王犹方百里起，是以难也。(《公孙丑上》)

尧、舜既没，圣人之道衰，暴君代作；坏宫室以为污池，民无所安息；弃田以为园囿，使民不得衣食；邪说暴行又作；园囿污池，沛泽多而禽兽至。及纣之身，天下又大乱。周公相武王，诛纣伐奄；三年讨其君，驱飞廉于海隅而戮之；灭国者五十，驱虎豹犀象而远之：天下大悦。书曰：丕显哉文王谟，丕承哉武王烈；佑启我后人，咸以正无缺。(《滕文公下》)

孟子曰：桀、纣之失天下也，失其民也，失其民者，失其心也。得天下有道：得其民，斯得天下矣。得其民有道：得其心，斯得民矣。得其心有道：所欲与之聚之，所恶勿施尔也。民之归仁也，犹水之就下，兽之走圹也。故为渊驱鱼者，獭也，为丛驱爵者，鹯也；为汤、武驱民者，桀与纣也。今天下之君有好仁者，则诸侯皆为之驱矣。虽欲无王，不可得已。(《离娄上》)

孟子曰：尽信书则不如无书，吾于《武成》，取二三策而已矣。仁人无敌于天下，以至仁伐至不仁，而何其血之流杵也？(《尽心下》)

孟子曰：有人曰：我善为陈，我善为战，大罪也。国君好仁，天下无敌焉。南面而征，北狄怨；东面而征，西夷怨，曰：奚为后我！武王之伐殷也，革车三百两，虎贲三千人，王曰：无畏。宁尔也？非敌百姓也。若崩厥角，稽首。征之为言正也，各欲正己也，焉用战？(《尽心下》)

孟子这番为“汤武革命”辩护的理论，夸张而雄辩，但它同时也为后世所有的造反者提供了理论依据——只要将对方指为“失德”，指为“独夫民贼”，而自称是得民心的，是“人民”利益的代表，就可以在理论上使自己的夺权行为合法化。

武王伐纣这件事何以在中国历史上有着特殊重要的地位，可以由上面的线索去帮助理解。

天命与天象记录

上天的意志是如此重要——将天命给了殷，殷人就“载祀六百”，将天命给了周，周人就“卜年七百”（从理论上说达八百年）。所以要想成功地进行统治，就必须了解天意。

然而，“天意从来高难问”，要了解天意不是一件容易的事。

了解天意最主要、最直接的方法，当然就是观测天象。通过持续不断地观天象以预测吉凶，为政治军事决策提供依据，这一传统在中国文明早期就已确立，而且保持了数千年。承平无事之时，尚且如此；逢到改朝换代，自然更甚。在中国历史上，每逢改朝换代，通常总要留下一些兆示着旧朝衰亡、新朝兴起的天象记录（而且这些记录通常总是“应验”的）。而关于武王伐纣时的天象记录，流传下来的数量远远超出其他任何改朝换代时的天象——我们从本书后面的章节将看到，明确的记录就有 16 项之多。这一现象并非偶然，因为武王伐纣是中国历史上第一次有详细而确切记载的改朝换代事件[1]。武王伐纣可以看成是中国历史上的“改朝换代之祖”。而周人谈天命以自我辩护又不遗余力，他们在伐纣前后及战役过程中持续进行天象观测和记录，因而留下成批天象记载，应在情理之中。多亏周人的天命观念和理论，为我们留下了这一批天象记录，才使得武王伐纣之年及其日程表得以大白于天下。

[1] 汤之灭夏桀，事当有之，但尚在传说时代，缺乏详细而明确的记载。

第三章

聚讼两千年：前人44种异说之分析

对 44 种异说之评述

前贤之研究武王伐纣年代者众矣。如前所述，提出的伐纣之年异说，至少已有 44 种之多。

关于此 44 种异说，正如其中不止一位研究者已经指出的那样，其中至多只可能有一种正确，也可能全不正确。这一说法在逻辑上当然是无懈可击的，不过它绝不意味着前贤的工作到了今天就没有价值了——这些工作是我们今后继续前进的阶梯，而且对于伐纣之年以外的历史课题，也有着广泛的参考价值。

我们对前贤的研究进行了迄今为止最为全面的考察——包括若干《武王克商之年研究》一书未曾收入的论文。兹先用表格形式作初步概述，见下表（说明：有些成果所定武王伐纣之年虽同，但其论证依据或方法不同，自当分别评述。而有个别不足置评者则略之）。

下表中，左起第 1 栏表明学者姓名及所提出的伐纣之年。第 2 栏为提出其说的论文题目（大部分论文出处请参见《武王克商之年研究》一书）。第 3 栏“武成”有“+”者表示其说考虑了《武成》历日，空白者表示其说对此未加考虑。第 4 栏表明各说所持的对《武成》月相术语的解释。第 5 栏为其说所涉及或依据的天象。第 6 栏“王年”有

“+”者表示其说考虑了王年记载，空白者表示其说对此未加考虑。第7栏为我们对其说的简要评述。表中《竹书纪年》除特别注明者外皆指《古本竹书纪年》。

武王克商之年各家研究评述一览表

克商年 BC	论文	武成	月相	天象	王年	评述
1127 谢元震	论武王克殷年代	+	四分	岁星，彗星（两者皆不可靠。将《顾命》“重光”释为哈雷彗星，更难置信）。	+	该篇论证涉及《武成》月相，又顾及伐纣天象和王年。然克商之年的得出全然依赖于《周历》的入戊午蔀四十二年，又改《竹书纪年》自武王至幽王257年为357年。“入戊午蔀”之说已不可信，又改易古籍，更不可取。
1122 吴其昌	殷周之际年历推证	+	定点			该篇全依刘歆之《三统历》立论，因而也全盘继承刘歆之误。
1122 岛邦男	帝辛三十三年殷亡说					该篇以克商之年为“己卯”年，与前篇吴其昌所持“辛未”年不合，同列为前1122年说，必有一误。且该篇之“己卯”年未指明何年，未见确切之克商年。
1118 成家彻郎	武王克商的年代			岁星		以“大火历”为基础，根据“岁鼎克昏”和“东面而迎岁”的岁星天象立论。完全抛开《武成》历日而论克商之年，终究难以令人信服。

（续表）

克商年BC	论文	武成	月相	天象	王年	评述
1112 刘朝阳	中国古代天文历法史研究的矛盾形势和今后出路	+	+	岁星（从《尸子》“鱼辛谏曰，岁在北方，不北伐”和北方指“星纪”，得出伐纣之年岁在星纪，牵强。）		指出《左传》《国语》岁星天象有系统偏差，伐纣之年岁在星纪。提出月相的“新”解释，用“一甲十癸”重排《武成》历日。改动《武成》原文次序。
1111 董作宾	武王伐纣年月日今考	+	定点			依古四分历推排历谱，无中气之月置闰，改正以合《武成》历日，从奥泊尔子交食表定朔望。然对《古本竹书纪年》中“十一年庚寅伐商”一条深信不疑，以此立论，不足信。
1111 严一萍	从利簋铭看伐纣年	+	定点			依“太岁在寅”立论，从董作宾，罕有发明。以是否寅年排除他说，失于武断。
1111 郑天杰	周初历法与周初年代——惟一月壬辰旁死霸史日考证	+	定点			结论同董作宾。对月相解释稍作修正，大抵同定点说。指出了薮内清和岑仲勉所持之生霸死霸外来说。考虑了周师行程。认为《武成》篇中“二月既死霸”应为“三月既死霸”，所有历日皆指周正，不必改正。
1106 张汝舟	西周考年	+	定点		+	用《授时历》。加减鲁公纪年得出克商之年。

（续表）

克商年BC	论文	武成	月相	天象	王年	评述
1106 张闻玉	武王克商在公元前1106年	+	定点			同张汝舟。置闰二月以合《武成》历日。
1105 马承源	西周金文和周历的研究		四分	岁星		用统计方法从金文月相定出月相的解释和西周金文历谱中的置闰规律。克商之年的确定则完全依赖于"岁在鹑火"，不可靠。
1102 黎东方	西周青铜器铭文中之年代学资料	+	四分			先给出了假定的克商之年，再用改正的太初历历谱和月相四分法排列《武成》和金文月相，以合其说。不足据。
1093 葛真	用日食、月相来研究西周的年代学	+	两分	日食、岁、彗	+	用统计方法得出月相之解释。克商之年的确定则依赖岁星和哈雷彗星；以前1057年为最优解，以前1093年为次优解。《武王克商之年研究》将其列为前1093年说，不妥。
1088 水野清一	武王克商之年为公元前1088年说					未见论文，无从评述。
1087 白川静	西周断代和年历谱				+	从西周铜器推定西周历谱和各王在位年数，得出克商之年。本篇为节选，难以评述其优劣。

（续表）

克商年 BC	论文	武成	月相	天象	王年	评述
1076 丁骕	伐纣之记载检讨	+		《国语》天象、利簋铭文岁星天象。谓“星在天鼋”之“星”为木星，误。		该篇利用利簋铭文和《国语》天象评述各家克商之年，未见作者本人之确切观点。通篇论述亦粗略。《武王克商之年研究》列为前1076年说，似不妥。
1075 唐兰	中国古代历史上的年代问题					本篇论述实多粗疏武断之处。推崇各纬书所保存的《殷历》资料和《竹书纪年》中之三代年数，又认为《鲁世家》和汉以后所推年代不可信。在文献取舍上颇有不妥。
1071 李仲操	对武王克商年份的更正	丨	四分	五星聚		依《殷历》和《易纬·乾凿度》“文王以入戊午蔀二十九年受命”立论。信《竹书》又改易《竹书》。结论与《殷历》和纬书一样不可靠。
1070 李仲操	西周年代综述（摘要）			岁在鹑火，丙子拜望，五星聚		运用铭器和文献历日定出克商之年在前1070年。所见为节选部分，在天象上寻找旁证。而将公元前1089年1月9日丁卯月食曲解为“丙子”月食，毫无道理。
1070 张政烺	武王克商之年			岁在鹑火		纯粹从“岁在鹑火”立论，不可靠。

（续表）

克商年 BC	论文	武成	月相	天象	王年	评述
1070 刘启益	文王受命至成王五年年表——读王国维《周开国年表》后记			岁在鹑火		纯粹从“岁在鹑火”立论，不可靠。
1066 新城新藏	周初之年代	+	四分	注意到了《左传》《国语》岁星天象与实际天象之偏差。	+	推崇刘歆推算周初年代之法，但谓刘歆误解史料。谓《国语》记事是战国时人所拟造。
1065 哈特纳	关于殷商的一些新闻			月食		从卜辞和《逸周书》中的月食记录推定牧野之战在前1064年。
1065 白光琦	西周的年代与历法	+	定点	岁在鹑火		以《左传》《国语》岁星天象为基点，依岁星十二年一周天逆推岁在鹑火之年为克商之年。
1063 山田统	周初的绝对年代					穿凿周初史料，提出周初在成王定鼎之时。未见正面论述克商之年。
1059 彭瓞钧	古代和现代中国的行星天文学			交蚀		通过17次交蚀定出夏商周的大致年代。支持江涛利用哈雷彗星定出的前1059年说。
1057 张钰哲 张培瑜	殷周天象和征商年代	+	两分	岁在鹑火 彗星 五星聚		所据三项天象均不可靠，又用两分法解读《武成》月相。对自己所获结论持谨慎态度。

（续表）

克商年 BC	论文	武成	月相	天象	王年	评述
1055 章鸿钊	武王克殷年考	+	四分	岁在鹑火	+	认为“庚寅”二字为竹书原文。用所谓的古法之岁星纪年反推岁在鹑火之年。以《武成》历日、王年和金文为佐证。
1055 荣孟源	试谈西周纪年	+	四分		+	从铜器铭文定出西周康王以下各王年代，据《竹书》“自周受命至穆王百年”定出受命元年，据《周本纪》“受命十一年武王克殷”定出克商之年。改《竹书》“257 年”为“275 年”。
1051 高木森	略论西周武王的年代问题与重要青铜彝器		四分		+	提出“克商”、“伐商”和“灭殷”三个不同的概念。坚信《竹书》“庚寅”伐商的说法正确。
1051 姜文奎	西周年代考				+	信《竹书》“庚寅”条。从文献材料出发，排比王年，以定西周年代。不理解且不信任天象和历法。对铜器铭文也采取怀疑态度。
1050 叶慈	三代年表				+	根据古代文献资料排列王年，得出西周年代。
1049 王保德	书经武成篇之生霸死霸及武王伐纣的年代月日考	+	定点		+	依董作宾《西周年历谱》定西周王年，论证前 1049 年壬辰岁为伐纣之年。又用十九年 7 闰推西周日历。通篇论述太多肯定之辞，作者以为必然之处，往往有疑问。

（续表）

克商年BC	论文	武成	月相	天象	王年	评述
1046 班大为	天命的宇宙——政治背景			五星聚 彗星 岁在鹑火		讨论了克商之前的天象。而仅仅根据岁在鹑火得出克商之年，不可靠。
1045 倪德卫	西周之年历	+		岁星、日食。 定“懿王元年天再旦”为前903年7月3日上午11点西安地区可见的一次日偏食。		论述中颇见新奇之言，如强调汉宣帝石渠讲经之会这一年、西周每个天子在正式的在位纪年以前都有两年的预备期，等等。改《竹书》“257年”为“275年”。（此说已被作者自己更正）
1045 夏含夷	《竹书纪年》周武王克商的年代		四分	五星聚		信倪德卫前1045年说，以此来改动《今本竹书纪年》中的一些记载。
1045 周法高	西周年代新考——论金文月相与西周王年	+	四分	有所谈论	+	采用倪德卫前1045年说。通篇论述虽详，然均在为倪德卫前1045年说作论证，而倪氏本人又放弃了该说。天文历法上的论证又依附他人意见。
1045 赵光贤	武王克商与西周诸王年代考	+	四分		+	该篇支持前1045年说，然后根据张培瑜《中国先秦史历表》排比文献和金文月相历日，推定西周王年，佐证其说。
1044 李丕基	武王克殷年月考				+	该篇批评诸家颇有见地。然认为西周月相记事和古代历法资料均不可信，置《武成》等于不顾，而仅从积算王年得出克商之年，论据显然不足。

（续表）

克商年BC	论文	武成	月相	天象	王年	评述
1041 吉德炜	晚商的绝对年代			月食		该篇利用甲骨月食和历日资料，运用统计方法得出晚商诸王的平均年限和晚商绝对年代的大致范围。用这种方法不能精确地确定克商之年，但作为一种独立的方法，给出了克商之年的大致范围，值得重视。
1040 倪德卫	武王克商之日期		四分	五星聚		论述仍不乏新奇之处： 1. 认为新天子接位到登基之前有两年的守制时间，从而得出西周帝王都有两种纪年方法，一是从继位之年算起；一是从守孝期满算起，断定《竹书纪年》是用第二种方法。 2.《国语》天象并非真实记载，而是公元前1世纪（后更正为前5世纪）伪作的天文计算，并插入《国语》的。 3. 把五星聚当作改朝换代的重要标志，改《今本竹书纪年》“五星聚于房”为“聚于井”。 4. 释《武成》“粤若来二月”为“来年二月”。 5. 认为西周早期已有二十四节气。 6. 将《诗·大雅·大明》“肆伐大商，会朝清明”释为“攻击强大的商朝的战斗，发生在清明节的早晨”。

（续表）

克商年 BC	论文	武成	月相	天象	王年	评述
1040 周文康	武王伐纣年代考	+	四分	既认为《国语》天象不可靠，《荀子》《尸子》所言岁星天象便可靠吗？	+	认为《淮南子》天象不可全信；《国语》天象不可信，但是论证荒唐可笑，不足为据。依据文献所载王年和历日（经过改动）确定克商之年。又引《淮南子》“东面而迎岁”和《尸子》“岁在北方”等岁星天象为佐证。
1039 何幼琦	周武王克商的年代问题		四分		+	认为《国语》天象是刘歆伪造并窜入的，《淮南子》天象亦不可信，《殷历》更不可信。该篇以小盂鼎、庚嬴鼎为基准先定成王元年，然后再推克商之年。
1030 丁山	周武王克殷日历	+	定点			作者在其他篇章中据《古本竹书纪年》确定了武王伐殷在1030年。该篇详列伐纣历日，以证其说。而克商应在下一年1029年。
1030 方善柱	西周年代学上的几个问题			天再旦 《诗经》日食 岁在鹑火		据“天再旦”确定懿王元年在前899年。指出《南齐书·祥瑞志》中的东西周积年。用大量篇幅讨论了《诗经》日食问题。克商之年之得出仅凭岁在鹑火一条。
1030 周流溪	公元前1030年克殷新说		四分	岁在鹑火		指出《淮南子》天象不可靠。用彗星见和五星聚作为克商年代的基点靠不住。但认为应重视有关岁星天象的记载。提出一种周历建正的新说。根据新城氏确定的岁在鹑火之年和《竹书纪年》自武王至幽王257年的说法，确定克商之年为前1030年。

（续表）

克商年BC	论文	武成	月相	天象	王年	评述
1029 黄宝权 陈华新	周武王克殷年代考			岁在鹑火		仅从“岁在鹑火”得出克商之年，引《竹书纪年》自武王至幽王257年说作旁证。
1027 梁启超	最初可纪之年代					仅从《竹书纪年》自武王至幽王257年说得出克商之年。为前1027年说之鼻祖。
1027 雷海宗	殷周年代考					据《竹书》自武王至幽王257年说得出克商之年。
1027 莫非斯	西周历朔新谱及其他		近于定点	认为西周月相有两系：1. 朔（初一）、朏（初三）、望（十五）、既望（十六）、晦（月终）；2. 哉生霸（初三）、既生霸（十五）、既死霸(晦，月终)。	+	据《竹书纪年》自武王至幽王257年说。提出所谓的“新西周历法”：置闰可置一旬、二旬，不必限定一月。据此“新西周历法”排列金文月相，大可上下其手。大谈月相而不论及《武成》，亦甚可怪。又，西周早期是否已有了“朔”的明确概念？
1027 高本汉	殷代的兵器与工具				+	根据《竹书纪年》和鲁公纪年，排列王年得出克商之年。
1027 陈梦家	商殷与夏周的年代问题				+	根据《竹书纪年》和鲁公纪年，排列王年得出克商之年。
1027 屈万里	西周史事概述				+	根据《竹书纪年》自武王至幽王257年说和鲁公纪年排列王年得出克商之年。

（续表）

克商年 BC	论文	武成	月相	天象	王年	评述
1027 何炳棣	周初年代平议				+	怀疑《武成》的可靠性；怀疑干支的连续性；怀疑西周历法特别是月相名词的解释能被今人弄清楚。坚信《竹书纪年》自武王至幽王257年说和鲁公纪年。
1025 劳榦	殷周年代的问题——长期求证的结果及其处理的方法	+	定点	甲骨月食		从《竹书纪年》自武王至幽王257年说减去两年，以求符合《武成》历日月相。
1024 平势隆郎	试论西周纪年			“天再旦”在前903年		克商至幽王257年，文王受命至穆王100年，文王三十五年正月丙子拜望。武王伐殷在前1024年，纣王被杀于前1023年。
1018 周法高	西周年考（摘要）	+	四分			文王崩武王成君之岁为前1028年，合于《竹书纪年》自武王至幽王257年说，则前1018年合《竹书》“武王十一年周始伐商”的说法，又合于《武成》历日。已改持前1045年之说！

对44种异说不成功之原因分析

综观前贤诸研究工作（包括若干未被《武王克商之年研究》一书收入之论文），大体可分为如下几类：

主要依据王年记载以推算伐纣之年者

关于王年的记载，主要有如下三条：

1.《唐书·历志》引《竹书纪年》：

> 十一年庚寅，周始伐商。

2.《史记》裴氏《集解》注引《竹书纪年》：

> 自武王灭殷以至幽王，凡二百五十七年也。

3.《史记·鲁世家》中之鲁公纪年。

如因所引《竹书纪年》（即《古本竹书纪年》）晚出伐纣之后千年，当时出土、整理的情况如今也难知其详，干脆不信，也不算毫无道理。诚如吉德炜所说：

> 首先，不能断定257年的记载是《竹书纪年》的原始记录，还是后人的注释。第二，我们不能断定这条资料是否流传准确。第三，我们不能肯定257年是到幽王元年，还是到幽王末年。……第四（也是最重要的），我们无法证明《纪年》的作者（们）见过据精确的西周记载中推衍出来的年表。[1]

但有些学者又很希望所定伐纣之年能够与这些王年记载相合，遂有不同释义以及怀疑文字有误之说。例如，周法高不赞成赵光贤将《古本竹书纪年》中“自武王灭殷以至幽王，凡二百五十七年也”解释成

[1] 吉德炜：“晚商的绝对年代”，《武王克商之年研究》，507—512页。

“自武王灭殷以至幽王即位之年”[1]，而他自己则主张“二百五十七年”或为“二百七十五年”之误[2]。不过，作这种改动的根据也大成问题[3]。

至于鲁公纪年，本身就有调节的余地。

考虑到《武成》历日、月相及历谱者

《武成》篇之伐纣历日记载，因其中甲子日克商之说得到利簋铭文证实，可信度较大。刘歆等古代学者解决伐纣之年的主要方法，就是从排算历谱入手。不过由于古代历法不够精密，排算结果当然未尽可信。

现代学者则在《武成》及《世俘》中月相术语的理解上出现了巨大分歧，“四分”、“两分”等说聚讼不已。以此解读《武成》、《世俘》，自然言人人殊，难以取得确切结果。况且仅靠推排历谱本来就难以确定伐纣之年。

利用天象以推算伐纣之年者

前贤研究中已有多次此种尝试，但因未能对所有有关天象记载进行全面考察及甄别（在计算机尚未发展、普及如今日时，此种考察及甄别实际上几乎无法进行），故常见各执一端之情形。

问题的要害首先在于，能够回推计算的天象必为周期天象，而周期天象必然会有多重解，比如“岁在鹑火”每12年就会出现一次，而“日在析木之津”则每年都会出现一次，等等。在计算机尚未发展、普及的年代，学者们通常只能对某种天象求取某一次或若干次特定的解，而无法对所有有关天象进行长时段的（比如说100年）、全面的回推、排比和筛选——理论上虽然可能知道如此做的必要，但实际上是人力不可能胜任的。

因此前贤多在通过其他手段获得一个假设的伐纣之年后，再用某

[1] 赵光贤：“从天象推算武王伐纣之年”，《历史研究》1979年第10期。

[2] 周法高：“武王克商的年代问题”，《“中央图书馆”馆刊》，19卷2期，1986年。

[3] 有些学者对《竹书纪年》中的王年记载情有独钟，甚至认为靠《竹书纪年》就可以确定商周年代。对此“夏商周断代工程”首席科学家席泽宗院士有妙语答之：如果靠《竹书纪年》就可以确定商周年代，我们又何必劳动全国数十位专家学者，耗费上千万元科研经费，来搞什么“夏商周断代工程”？只要找个小学生做做加减法就解决问题了！

一二种天象记录来作为旁证，而由于天象的周期性，这样的旁证很容易获得。这就是为什么同一个天象会被不同的学者用来支持不同的伐纣之年的原因。

其次，前贤普遍将目光集中在“岁在鹑火”、“五星聚”、彗星出现等引人注目的天象上，结果反而忽略了对定年特别有用的天象（详见本书第五、第六章）。

再次，我们在后面将会看到，没有计算机的帮助，没有先进的现代天象演示软件，某些天象的特殊性很难被明确揭示出来。

我们如何避免“第45”之命运？

在我们开始本课题研究之始，有一个非常严峻的问题摆在我们面前：如何才能使自己的工作免于“第45”的命运，或者说，得出超越前贤众多工作的全新成果？经过对前贤工作的反复考察和思考，我们终于确信，免于“第45”的命运是可能的。

我们有一个新方法，和两项前人所未有的条件：

新方法是：我们将对古籍中各种对武王伐纣时天象的记载进行全面的文献考证和天文学验算，在此基础上来决定，这些记载中哪些是真实的，哪些是误记，哪些是可以用来定年的，哪些无法用来定年。然后，我们将试图重现完整的武王伐纣日程表——该表将与所有真实的并且可以用来定年的伐纣天象记录同时吻合。

“工欲善其事，必先利其器”，实施上面所说的新方法，需要进行数量极其巨大的、人力根本无法胜任的天文学计算。我们之所以能够实施这一方法，是因为我们有两项前贤所从未有过的研究条件：

一、我们获得了国际天文学界最先进的长时段日月行星星历表数据库软件DE404，以及相关的计算软件和演示软件——关于这些软件的详细情况请见本书附录四。这不仅是早年历史学家们做梦也未曾想象过的利器，也是国内天文学界首次将这一系列软件用于天文学史课题的研究。国内天文学史学者使用陈旧的、早已被国际天文学界淘汰的星历表［例如 19 世纪的纽康（Newcomb）太阳历表、40 年前的 ILE 月亮历表之类］的时代从此宣告结束。我们天天挂在嘴边的所谓“与国际接轨”者，其此之谓乎！

二、今天我们已经有了高性能的计算机和国际互联网。可以胜任巨量的天文学计算，可以非常方便地查阅和获取最新的科研资料。关于这方面的情况也请参见本书附录二、附录三。

第四章
背景知识之二：解决历史年代学问题之天文学方法

古代天象记录所用的坐标系统

在日常生活中坐标系概念的运用是非常广泛的，大到高山大川、小到树木街道，都有可能被我们用来作为描述事物的参照物，这参照物就是起着坐标系的作用。

古代天象记录

描述天上发生的天象和记录天体的位置等都离不开天球坐标系。我们利用古代天象进行研究时，首先要弄清楚这些古代天象是在什么样的天球坐标系里记录下来的。那么古人是如何记录和描述天象的呢？先看三则不同年代的天象实录：

> 七日己巳夕曌，有新大星并火。(《甲骨文合集》11503版)
>
> 二十八年春，无冰。梓慎曰：今兹宋郑其饥乎。岁在星纪而淫于玄枵，以有时灾，阴不堪阳，蛇乘龙。……(《左传·襄公二十八年》)
>
> （元顺帝至正）二十六年九月庚子，孛星见于紫微垣北斗权星之侧，色如粉絮，约斗大，往东南行，过犯天棓星。辛丑，孛星测在尾十八度五十分。壬寅，孛星测在女九度九十分。甲辰，孛星测在虚初度八十分。乙巳，孛星出紫微垣北斗权星、玉衡之

间，在于轸宿，东南行，过犯天棓，经渐台、辇道，去虚宿、垒壁阵西方星，始消灭焉。(《元史·天文二》)

以上三则天象记录中，第一则记载了一次超新星爆发现象，第二则记录了木星的位置，第三则描述一次彗星出现到消失的全过程。

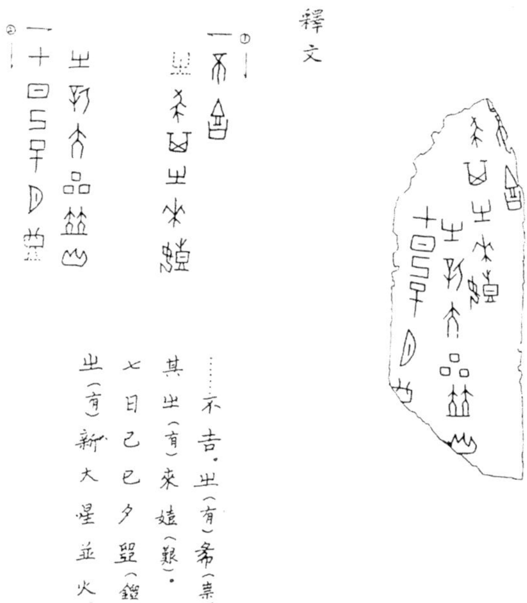

“有新大星并火”甲骨文图版

（引自李圃《甲骨文选注》18 页，上海古籍出版社，1989）

天象记录必备三要素

这三则天象虽然记载的内容详略不同，年代前后也相差很大。但是都包含了天象记录所必备的三个要素：

一是指明发生的天象类型；

二是陈述天象发生的时间；

三是交代天象发生在天空中什么位置。

在利用古代天象进行研究时，天象记录给出的这三个方面的信息是否完整，是至关重要的。关于天象类型和天象发生的时间容在下文详细讨论，在这里我们先来介绍古代天象记录中是如何交代天象发生的位置的。

以单个恒星为参照

仍以以上三则天象记录为例，第一则天象讲的是“在某年某月七日、日干支为己巳的这天晚上，有一颗新的大星出现在‘火’的边上”。记录中的“火”，根据历代传承下来的文献资料，可以考定为心宿二，即天蝎座 α 星。在这则记录中，以恒星“火”为参照物，描述了一次新星或超新星爆发。

十二次

上面第二则记录讲了在鲁襄公二十八年春，岁星（即木星）应该在“星纪”却走过头跑到“玄枵”去了。在这则记录中不是以某颗具体的恒星为参照物来描述岁星的位置，而用到了“星纪”和“玄枵”两个专门名称。在中国古代的某一个时期，曾沿黄道带把天空分成十二个等份（类似于西方的黄道十二宫），每一个等份称为一次，对应于固定的恒星，“星纪”和“玄枵”就是其中相邻的两个次。岁星在黄道上绕天一周有固定的时间，大致为十二年，岁星大致上一年行经一次。这样用“岁在某某次”即可以标明岁星的位置，同时也有纪年的作用。显然十二次是比“火”这样单个的恒星稍微复杂、更成系统的坐标系。十二次也用来描述其他发生在黄道带上的天象，如《国语·周语》载伶州鸠对周景王言伐纣天象时说到“日在析木之津”，这“析木”也是其中之一。全部的十二次依次为：星纪、玄枵、娵訾、降娄、大梁、实沈、鹑首、鹑火、鹑尾、寿星、大火、析木。起先定义这十二次的时候，以星纪的正中央为冬至点所在，然而十二次与特定的恒星群有固定的对应关系，由于岁差的作用，使得冬至不能保证在星纪的正中央。中国古代的十二次与西方天文学中的黄道十二宫有点类似。

三垣二十八宿

上面第三则记录的内容更加丰富，记录手法也更为复杂。记录详细描述了在元顺帝至正二十六年九月庚子日，一颗彗星出现在“紫微垣”北斗七星中的天权星旁边，然后往东南方向运动，经过天棓星旁边。在辛丑日用仪器测得彗星在“尾宿”十八度五十分处。壬寅日测得在“女宿”九度九十分处。甲辰日测得在“虚宿”初度八十分处。乙巳日彗星出现在“紫微垣”北斗天权星和玉衡之间，属于“轸宿”，然后向东南行，经过天棓旁边，穿过渐台、辇道，离开虚宿、垒壁阵西方星后，开始慢慢消失。记录中的“紫微垣”是三垣之一；天棓、渐台、辇道、垒壁等是属于三垣的星官；“尾宿”、“女宿”、“虚宿”、“轸宿”等属于二十八宿。三垣二十八宿系统是中国用来记录天象的天球坐标系统，它起源甚早，经过了一个较长的发展过程，到隋唐之际达到完备（参见附录六：中国古代恒星总图——三垣二十八宿）。在这则记录中既运用了以单个恒星为参照物的记录手法，如彗星出现在天权星旁边的记载，也运用了二十八宿体系来给出精确的彗星位置。

综观以上三则天象记录中对天象发生位置的记载，天空中肉眼可见的恒星很自然地成了描述天象发生位置的参照物。而且随着天象记录要求（比如精度）的提高，从以独立的恒星为参照物发展到恒星的组合，最后形成能进行度、分等定量记录的完备体系。

隐含或省略坐标

像上述这样的天象，是在一种比较明确的坐标系统里记录下来的，传达了比较明确的信息，就容易被现代研究所利用。但是也有一些天象的记录方式并不明确给出记录所用的坐标系统，在那些记录中所依据的参照物是隐含的或省略的。如“（鲁襄公二十一年）九月庚戌朔，日有食之”这样一条天象记载，讲述的是在鲁襄公二十一年九月庚戌朔日发生了一次日食。在这里交代了天象类型和天象发生的时间，但是没有指明天象发生的位置。因为日食这种天象的特殊性，所以这条天象记录虽然缺一要素，但不影响我们对它的有效利用（详见下文有关日食天象的讨论）。

地面上的坐标系

但是还有一类天象记录，其所用的记录方式与上述各种不同。如《尚书·尧典》所载：

> 乃命羲和，钦若昊天，历象日月星辰，敬授人时。
>
> 分命羲仲，宅嵎夷，曰旸谷。寅宾出日，平秩东作。日中星鸟，以殷仲春。厥民析，鸟兽孳尾。
>
> 申命羲叔，宅南交。平秩南讹，敬致。日永星火，以正仲夏。厥民因，鸟兽希革。
>
> 分命和仲，宅西，曰昧谷。寅饯纳日，平秩西成。宵中星虚，以殷仲秋。厥民夷，鸟兽毛毨。
>
> 申命和叔，宅朔方，曰幽都。平在朔易，日短星昴，以正仲冬。厥民隩，鸟兽氄毛。

以上一大段文字中真正涉及天象的为“日中星鸟，以殷仲春”、“日永星火，以正仲夏”、“宵中星虚，以殷仲秋”、“日短星昴，以正仲冬”四句，其中“鸟”、“火”、“虚”、“昴”为恒星名。这四句话说的是：在春天日夜长度相等这天的黄昏，“鸟”星出现在正南方天空；在夏天白天长度最长这天的黄昏，“火”星出现在正南方天空；在秋天日夜长度相等这天的黄昏，“虚”星出现在正南方天空；在冬天白天长度最短这天的黄昏，“昴”星出现在正南方天空。在这四条天象记录中，也包含了天象类型、天象发生时间和天象发生位置这三个要素。这里的天象类型称为“昏中”天象，就是恒星在黄昏时刻上中天。天象发生的时间分别在春秋两分和冬夏两至。天象发生的位置在正南方天空，严格地说就是正好处在观测地的子午线上。显然，在这里描述天象的参照物不再是天上某颗或某些具体的恒星了，而是一个抽象的方位：正南方。就是说描述天象的坐标系从天上移到了地面上。而建立地面上的坐标系统会随观测地点的变化而变化，带有地方性。

综上所述，古代天象记录所用坐标系统有五种类型：一、以单个恒星为参照物；二、用十二次描述在黄道上的天体运动；三、三垣二十八宿系统；四、隐含或缺省坐标系；五、带有地方性的地面坐标系。

训诂的贡献

最后，不管是“火”、十二次，还是三垣二十八宿，这些恒星或恒星组合的名称已经不再在现代天文学中使用了。这样就出现了一个要把古代天象记录“翻译”成现代天文学术语来表达的问题。对这个问题的解决也正是天文学史研究的一个最基本的内容之一。其实，这种“翻译”工作从古到今没有停止过。韦昭注《国语·周语》伶州鸠对周景王所言伐纣天象之“月在天驷”条云：“天驷，房星也”，就告诉了我们在先秦典籍中出现的“天驷”星就是二十八宿中房宿的恒星。像这样代代相传的训诂、注解，是我们把古代天象记录“翻译”成用现代天文学术语表达时所不可缺少的条件。

现代天文学所用的天球坐标系

所有的对古代天象记录的运用都是从现代天文学计算出发的，所依据的坐标系统也当然是用现代天文学术语定义的坐标系。上一节所讲的在各种古代坐标系统中记录下的天象，一般在正确的训诂、注解基础上是能够转化成用现代天文学术语来表达的。

天球及其性质

现代天文学所用的天球坐标系（其实主要是从西方古典天文学中坐标系概念发展而来的）与古代天球坐标系之间一个明显的不同点就是，现代天球坐标系不再以具体的恒星为参照物，而是在天球上抽象出一些点和圈出来，作为度量天体位置的基准。所谓天球，其实是一

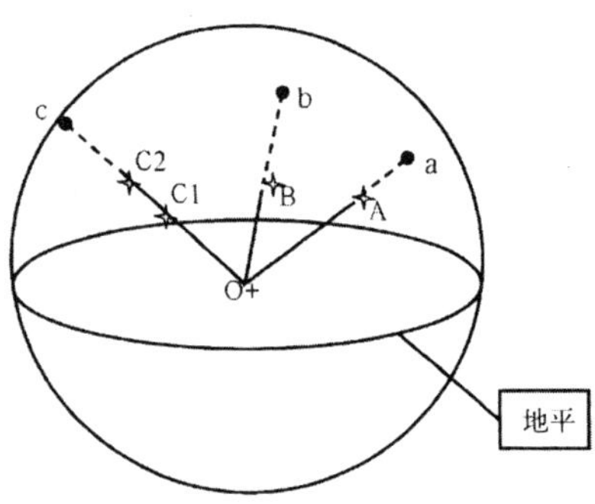

天球示意图

个很直观的东西。我们每个人都有这样的感觉，天空好像一个巨大的半球覆盖在大地上空，日月恒星都分布在这个半球的面上，似乎离我们一样远近。并且，无论我们身在何处，总觉得我们自己是在这个球的球心。这个直观的球体在天文学上就叫做天球。如上图所示，天体在天球面上的投影，即观测者 O 与天体 A、B、C1、C2 的连线与天球面相交的一点，叫做天体在天球上的位置。显然有时在观测者与天体的连线上有不止一个天体，像图中的 C1 和 C2，它们在天球上投影在同一点。所以天体的天球位置仅仅反映它的方向。对天球上各点之间的距离，也只讨论它们的角距离，而不考虑它们的线长，所以天球半径的长度是任意的。一般情况下天球的球心取作观测者的位置，有时也需要将天球球心取在地心或太阳中心，这样的天球分别叫做地心天球和日心天球。

要度量天体在天球上的位置，关键是要确定出一些天球上的基本点、面和圈。

天极和天赤道

经过天球球心作一条与地球自转轴平行的直线，这条直线叫做天轴。天轴与天球交于两点，分别称北天极和南天极，与地球的北极和南极相对应。通过天球球心作一平面与天轴垂直，这一平面叫做天球

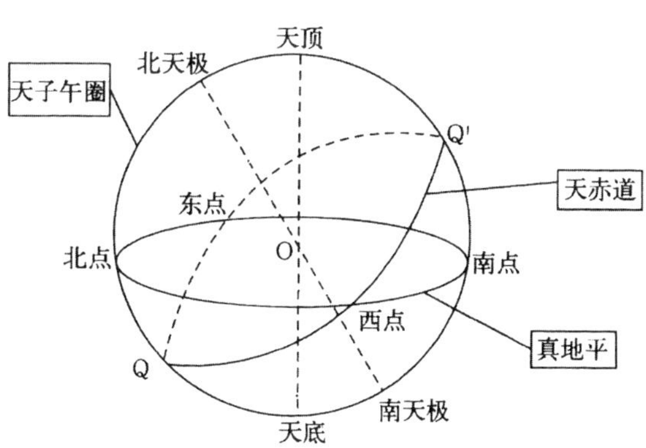

天球上的基本点与圈之一

赤道面，它与地球的赤道面平行。天球赤道面与天球相交所截出的大圆叫天赤道。

天顶和真地平

观测者所在地点的铅垂线方向延长后与天球相交于两点，正好在观测者头顶的那点叫天顶，另外一点叫天底。通过天球球心作一与铅垂线垂直的平面，这个平面叫做天球地平面，它在天球上截出的大圆叫做真地平。通过北天极和天顶所作的大圆叫作天子午圈。子午圈与真地平相交于两点，靠近北天极的那点叫北点，另外一点叫南点。

黄极和黄道

通过天球球心作一平面和地球公转轨道面平行，这一平面叫做黄道面。黄道面和赤道面的交角叫作黄赤交角。黄道面在天球上截出的大圆叫作黄道。与赤道相似，黄道也有两个极，靠近北天极的那个极叫作北黄极，靠近南天极的叫作南黄极。黄道和赤道相交于两点，太阳在黄道上运动，它沿黄道从赤道南穿到赤道北所经过的那个黄赤交点叫作春分点；与春分点相对的那个交点叫作秋分点。黄道上和春分点相距 90° 并在赤道以北的那一点叫作夏至点，黄道上与夏至点相对的那一点叫作冬至点。

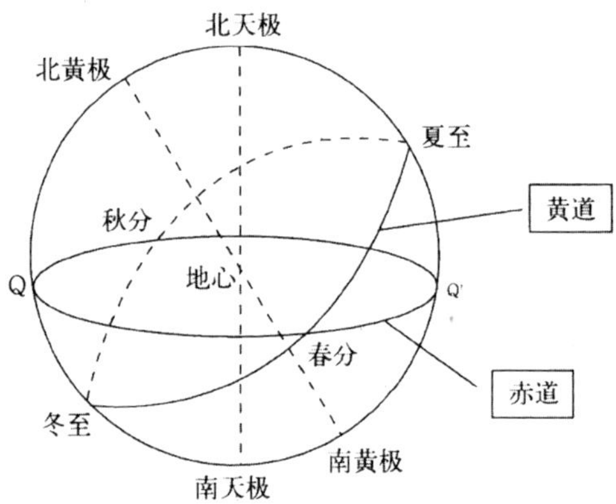

天球上的基本点与圈之二

用以上介绍的三组天球上的点和圈，就可以建立起三种常用的天球坐标系。

地平坐标系

取真地平作为基本圈的天球坐标系叫作地平坐标系。天顶是基本圈的极。具体的度量方法如下：假设天球上有某天体 σ，通过天顶 Z、天体 σ 和天底 Z′ 作半个大圆，它与真地平垂直相交于 H，圆弧 ZσZ′ 叫作该天体的地平经圈。从北点起顺时针方向计量到 H 点，这一角度叫作天体的方位角或地平经度，取值范围为 0° 到 360°，是地平坐标系的两个坐标中的一个；有时方位角也从南点出发分别向两边计量，向西为正，向东为负，取值从 0° 到 180°。天体 σ 的另一个坐标是大圆弧 Hσ，叫作高度或地平纬度，取值范围为 0° 到 ± 90°；有时也用大圆弧 Zσ，叫作天顶距。

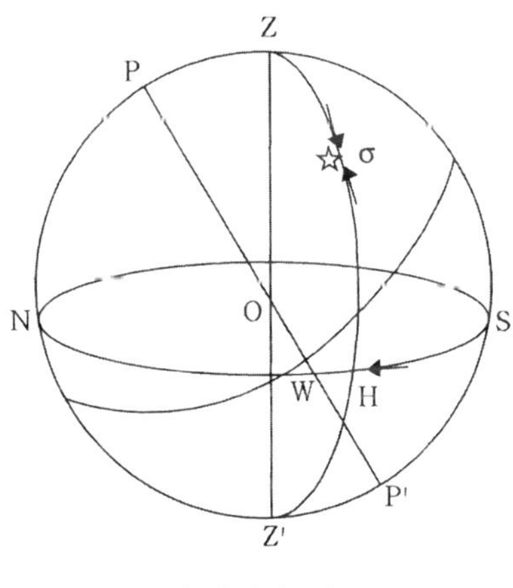

地平坐标系

赤道坐标系

取天赤道作为基本圈的天球坐标系叫作赤道坐标系。北天极是基本圈的极。设有某天体 σ，过南北天极和 σ 作半个大圆，与赤道垂直相交于 T，叫作该天体的赤经圈或时圈。天体的一个坐标叫作时角，它从子午圈和天赤道的交点 Q 起量，沿赤道按顺时针方向量到 T 点，取值范围从 0^h 到 24^h。有时时角也从 Q 点起分别向东和向西计量，并规定向西为正，向东为负，取值范围从 0^h 到 12^h。天体的另一个坐标叫赤纬，为大圆弧 Tσ，自赤道起，向北天极方向为正，向南天极方向为负，取值范围为 0° 到 ± 90°。因为时角是从子午圈和天赤道的交点起量的，由于地球的自转，天体东升西落，依次经过子午圈，所以同一天体在同一地点、不同时间里它的时角是不同的。又由于不同地点的子午圈也不同，因此同一天体在同一时间、不同地点它的时角也不同。这种以时角为天球坐标之一的赤道坐标系叫作时角坐标系或第一赤道坐标系。

为了建立一个不随地球自转带来的周日视运动和不同地点而变化的天球坐标系，就需要选取一个和天球一起作周日旋转的点作为计量起点。天文学上习惯选取正好符合条件的春分点作为计量原点。这样建立起来的天球坐标系叫作第二赤道坐标系。第二赤道坐标系的其中一个坐标仍是赤纬，和时角坐标系的相同；另一个坐标叫作赤经，在赤道上从春分点起量，按逆时针方向量到该天体的赤经圈与赤道的交点处，取值范围为 0^h 到 24^h。

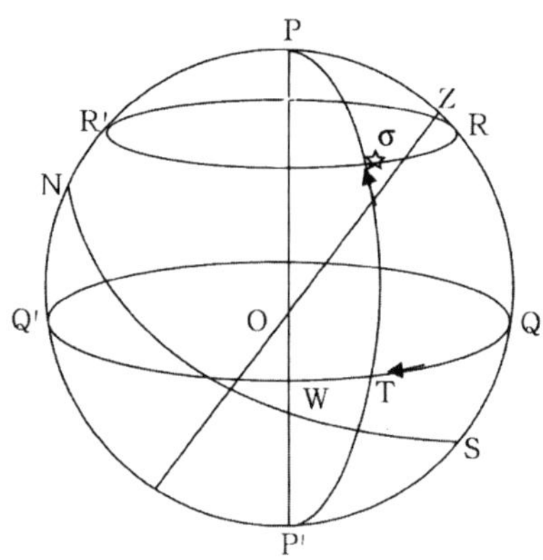

赤道坐标系

黄道坐标系

取黄道作为基本圈的天球坐标系叫作黄道坐标系。黄极是基本圈的极。设有某天体 σ，通过黄极和 σ 作半个大圆，与黄道垂直相交于 L，叫作该天体的黄经圈。天体的一个坐标叫作黄经，从春分点起量，按逆时针方向量到 L 点，取值范围为 0° 到 360°。另一个坐标叫作黄纬，从 L 点起量，沿赤经圈量到该天体处。自黄道向北黄极方向为正，向南黄道方向为负，取 0° 到 ± 90° 之间的值。

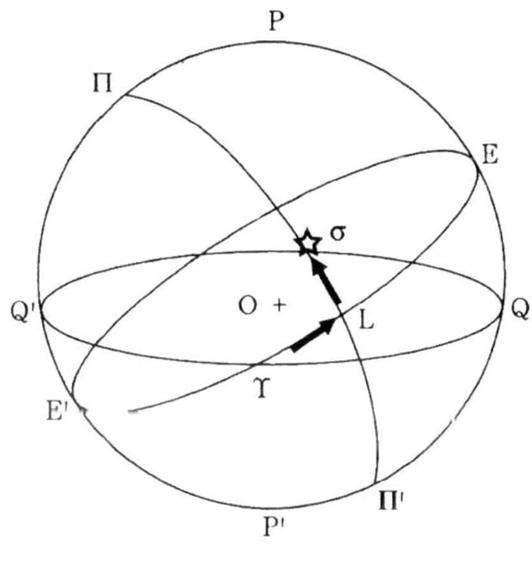

黄道坐标系

中国古代的伪黄道坐标

中国古代所用的天球坐标系统与上述定义的现代天球坐标系统又有所不同。如上图，设天体 A 是二十八宿某一宿的距星，那么天体 B 的度量方法如下，从北天极 P 分别作过 A、B 的赤经圈，与黄道 EE′ 分别相交于 a、b 两点。黄道上弧段 ab 就是天体 B 相对于距星 A 的入宿度。ϒa、ϒb 分别叫做天体 A、天体 B 的伪黄经。从上文对黄道坐标系的定义中可知，天体的黄经是从春分点量到过天体的黄经圈和黄道的交点处。因此把这种似是而非的黄道坐标系统称作伪黄道坐标。

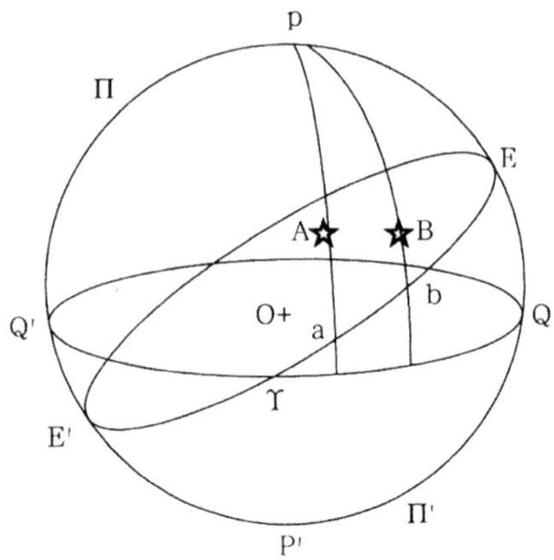

伪黄道坐标示意图

空间直角坐标系

除了以上介绍的几种天球坐标系外，在天文计算中还经常使用空间直角坐标系。直角坐标系的原点理论上可以取空间中的任何一点，但在天文学上习惯取地心或日心作为坐标原点来建立直角坐标系。选定原点以后，对以上介绍的几种天球坐标系都可以建立起对应的直角坐标系。地平坐标系对应的直角坐标系叫作地平直角坐标系，它的 X 轴指向南点或北点，Y 轴指向地平经度等于 90° 的方向，Z 轴指向天顶。时角坐标系对应的直角坐标系叫作时角直角坐标系，它的 X 轴指向子午圈与天赤道的交点，Y 轴指向时角等于 6^h 的方向，Z 轴指向北天极。赤道坐标系对应的直角坐标系叫作赤道直角坐标系，它的 X 轴指向春分点，Y 轴指向赤经等于 6^h 的方向，Z 轴指向北天极。黄道坐标系对应的直角坐标系叫作黄道直角坐标系，它的 X 轴指向春分点，Y 轴指向黄经等于 90° 的方向，Z 轴指向北黄极。根据前面各天球坐标系中经向坐标的定义，可知地平直角坐标系和时角直角坐标系是左旋的，赤道直角坐标系和黄道直角坐标系是右旋的。

基本面的移动——岁差

在上述各节的介绍中，度量天体位置的天球坐标系显然被定义成是固定不动的，但是事实上，作为度量起算点的春分点和坐标系的基本面赤道面、黄道面，在天球上以恒星为背景在作缓慢的移动。所以，即使天体本身没有什么运动，它们的赤道坐标和黄道坐标的数值也会随着时间发生变化。导致这些变化的原因和推导这些变化量的数值大小，在天体力学中有详尽的解答，在这里我们只作简要介绍：

由于地球不是一个完美的对称球体，在天体力学计算中不能被当作一个质点对待。太阳和月亮对地球赤道隆起部分的引力作用，使得地球自转轴在空间绕着北黄极和南黄极的连线作缓慢的转动，转动一圈的时间大约 26000 年。这就意味着以地球自转轴和赤道面为基础定义的天极和天赤道也在作相同的运动。另外，在考虑地球的绕日公转运动时，在力学上简化为只考虑地球和太阳两者之间的引力关系的二体问题，但是各大行星特别是木星对地球的公转运动有一种不可忽略的摄动作用，使得地球公转的轨道面即黄道面有一种缓慢、持续的运动。这些因素的综合作用效果，使得天极绕着黄极作复杂的曲线运动，这种运动在数学上可以分解成若干周期运动的叠加，其中最显著的项是以 26000 年为周期的运动，其次是以 18.6 年为周期的运动，还有一些短周期的微小运动，在这里可以忽略。天文学上把以 26000 年为周期的那种运动叫作岁差，把以 18.6 年为周期的那种运动叫作章动。

在涉及古代天象记录的研究中，由于章动的周期在上千年的时间跨度上变成一种短周期运动，所以可以只考虑岁差的作用。把古代天象记录和现代实测数据进行比较前，必须先作岁差改正。测算所得，每经过 100 个回归年内春分点在黄道上退行 5029.0966 角秒，约合 1.3970 度。这个数值叫作岁差常数。这就意味着即使不考虑其他运动，仅因为岁差的作用，天体的黄经每百年会增加约 1.3970 度。根据岁差常数不难求得岁差对天体赤道坐标的影响。

各种坐标系之间的变换

在具体的天文计算中，有时需要把天体的地平坐标转化成在时角坐标中来表示，有时则需要把天体的赤道坐标转化为黄道坐标等等，这些坐标系之间的变换不难根据球面三角的公式来完成（参见本书附录五：天球坐标系之间的变换）。

时间计量系统的基本概念

上文讲到，在记录天象时，除了指明发生的是什么样的特定天象外，另外需要交代的两个最基本的要素就是天象发生的位置和天象发生的时间。事实上任何天象都发生在一个特定的空间和时间点上。天象发生的位置是一个空间问题，上一节介绍的各种坐标系就是来处理这个空间问题的。而本节则来讨论与天象记录和天文计算有关的时间计量系统。

时间计量的目的和原理

时间的概念在日常生活中是无处不在的。在与时间有关的各种问题中，可以分为两类基本问题：一是关心某个过程经历多长时间，如“飞机要飞行多长时间才到”等；二是关心某一特定状态发生的那一瞬间，如“飞机几点到达”等。实际上这两类问题包括了时间计量的两个最基本的目的：一是计量时间间隔；二是确定时刻。

从哲学上讲，时间是不能独立存在的，它总与运动联系在一起。时间的计量也总与某些运动联系起来。而且作为时间计量系统，它应该是均匀的、可测量的和持续不断的。因此确立一套合适的时间计量系统，要求：1. 选定某一种其规律已经被掌握的运动作为计量依据，其运动有明显特征可以被观测和计量；2. 以该运动的某段特定的过程作为时间的基本单位；3. 以该运动某一特定的状态作为时间计量的起点。确立了以上三点后，就可以建立起一个时间计量系统，来计量时间间隔和时刻。所谓计量时间间隔就是要求出这一间隔里包含多少时间单位；而确定某瞬间的时刻就是要确定从起算点到该时刻有多少时间单位。因选取的作为计量依据的运动不同、起算点不同和时间单位不同，就产生了不同的时间计量系统。

日常生活中我们依据钟表的秒针、分针和时针的周期性转动来计量时间，但是这种运动是对已经确定的时间计量系统的人工模拟，不能保证它们能连续不断地运动下去，以机械能或电能为动力的钟表都会有停走的一天。在我们熟悉的沧海桑田的典故中，麻姑看到东海几度变成桑田，这沧海与桑田的交替变换被麻姑这样的神仙用来计量时间，但是即使这种沧海与桑田的交替变换是真实存在的，也不合适被人类用来计量时间，因为它的时间单位太大了。其实自古以来人们就已经找到并一直在运用地球的两种运动计量时间，它们就是地球的自转和公转。

周日视运动和恒星时

先讨论基于地球自转运动建立起来的时间计量系统。站在地球上无法直观地觉察到地球在自转，然而日月星辰的东升西落是地球自转的直接反映。天体随着天球的这种东升西落运动叫作天体的周日视运动。根据天球上某一特定点的周日视运动就可以来建立时间计量系统。在天文学上，约定把这个特定点取作春分点。根据春分点的周日视运动确定的时间计量系统叫作恒星时。春分点连续两次经过某地子午圈的时间间隔叫作一个恒星日，恒星日以春分点在该地上中天即通过子午圈的瞬间为起点。显然，恒星时是有地方性的，对于不同的地点，它的起算点也不同。这样定出的恒星时叫作地方恒星时。一个恒星日被分成 24 个恒星小时，一恒星小时等于 60 恒星分，一恒星分等于 60 恒星秒。从上一节定义的时角坐标系不难知道，在一个恒星日内，春分点的时角由 0^h 增加到 24^h。因此恒星时的另一个定义为：对于地面上的任何一点来说，以小时为单位的春分点时角在任何一个时刻的数值等于该时刻的地方恒星时。简言之，恒星时等于春分点的时角。

真太阳时

恒星时系统在天文工作中使用比较方便，但在日常生活中，人们选定太阳的周日视运动来计量时间。以太阳的周日视运动为依据建立起来的时间计量系统叫真太阳时。所谓真太阳是指太阳视圆面的中心。真太阳连续两次上中天的时间间隔叫作真太阳日，它以真太阳上中天的时刻为起算点，此刻称为真中午。真太阳时也同样有地方性。一真太阳日被分成 24 真太阳小时，一真太阳小时等于 60 真太阳分，一真太阳分等于 60 真太阳秒。真太阳时以真太阳的时角来计量。原先定义的真太阳时的起算点是真中午，在日常生活中，习惯的起算点是子夜。所以为了方便，把真太阳时的定义改为：真太阳时等于真太阳时角加上 12^h。

太阳周年视运动

地球在自转的同时还绕太阳作公转运动，这就使得真太阳在天球上的视运动与春分点等别的点的视运动不一样。真太阳在作周日视运动的同时，还作周年视运动。前文定义地球轨道面在天球上截出的大圆叫作黄道。在这里也可以把太阳中心在天球上作周年视运动的轨迹叫作黄道。这两个定义在数学上是等价的。黄道在天球上穿过十二个星座，这十二个星座分布在黄道南北各宽8° 的带内，叫作黄道十二宫。从春分点起每 30° 为一宫，太阳每月通过一宫。每宫以所在星座的名字命名，分别是：

双鱼宫、白羊宫、金牛宫、双子宫、巨蟹宫、狮子宫、

室女宫、天秤宫、天蝎宫、人马宫、摩羯宫、宝瓶宫。

太阳周年视运动是地球公转的反映，因此太阳在黄道上的速度应等于地球公转的速度。而地球公转轨道是椭圆，太阳位于椭圆的一个焦点上。地球公转的速度在不断变化，当地球在近日点时，运行速度最大，此时太阳的视运动速度也最大，每天约走 1° 1′ 10″，大约在每年的 1 月 3 日左右；当地球在远日点时，速度最小，太阳的视运动速度也最小，每天约走 0° 57′ 11″，约在每年的 7 月 4 日左右。这样太阳从春分点出发经过夏至点到达秋分点，再从秋分点出发经过冬至点回到春分点，在黄道上行走的距离都是 180°，但是前者历时 186 日，后者只需 179 日。可见，太阳的周年视运动是不均匀的。

不均匀的真太阳时

1. 地球绕日运动的轨道是椭圆，另外月球和行星对地球的摄动作用，这两者使得太阳黄经的增加是不均匀的；

2. 赤道和黄道有一个交角，太阳不在天赤道上运动，而在黄道上运动，即使太阳的黄经增加是均匀的，它的赤经增加仍旧是不均匀的，所以，太阳赤经的变化不能保持均匀。

这就使得真太阳的时角不能和地球自转角度成比例地变化，也就是说真太阳是不均匀的。观测发现，最长和最短的真太阳日相差达 51 秒。真太阳日不是一个固定的量，不宜作为时间计量单位。

平太阳和平太阳时

为了利用太阳的视运动来计量时间，而又不带有真太阳时的缺陷，在天文学上设想了一个在黄道上作匀速运动的假想点，它的运行速度等于太阳视运动的平均速度，并和太阳同时经过近地点和远地点。这个假想点叫作黄道平太阳。同样地，在赤道也引入一个作匀速运动的假想点，它的运行速度与黄道平太阳的运行速度相同，并与它大致同时通过春分点。这个赤道上的假想点叫作赤道平太阳，简称平太阳。平太阳在天球上的周年视运动是均匀的。

根据平太阳确定的时间计量系统叫作平太阳时。平太阳连续两次上中天的时间间隔是一个平太阳日。平太阳上中天的时刻叫作平中午，下中天的时刻叫作平子夜。显然平太阳时也是有地方性的。一平太阳日分成 24 平太阳小时，一平太阳小时等于 60 平太阳分，一平太阳分等于 60 平太阳秒。日常生活中钟表所用的时间单位就是平太阳的时间单位。跟恒星时和真太阳时一样，平太阳时的起点也在平中午。如果将起算点定在子夜，就叫作民用时。一般不区分民用时和平太阳时，把民用时直接叫作平太阳时，简称平时。

地方时

如前所述，恒星时、真太阳时和平时都具有地方性。这是因为这些时间计量系统的起算点都在春分点（或真太阳、平太阳）正好上中天那一刻。地理经度不同的地点有不同的子午圈，这样就有不同的时刻起算点，从而形成了各自的时间计量系统。这种因地而异的时间计量系统叫作地方时系统，按地方时系统计量所得的时间叫作地方时。如按春分点计量，所得叫地方恒星时，如按平太阳计量，所得叫作地方平时。显然，在同一时间计量系统内，同一瞬间地理经度不同的两地地方时时刻是不同的。从前文对天球和时角坐标系的定义中不难推论出，两地地方时时刻的差，在数值上等于该两地的地理经度差。

世界时和区时

既然地面上任何两点的地方时之差在数值上等于该两地的地理经度差，那么，如果我们知道了地理经度等于 0° 处的地方时，同一瞬间地理经度为 λ 处的地方时也就知道了。这样全球各地的地方时通过这

0° 经度处的地方时联系在一起了。现在世界上约定，通过英国格林尼治天文台的地理经度线为世界各地经度的起算点，也就是说，格林尼治的地理经度等于 0° 。通过格林尼治天文台的子午线叫作本初子午线。格林尼治的地方时叫作世界时。不难明白，在同一瞬间，格林尼治以西各地的地方时小于世界时，越往西越小；格林尼治以东各地的地方时大于世界时，越往东越大。

如果地球上各地都用自己的地方时，那么在同一瞬间，各地的时刻都不一样，这在交通运输、文化交往等方面有很大的不便；反之，如果全世界都采用同一时间系统，如都采用世界时系统，那么同样的六点钟，在格林尼治太阳刚刚从东方升起，而世界上其他地方，有的在正午，有的在黄昏，有的在子夜，这同样也很不方便。为了解决以上两方面的矛盾，产生了区时的概念。把整个地球表面按地理经圈划分成二十四个时区，每一时区包含地理经度 15°，在同一时区内采用同样的平时时间。相邻两时区时间相差 1 小时整。以格林尼治子午线为零时区的中央子午线，在格林尼治两边各 7.5° 的经度范围内都属零时区。向东和向西依次分别为东一时区、东二时区……东十二时区和西一时区、西二时区……西十二时区。事实上时区的分界并不严格按照子午线划分，通常为了管理和方便起见，常常利用一些天然的河流、山脉或国界等作为时区的分界。中国现在一律采用东八区时，也就是通常所说的北京时间，它等于世界时加上 8 小时。需要指出的是，北京时是东经 120°的平时，而不是北京地方平时（北京地理经度为 116° 21′ 30″）。

以假想的在赤道上作均匀运动的平太阳为基础，建立起了被认为是均匀的平时即世界时系统。这么做的一个隐含的前提条件是假定地球自转是均匀的。然而事实上，地球自转恰恰是不均匀的。观测证实，地球自转的不均匀变化包括以下三个方面：1. 由于地球表面潮汐摩擦的影响，使得地球自转速度有一种逐渐变慢的长期变化，在 100 年里平太阳日长度约增加 0.0016 秒；2. 因气团、洋流等的运动，引起地球自转速度有一个季节性变化，上半年慢，下半年快，一年内平太阳日的长度约有 ±0.001 秒的变化；3. 有时加快、有时变慢的不规则变化。

地球自转的这些不均匀性使得以地球自转为基础建立起来的平时系统的计量单位如秒长变得不固定了，这就是平时的不均匀性，也就是世界时的不均匀性。

回归年和历书时

以上所介绍的各种时间计量系统是以地球自转为基础建立起来的。我们知道地球在自转的同时还作绕日公转，地球公转在天球上的直接反映是太阳的周年视运动。根据太阳周年视运动可以确定出一个更长的时间单位——回归年。回归年是太阳在天球上连续两次经过春分点的时间间隔，也是地球绕日公转的周期。一回归年等于 365.2422 日。由于大行星的摄动，地球的公转也不是一个严格的周期运动，回归年的长度也有微小的长期变化。

上一小节讲到世界时的不均匀性，天文学家想到可以根据比地球的自转更为稳定的地球公转来建立一个时间计量系统。原则上，对于太阳系内的任何一个天体，只要精确掌握了它的运动规律，都可以用来确定一个时间计量系统。19 世纪末，纽康根据地球绕太阳的公转运动，编制了一份太阳历表。作为历表的时间引数，它应该是均匀的——推而广之，描述天体运行的方程式中的时间变量也应该是均匀的。人们在纽康太阳表时间引数的基础上建立起一套时间计量系统，叫作历书时，英文缩写为 ET。历书时的单位名称仍叫世纪、年、月、日、时、分、秒，但在它们前面都冠以历书二字，它们之间的变换关系不变。历书时的秒长定义为 1900 年 1 月 0 日 12 时正回归年长度的 1/31556925.9497；历书时的起算点为 1900 年初太阳几何平黄经为 279° 41′ 48″ .04 的瞬间，作为历书时 1900 年 1 月 0 日 12 时正。

根据太阳历表，观测太阳位置，就可以查到那一瞬间的历书时时刻。然而实际上，太阳位置的观测精度难以提高，导致历书时时刻的精度也不高。在月球的运动规律得到很好的掌握之后，通过观测月球的位置定出的历书时时刻比从太阳表得出的要高。但是由于月亮边缘不规则，月亮视面中心又很难对准，所以必须经过长期的观测来抵消观测误差，才能得到较精确的历书时。这是历书时的最主要缺点。

原子时和协调时

在理论上，历书时是由天体力学的定律确定的均匀时间——某些宇宙理论提出万有引力常数在缓慢变小，如果确实如此，那么历书时也是不均匀的。但是历书时不可能脱离具体的天体运动凭空存在，需要从实测天体的位置来得到历书时。正是由于实测方面的困难，使得历书时难以达到比较高的精度。而力求得到高度准确的、稳定的和均匀的时间计量系统，是人们追求的理想也是科技发展的实际需要。

为了寻求更加稳定、均匀的运动来计量时间，人们把眼光从太阳系内的天体运动转向到原子内部的运动。人们发现原子内部的运动要比地球自转的稳定性要高得多，从而以此为基础建立起原子时计量系统。原子时的基本计量单位叫作原子秒长，等于铯原子基态的两个超精细能级间在零磁场下跃迁辐射 9192631770 周所持续的时间。1967 年第十三届国际计量委员会决定，把海平面上实现的上述原子时秒，规定为国际单位制时间单位。原子时的起点定在世界时 1958 年 1 月 1 日 0 时，但事后发现这一瞬间的原子时与世界时相差 0.0039 秒。

由于世界时的秒长是不固定的，目前大致上是在逐年变长。这样原子时与世界时时刻的差距会越来越大，一年可以差到 1 秒左右。为了减少这一差距，1958 年到 1971 年采用的办法是：将原子时的秒长每年改变一次，使它的秒长最接近当年平时的秒长，保持一年不变，并使原子时时刻和世界时时刻相差在 0.1 秒之内。1972 年 1 月 1 日起改行另一种办法：对原子时的秒长不作变动，在时刻上和世界时的偏离保持在 0.7 秒（1974 年后改为 0.9 秒）以内，必要时对原子时作调整，每次调整时增加 1 秒（叫作正跳秒）或取消 1 秒（叫作负跳秒）。调整的时刻在年底 12 月 31 日的最后 1 秒或年中 6 月 30 日的最后 1 秒。具体怎样调整，由国际时间局根据前一年的天文观测资料来确定。这种以原子时为基础，通过调整使其时刻与世界时相差在 0.9 秒以内的时间计量系统叫作协调世界时，英文缩写为 UTC，简称协调时。

朔望月

天体运动中除了地球的自转和公转这两种运动被用来计量时间外，还有一种引人注目的天体运动自古以来就被用来计量时间，那就是月亮绕地球的转动。月亮视圆面有规律的变化和它在恒星间位置的快速移动，很早就被人们注意到了。利用月亮绕地运动确定的一个基本时间计量单位是朔望月。所谓朔是指月球和太阳的地心黄经相同的时刻，这时月球处于太阳和地球之间，在地球上看不见月亮。所谓望是指月球与太阳的地心黄经相差 180° 的时刻，这时地球处于月球和太阳之间，这时在地球上看到的月亮圆面达到最圆，叫作满月。连续两次朔或连续两次望之间的时间间隔叫作朔望月。一个朔望月平均长度约等于 29.53059 日。追求精确的朔望月长度是没有意义的，因为月球绕地球的运动轨道和地球绕太阳的运动轨道都是不均匀的，而且两者之间也没有简单的关系。因此两次朔之间的时间间隔是不相等的，最长和最短之间可以差到 13 小时。习惯上把包含朔时刻的那天叫作朔日，包含望时刻的那天叫作望日。以朔日作为朔望月的起算点。

历法系统

根据地球自转、公转和月球绕地等运动确立了各自独立的时间计量系统，产生了年、月、日这样的基本时间计量单位。这些基本时间计量长短不一，各有各的适用场合，在日常生活中需要把它们有机地结合起来。这种把年、月、日有机地结合起来的方法就是历法。不同的结合方法形成了不同的历法系统。确定年、月、日的长度是历法的主要环节。从上文介绍过的年、月、日的定义中可以知道确定年、月、日长度的基本原理，具体如何获得年、月、日的长度除了实测别无他法。现在知道回归年的长度为 365.2422……日，朔望月的长度为 29.53059……日，而且这两个数值的有效位数保留多少完全依据观测的精度而定。所以年、月、日三者之间没有简单的倍数关系，年和月包含的日数不是简单的有理数。而在制定的历法中又必须使一年和一月的日数是整数。因此古今中外各国制定的历法，侧重点各不相同。大致可分为三类：一是阳历，以回归年为基本时间计量单位，使年的日数最接近实测结果，而年中的月数和月中的日数人为加以规定。如儒略历、公历等；二是阴历，以朔望月为基本时间计量单位，使月中的日数最接近实测结果，年的月数则人为规定，如回历；三是阴阳历，要同时使年的日数和月的日数都保持与各自的实测结果最接近，中国古代官方颁行的历法和现在还采用的农历都是阴阳历。另外，如何确定年首、月首，节气的安排，闰月的安插等，都是历法的重要内容。而在中国古代的传统历法中，占据大量篇幅的还有日月交食和行星运动的推算。

儒略历和公历

在历法中一年包含的日数必须是整数，叫作历年。阳历以回归年为基本时间计量单位，要求历年包含的日数与回归年包含的日数基本一致。公元前 46 年儒略·恺撒制定新历，称儒略历。公元前 8 年奥古斯都又作了调整。规定平年有 365 天，每 4 年有一闰年（西方采用公元纪年后，以凡是公元年份能被 4 整除的为闰年），闰年有 366 天。这样儒略历历年的平均长度为 365.25 天。一年分为 12 个月，1、3、5、7、8、10、12 等 7 个月各有 31 天，4、6、9、11 等 4 个月各有 30 天，2 月平年 28 天，闰年 29 天。儒略历的历年比回归年长 0.0078 日，400 个历年比 400 个回归年约长 3 日。到 16 世纪后期，累差已经达到 10 天左右，也就是说历年的起算点已经偏离回归年的起算点春分点有 10 天了。为了消除这个误差，教皇格里高利十三世把儒略历 1582 年 10 月 4 日的下一天定为格里高利历 10 月 15 日，中间销去 10 天，使春分点又恢复到 3 月 21 日。同时还修改了儒略历置闰的法则，公元年份能被 4 整除的仍为闰年，但对世纪年，如 1900 年、2000 年等，只有能被 400 整除的才是闰年。这样历年的平均长度变为 365.2425 日，与回归年长度更为接近。格里高利改定的历法目前仍在全世界通行，称为公历。

阴阳合历

同时使用回归年和朔望月这两个独立的时间计量单位建立起来的是阴阳合历（如中国的农历就是），它最关键的问题是，如何把回归年和朔望月协调到一个历法系统中去。根据回归年和朔望月的天数，可以算得一回归年含有 12.36827 个朔望月。然而在民用上一历年包含的月数和一月中包含的天数都应该是整数，那么年首所在的月份就会发生游移。解决这个矛盾的出路是采取定期安插闰月的办法。因此置闰规则的确定成了阴阳历的一个重要内容。在中外历法史上较早找到的比较简单又比较准确的闰周是19年7闰的置闰法则，即在19年中安插7个闰月。这样19年中有235个朔望月，共6939.6886日。而19个回归年的长度是6939.6018日，两者已经相当接近。除了19年7闰外，在中国古代的历法中还提出过多种其他的更为精确但也更长的闰周。置闰的另外一个问题是把闰月安插在一年中的什么位置。对这个问题的解决在早期历法中很可能没有统一的规则，后来与节气的概念联系了起来。节气是中国古代历法的特殊产物，中国古代历法在春分、夏至、秋分、冬至这四个具有明显天文含义的四个点之间又插入了若干点，形成二十四节气，其中十二个叫节气，十二个叫中气，统称节气，见下表：

二十四节气表

季	节气	月	季	节气	月	季	节气	月	季	节气	月
春	立春	正月节	夏	立夏	四月节	秋	立秋	七月节	冬	立冬	十月节
	雨水	正月中		小满	四月中		处暑	七月中		小雪	十月中
	惊蛰	二月节		芒种	五月节		白露	八月节		大雪	十一月节
	春分	二月中		夏至	五月中		秋分	八月中		冬至	十一月中
	清明	三月节		小暑	六月节		寒露	九月节		小寒	十二月节
	谷雨	三月中		大暑	六月中		霜降	九月中		大寒	十二月中

由前文黄道坐标系，可知春分为黄道与赤道的升交点，定义为黄经的起算点即0°；秋分为它们的降交点，黄经为180°；夏至在春分点和秋分点的正中，黄经等于90°；冬至在秋分点和春分点的正中，黄经等于270°，其他的节气点都是黄道上的24等份点，每隔15°交一个节气。这样定义的二十四节气系统属于定气。而在中国古代历法中主要使用平气，所谓平气就是将一回归年平分24等份，每一等份等于15.2148日，每个等份点就是一个节气的开始点，要求冬至点所在这天的正午太阳的地平高度是一年中所有正午高度最低的，实测正午圭表投影的长度，求其最长的那天就是冬至日，然后每隔15.2148日便交一个节气。显然两个节气的天数30.4368比一个朔望月的天数29.53059要大，所以在连续的历谱中，节气点在朔望月中位置也在慢慢游移。

在某一个特定时刻，该月的节气移到了月中，而该月的中气移到了下月初，而上月的中气则在上月末，于是该月就没有了中气。在历法中规定，凡不含中气的月份为闰月。

阴阳历的岁首要固定在某节气附近，又把朔定为月首。由于回归年和朔望月之间没有简单的倍数关系，加之古代的观测精度不够高，所以中国古代制定的历法都很难一直有效，需要不断改进。这是除了政治原因外，一部历法不能长期行用的技术方面的主要原因。由于频繁地改历，要把古代的这些不同历法衔接到一个统一的时间坐标系统——比如公历或下一节将介绍的儒略日上去，就变成一件非常烦琐甚至困难的事了，对缺乏明确资料的先秦历法，这个困难更大。但是这件事情又是不得不做的，因为古代的历史事件和天象发生的时间都是在当时的历法系统中记录下来的。对于西周和殷商时代，我们不能指望能够正确无误地恢复当时的完整历谱，但是根据一些与重大历史事件有关的天象记载，把它们发生的时刻确定到现在通用的时间坐标系统中去，这正是天文历史年代学的主要任务。

儒略日和干支纪日

儒略日是在天文学上使用的一种长期纪日法，它不用年和月，与任何一种历法系统都无关，定义公元前 4713 年 1 月 1 日格林尼治平正午，也即世界时 12 时，为儒略日的起算点，单调递增，连续不断。到 2000 年 1 月 1 日世界时正午 12 时的儒略日数为 2451545.0。在一天里的时刻可以用小数表示，如 2000 年 1 月 1 日世界时 0 时的儒略日数为 2451544.5。一般某部历法的行用有起始和终止，而儒略日在大跨度的时间上是连续的，如果发生的事件都用儒略日来标注时间，那么它们之间的前后次序、相隔天数等都一目了然了。

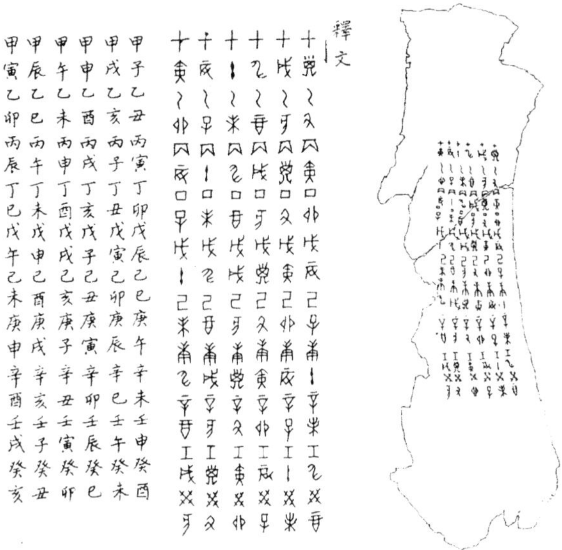

六十干支甲骨图版

（引自李圃《甲骨文选注》54 页，上海古籍出版社，1989 年）

在中国古代有一种与儒略日非常相似的纪日法，叫干支纪日法。由甲、乙、丙、丁、戊、己、庚、辛、壬、癸十天干和子、丑、寅、卯、辰、巳、午、未、申、酉、戌、亥十二地支组合成的六十干支，被循环往复地用来纪日。在本章开头引过一则古代天象记录：“七日己巳夕皿，有新大星并火”，这里的己巳就是纪日的干支。可见在殷商时代，就已经采用干支纪日法。从日食等天象记录来验证，可以证明从春秋鲁隐公的年代开始，干支纪日没有中断过。在这之前是否有过中断，还需要证明。但是在处理武王伐纣年代这种问题时，我们不得不先验地假定干支是连续的。

已知某一儒略日的纪日干支后，不难算出所有儒略日的纪日干支。如 2000 年 1 月 1 日世界时正午 12 时的儒略日数为 2451545.0，该日的纪日干支为戊午。中国古代天象记录中往往同时记载着天象发生时的日干支，这就为求得某一天象的儒略日提供了很大的帮助。一旦把某天象发生的时刻及与该天象相联系的事件确定到儒略日序上，年代的确定就完成了大半。有时要把非常久远的历史事件发生的时间表达成公历的年、月、日的形式。现行的公历从 1582 年 10 月 15 日起开始行用，在它之前的儒略历在公元前 46 年开始行用。在儒略历行用的年代，对应的中国古代比如唐代的历史事件要转换为世界通行的历法时，为了便于比较，显然应该采用儒略历。但是对先秦的历史事件，要把它们发生的时间转化为“公历”时，该采用什么历法呢？当时根本不存在世界通行的历法，勉强为之，也只能将儒略历向前延伸，所以对于先秦历史事件的发生时间所表达成的年、月、日都是儒略历系统定义的年、月、日。如果要知道历史事件距离现在的绝对时间，求得该历史事件的儒略日序就足够了。

天体的运动学和动力学

任何运动都是发生在时空当中的，建立起合适的空间坐标系统（见本章第二节）和时间计量系统（见本章第三节），是记录天体位置和描述天体运动的基础。而掌握天体的运行规律，是天文历史年代学工作得以进行的最最基本的前提条件。天体的运行规律通过一系列运动学定律来描述。这些运动学定律反映的是天体运行的表面现象，而天体运行的动力学原理则进一步揭示了天体运行的本质。

开普勒定律和牛顿定律

可以毫不夸张地说，行星运动的研究为推动天文学乃至物理学的发展起了至关重要的作用。这中间开普勒的工作功不可没。1609 年开普勒利用第谷传给他的、在当时是非常精确的观测资料，发现火星的轨道不是一直以为的偏心圆，而是椭圆。1609 年他在他的名著《火星运行论》里公布了关于行星相对太阳的第一、第二两个定律：

行星的轨道是椭圆，太阳位于其中的一个焦点上；

太阳和行星的连线扫过的面积与时间成正比。

1619 年开普勒又发布了他的行星第三定律：

行星公转周期的平方与轨道长轴的立方成正比。

1687年牛顿在他的名著《自然哲学的数学原理》中发表了一个更为深刻地揭示天体运动本质的定律——万有引力定律。在牛顿之前的哥白尼和开普勒都认为，行星之所以在轨道上运行，是因为从太阳而来的一种力。牛顿在解释开普勒定律所描述的行星运动时总结出了这个关于力的定律，我们可以把它陈述为：

> 各具质量并相距一定距离的两个质点，它们相互吸引，引力的方向在它们的连线上，引力的大小与它们的质量成正比，而与它们距离的平方成反比。

根据这个定律进行推导，可以发现开普勒三定律只是天体运行的一种特殊情形，天体运行的轨道形状除了椭圆还可以是抛物线和双曲线。天体遵循开普勒运动三定律的运动叫作开普勒运动，也就是椭圆运动。行星和一些彗星基本上都绕日作开普勒运动，解算这种运动是推算行星和部分彗星运动的基础。

行星、彗星的轨道根数和天球坐标的推算

理论上，行星和彗星绕日运动的轨道在空间的伸展方向是任意的，三维空间中的运动物体有六个自由度。所以天体相对于太阳的运动需要由六个常数来确定，它们分别是：轨道半长径、偏心率、轨道倾角、升交点黄经、近日点角距和过近日点时刻。这六个常数称为轨道根数。天体的六个轨道根数确定了，也就意味着确定了它的运行轨道。

已知行星或彗星的轨道根数之后，就可以来计算任何时刻它们在天球上的位置了，也就是在某个天球坐标系中的坐标。以时间为引数列出的这一系列坐标序列也就是行星或彗星的星历表。

计算所得的行星星历表在天文历史年代学研究中是必备的工具。研究古代天象记录中的行星位置记录和它对应的时间就要用到行星星历表。

轨道计算和轨道改进

上文讲到的计算星历表要用到的轨道根数是根据实测结果计算得来的。为了计算得出六个轨道根数，至少需要作三次光学观测，得到三组天体坐标。对行星而言，由于它们周而复始的有规律的运动，它们的轨道也容易确定。但对彗星来说，它们常常突然出现，可见的时段又短，要确定它们的轨道比较困难，所以在研究彗星的运动中，专门发展起来一系列轨道计算的方法。第一个正式的轨道计算方法是牛顿提出的，他根据三次观测的资料，用图解法求出天体的轨道。哈雷用这个方法分析了 1337 年到 1698 年间的 24 颗彗星，发现 1531 年、1607 年和 1682 年出现的彗星的轨道非常接近，他指出这是同一颗彗星的三次回归，这就是著名的哈雷彗星。以后拉普拉斯发表了第一个完整的轨道计算分析方法，但在实用上不很方便。后来奥伯斯给出了一个实用的计算彗星抛物线轨道的方法，高斯最后解决了轨道计算的理论和实际问题。

一次定出的轨道还不是很精确，需要利用尽可能多的观测资料，逐次改进轨道根数，最后求出天体的精密轨道，这就是轨道改进。轨道改进对确定那些受到较大摄动的天体的轨道尤其重要，对人造天体的轨道则必须要用轨道改进的方法才能定准。

两体问题和引力摄动

在太阳系内求解某天体的运动时，一般假设该天体只与太阳之间有万有引力的作用，对这个问题的解算在天体力学中称为两体问题。但是实际上，太阳系内还有其他天体存在，它们的引力作用在有些情况下不容忽视。当天体绕太阳作开普勒运动时，它会受到别的天体引力的影响，从而偏离原来的轨道。这种偏离现象叫作摄动。影响天体运动的摄动因素多种多样：影响大行星运动的摄动因素主要是行星间的相互吸引；太阳辐射压决定彗尾的形状；地球高层大气阻尼使得绕地飞行的人造天体逐渐失去动能。利用摄动理论，观测被摄动天体的运动，有时还可以反过来去推算未知的施摄动天体。海王星的发现就是根据天王星被摄动情况而先作出的预言，而后在预报的位置上找到的。

因为摄动理论涉及太多专门的理论，在此不作详细介绍。但是读者应该形成这样一个概念：太阳系里天体的运动，特别是彗星和人造天体的运动，是不能简单地用两体问题的运动规律解释的。严格意义上的一成不变的天体轨道是不存在的。

日、月运动及交食

太阳视运动

在前面介绍时间系统时，已经讲到过太阳有两种视运动：周日视运动和周年视运动。周日视运动是地球自转的反映，周年视运动是地球绕日公转的反映。太阳的周日视运动无非就是东升西落，引起昼夜的交替变换。在地平坐标系里看来，太阳的每天的周日视运动也有所变化，它的出没方位、中天高度和日照时间等都在变化。这些变化与太阳在黄道上的位置即周年视运动有关。因为黄道就是根据地球的公转轨道或太阳的周年视运动轨道定义的，所以太阳严格地说是在黄道上运动。太阳每天在黄道上行进约 1 度，假设它从春分点出发，运行一周回到春分点时正好经历一回归年。

月球运动

与太阳的视运动比较简单相反，月球的运动非常复杂。月球受到地球和太阳的共同作用，它绕地球运动的轨道远非开普勒式的。它的轨道运动如此复杂，以致天文学家不去试图求出月球运动轨道根数之类，因为月球受到的摄动太大，求出的轨道根数很快就改变了，无法用它们来求月球的星历表。天文学家一般直接求解月球的坐标，将它们表示成时间的函数，并把解算结果编制成历表，叫作月离表。月离表是许多其他工作的基础，有重要的实用价值，所以编制尽量精确的月离表一直是天文学家们的重要任务。

由于月球运动非常复杂，在此我们只介绍月球的一些主要运动特征和数据。月球离地球的平均距离为 384401 ± 1 公里。轨道近地点平均距离为 363300 公里，远地点平均距离 405500 公里。轨道偏心率在 1/15 到 1/23 之间变化。月球轨道面与天球相交而成的大圆叫白道，白道相对于黄道的倾角在 4° 57′ 到 5° 19′ 之间，平均值为 5° 09′ 。白道与黄道的交点在黄道上向西退行，每 18.6 年退行一周。月球轨道的远地点和近地点的连线沿月球公转方向进动，每 8.85 年进动一周。月球绕地球转动的周期因选取的基点不同，有朔望月、恒星月、交点月、近点月和分点月等。朔望月前面已经介绍过，它实际上是以太阳为基点，是月亮连续两次经过太阳的时间间隔。恒星月是月球连续两次经过同一颗恒星的时间间隔，平均值为 27.32166 日。交点月长度等于 27.21222 日，是月球连续两次经过白道和黄道的升交点（或降交点）的时间间隔。近点月长度为 27.55455 日，是月球连续两次经过其轨道近地点的时间间隔。分点月长度等于 27.32158 日，是月球连续两次经过春分点的时间间隔。

月相

月球表面被太阳光照亮部分的各种变化状态叫作月相。月球本身不发光，而反射太阳光。月球绕地球转动，地球绕太阳转动，月球、地球和太阳三者的相对位置不断地发生变化，因此地球上的观测者所见到的月面被照亮的部分也在不断变化，从而产生不同的月相。月相与日、月之间的黄经差有对应关系。当日、月黄经差分别等于 0°、90°、180°、270° 时，月相依次为新月、上弦、满月、下弦，新月也叫朔，满月也叫望（见月相成因图）。在古代文献中，还有一些其他称呼月相的名词，如把朔后初见的月亮（一般在阴历初二、初三）叫作朏，在出土铜器的铭文中有既生霸、既死霸等名词；在记载西周早期史实的文献中也有既生魄、既死魄的叫法，人们相信它们都与月相有

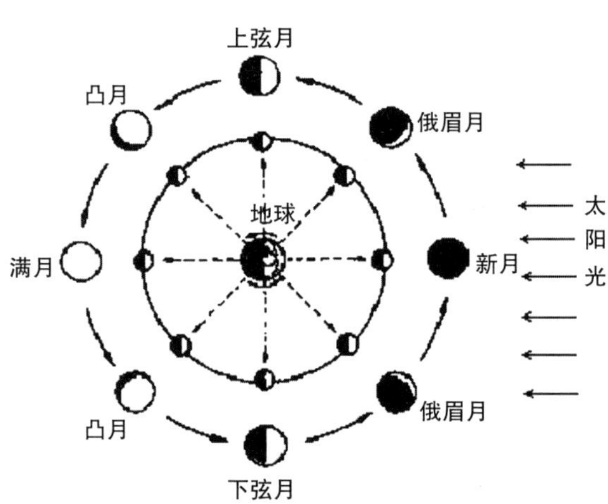

月相成因图

关，而它们具体与何种月相对应，是非常复杂的问题。事实上读者从下面有关章节的讨论中可知，对既生霸、既死霸或既生魄、既死魄的解释正是解决武王伐纣年代问题中的一个关键问题之一。

日月食概论

地球和月亮是两个不发光、不透明的固态天体，在太阳光的照射下都会投射出一个长长的影锥。当地影投在月面上时发生月食；当月影投到地面上时，发生日食。（在不考虑广义相对论效应的牛顿平直空间里）光线沿直线传播，由此可知，在发生日食和月食时，日、月、地三个天体的空间位置成一直线、或几乎成一直线。在地心黄道坐标系中，日食发生时，月亮黄经与太阳黄经几乎相等，即在朔日；月食发生时，月亮黄经与太阳黄经相差几乎等于 180°，即在望日。另外月球的运行轨道白道相对黄道有一个幅度达 5° 09′ 的摆动，当月亮离开黄道面时，日、月、地不能在一条直线上，所以发生日月食时，月亮要几乎满足既在白道上又在黄道上，月亮要在白道和黄道的交点附近。这就是为什么并不是每逢朔望都有交食发生的原因。

月食在望，日食在朔，无论月食还是日食，都发生在黄白交点附近。假设在某次朔或望发生在黄白交点附近而发生了交食，那么理论上，经过若干个朔望月（29.5305881 日）和另外若干个交点月（27.2122178 日）之后，月亮、太阳和地球差不多回到那次交食发生时的相对位置，即又发生一次交食。事实上，天文学家很早就发现 223 个朔望月（6585.32115 日）和 242 个交点月（6585.35670 日）的长度几乎相等，用回归年来表示是 18 年零 11 日多一点。这个周期被称作沙罗周期。每隔一个沙罗周期，就发生一次条件很相似的交食。由于这个周期有一个约 1/3 日的余数，因此，见食区域平均每次比上次西移 120°。

月食

在太阳光照射下，地球背着太阳的一面投射出一条长长的阴影。当月亮正好进入这条阴影时就发生了月食。地影分为本影和半影两部分（见月食成因图）。在本影部分，太阳表面上任何一点射出的光线都到达不了那里，而在半影部分，有一部分太阳光能够照射到那里。当月球整个都进入本影时，发生月全食；只有一部分进入本影，则发生月偏食。月全食和月偏食都属于本影月食。有时月球并不进入本影而只进入半影，这叫作半影月食（见三种月食图）。

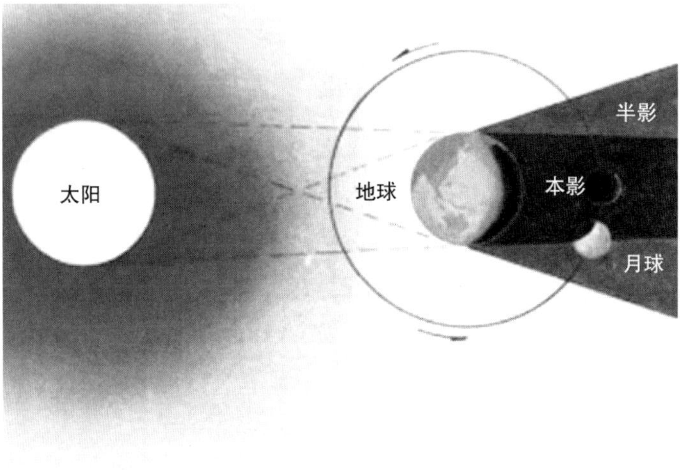

月食成因图

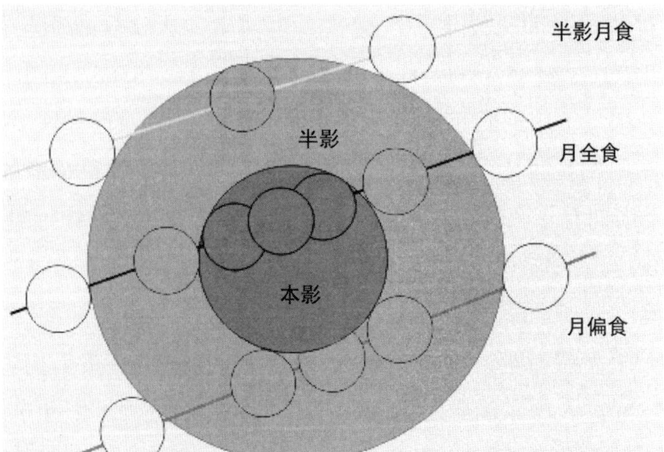

三种月食图

月全食的过程分为七个阶段：1. 半影食始，这时月球刚刚和半影接触，肉眼觉察不到；2. 初亏，这时月球刚好外切于本影锥，月偏食开始；3. 食既，这时月球和本影锥内切，月球全部进入本影，全食开始；4. 食甚，此刻月面中心和地影中心距离最近；5. 生光，月球第二次和本影锥内切，月球开始出本影，全食结束；6. 月球第二次与本影锥外切，月偏食结束；7. 半影食终，月球离开半影。在月偏食时，没有食既和生光。半影月食只有半影食始、食甚和半影食终三个阶段。月球在半影内时，表面亮度减弱很少，只有当月球进入本影时，肉眼才看得见月面边沿开始变暗。由于太阳光受到地球大气的折射，少量光线拐弯进入了本影，所以即使在月全食时，月亮也不是完全看不见的，而是呈现出一种古铜色。

月食程度的大小用食分来表示。食分等于在食甚时月球视直径进入本影的部分与月球视直径的比值。食甚时如果月球恰好与本影内切，那么食分等于 1，因此月全食的食分大于或等于 1；月偏食的食分小于 1。从计算可知，在公元前 1500 年到公元 2500 年间共有 9729 次月食发生，每世纪平均发生 243.2 次，其中月全食 70.4 次，月偏食 83.8 次，半影月食 89.0 次。月食发生时，只要在面对月亮的半个地球都能看见月食，所以对于某个固定地点来说，大约能见到上述月食次数中的一半左右。

日食

在太阳光的照射下，月球在它背太阳的一面也投射出一条长长的影锥。当这个影锥投射到地面上时，位于影子里的人们就会见到太阳被月亮遮住，从而发生日食。月球的影子分为本影、伪本影和半影三部分（见日全食成因图和日环食成因图）。由于地球绕日的轨道和月球绕地的轨道都不是正圆，日、月、地三者的距离时近时远。因此本影锥的顶端有时能投射到地面上，这时处在本影里的观测者能够看到太阳全部被月亮遮住，这就是日全食；有时本影锥顶端不能投射到地面上，形成一个伪本影，在伪本影里的观测者能够看到月亮不能全部遮住太阳，在太阳边缘剩下一圈光环，这就是日环食。在发生日全食和日环食的同时，除了被本影和伪本影覆盖的地面区域以外，还有更多的被半影覆盖的区域，在那些区域内，可以看到太阳的一部分被月亮遮住，这就是日偏食。

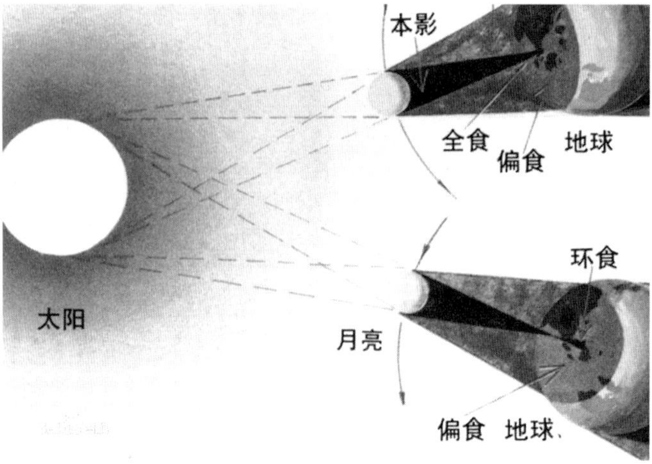

日全食、日环食成因图

本影和伪本影在地面上扫过的区域叫作日食带。本影扫过的区域可以看到日全食，称为全食带；伪本影扫过的区域可以看到日环食，称为环食带。日食带的宽度一般在几十到二三百公里。日食带两旁是半影扫过的区域，可以看到日偏食。见到偏食的区域比见全食和环食的区域大得多。如果本影和伪本影在地球一侧掠过而不接触地面，只有半影扫过地面，地球上就只能看到日偏食。全世界每年至少发生 2 次日食，最多可以发生 5 次。对于某个固定地点来说，平均 3 年左右可以看到一次日偏食，日全食则平均三百多年才能看到一次。

日全食分为五个阶段：1. 初亏，这时月球圆面刚刚和太阳圆面接触，日偏食开始；2. 食既，初亏以后约 1 个小时，月球圆面和太阳圆面相内切，这时日全食开始；3. 食甚，这时月球圆面中心和太阳圆面中心距离最近；4. 生光，月球圆面和太阳圆面第二次内切，日全食结束，从食既到生光一般只有 2 到 3 分钟，最长不超过 7 分钟；5. 复圆，生光以后约 1 个小时，月球圆面和太阳圆面第二次外切，日偏食结束。日环食没有食既和生光，而有环食始和环食终。日偏食只有初亏、食甚和复圆。日食程度大小用食分来表示，日全食和日环食的食分为月球视直径和太阳视直径之比；日偏食的食分为食甚时太阳视直径被遮住的部分所占全部视直径的比例。日偏食和日环食的食分都小于 1，日全食的食分大于或等于 1。

由上文知道，日食必发生在朔，而且只有在朔时太阳离黄白交点足够近时才会发生日食。这个导致日食发生的太阳离黄白交点的距离范围叫作日食限。日食限是变化的，最小为 15.4 度，最大 18.5 度。

日月食计算原理

根据日月食发生的条件，推算日食时，先要求得太阳和月亮视圆面中心赤经严格相等那一刻的时间和它们的坐标；推算月食时，先要求得太阳和月亮视面中心赤经相差 180° 那一刻的时间和它们的坐标，在此基础上，根据前面的一些定义和基本的几何学知识，不难对日月的有关数据进行求解。所有推算的基础是对日月运动规律、尤其是月球运动规律的准确掌握。

而月球运动的规律恰恰是非常不容易准确掌握的。在描述月球运动的公式中，分离出来的差项达数千项，传统的月离表能考虑的差项是有限的，所以给出的月球位置是某种程度上的近似。随着计算能力的提高，出现了一些以前不能完成的算法。现在求解月球的运动，不再用分析的方法在运动公式中分解出越来越多的差项，而是直接从动力学公式出发，用数值积分的方法，来直接求解月球的空间坐标位置。这种方法上的简单性带来的代价是计算量的大量增加，但是计算机的出现使得大的计算量早已不成问题。

地球自转变慢的影响

在大时段内推算日月食时，还必须考虑的一个效应是地球自转速度的长期变慢。引起地球自转长期减慢的原因可能是多方面的，潮汐摩擦引起地球自转角动量减少，同时使月球离地球越来越远，从而使月球绕地球公转的周期变长。另外，地球内部的运动如地核增生、地核和地幔之间的耦合等都会引起地球自转的长期变化。

在长时段的交食推算特别是日食推算中，地球自转的长期变慢带来的影响是显著的。主要包括：

（1）使得月球的推算位置与实际位置产生偏差。这个偏差会影响是否发生日食的判断，至少对食分大小的推算结果会产生很大的影响。

（2）使得日食发生时间的推算产生偏差。地球自转的长期变慢，使得日长在一个世纪内增长 1 到 2 毫秒。这个效应的累计效果是很明显的，在 2000 年里累计减慢可达两个多小时，3000 年里可达七个多小时。这就直接导致了时间计量系统世界时系统的不均匀性。在日食推算中所用的时间引数当然是均匀的，这样理论上的推算和实际的结果之间产生了一个时间差。

（3）前面的时间差产生的一个后果是使得见食带在地面上向西偏移一定的距离，这样使得原来理论上推算得能够见到日食的地方会变成实际上看不见日食。由此可见，在利用日食进行历史年代学研究时，一定要考虑地球自转长期变慢的影响。

如果地球自转长期变慢的规律被掌握了，那么事情变得比较简单，只要在计算中考虑这种影响就可以了。但是地球自转长期变慢的规律到目前为止还没有彻底被掌握。根据研究得出，这种地球自转变慢除了一种长期的加速效应外，还伴随有不规则变化和短期变化，而不规则的变化是难以预测的。在目前研究地球自转长期变慢的方法中，使用得最多的资料是历史上的日食记录。根据已知年代的日食观测记录，与理论推算的结果相比较，可以分析出该日食发生年代对应的地球自转长期变慢的速率。而这个速率能否外推到其他更远的年代呢？现在还不得而知。

设某个年代的地球自转长期变慢的速率为未知数 A；设某地某一次日食发生的年代为未知数 B。如果已知 A，则可以求出 B；反之，已知 B 也可以求出 A。但要同时确定 A 和 B 在逻辑上是不能成立的。

各种类型的古代天象记录及其运用

在中国古代的文献资料中，记载着各种各样的天象记录。它们有的是能够被用来确定历史年代的，有的则不能，对每一种天象记录都要作具体的分析。

新星、超新星

虽然早在甲骨文中就有新星或超新星爆发的记录，而且中国古代的这些新星、超新星记录为现代天文学的发展作出了重要的贡献。但是，在历史年代学方面，这些记录能够提供的帮助不大。对恒星的演化规律还没有很精细的掌握，即使有了很好的掌握，但是新星或超新星爆发的记录也很难用来定年。因为恒星的寿命无法用年这样一个小的时间单位来计量。

彗星、流星雨

彗星和与彗星有关的流星雨，虽然是可以用天体力学公式进行计算的对象，但是由于彗星和流星雨运动轨道的不稳定性，预测它们回归的精确时间还是有困难的。尤其是许多彗星并不是沿椭圆轨道周期性地回归的，所以很难确定历史上出现的某颗未知年代的彗星是某一颗已知的彗星，它很可能是一颗只接近太阳一次的、非周期彗星。有文献记载在武王伐纣时有一颗彗星出现，下文将证明是无法利用这颗彗星来定武王伐纣的年代的。

行星天象

有关行星在恒星背景上的位置记录，是很好的定年资料。在古代文献中常有关于某颗行星在某颗或某些恒星附近的记录。虽然行星在黄道上周而复始地运动，会反复多次经过相同的恒星区域，但是结合其他限制条件，这些行星位置的记录是可以在定年中得到有效的利用的。还有一种很为古人注意的行星天象就是五星会聚。金、木、水、火、土这五颗肉眼能见到的行星各有各自的公转周期，大部分时间里，它们分散在黄道上和附近的不同区域，但有时五大行星都集中到一个很窄的区域里来，这就叫作五星会聚。可以观测到的五星会聚一般发生在日出前东方或日落后西方的天空中。由于行星运动的规律被很好地掌握了，历史上发生五星会聚的时间都可以逆推出来（见附录三：古今“五星聚”一览表），根据这些结果对照历史上的有关记录，不难确定记录的年代。

但是这里有一个困难是，不存在一个明确的五星会聚的定义。五大行星聚集在怎样小的范围里才是古人心目中的五星会聚呢？无法知道。还有，往往记录五星会聚时的年代本身所指也不明确，如“殷纣之时，五星聚于房”（《太平御览》引《春秋纬·元命苞》）这样的记录，没有说明在纣王几年五星聚于房，即使我们算出了这次五星聚的年份，也无助于断定纣王从哪一年开始在位。

行星天象中的一个特殊现象就是木星天象。古人很早就认识到木星在恒星背景下大致每 12 年运动一周，甚至发展成一套利用木星的运动来纪年的体系，木星因而也被称作岁星，以岁在黄道上十二次的某次来不表示年份。岁星纪年法估计在春秋时期被广泛应用，但是木星的公转周期并不是严格的 12 年，而是 12 年不到一点，时间一长纪年所指的岁在某次与木星实际岁在的位置不相符合，大概是这一差异的形成导致岁星纪年法被放弃。

日月食

尽管有上文讲到的地球自转长期变慢的影响，但是利用日月食资料确定年代还是一种重要的定年手段。一次日月食记载中给出的信息越多，就越有利于年代的确定。但早期历史的日月食记录往往太过简略，对日食往往没有发生时间、地点的记载，甚至是否日月食的记录也需要考证确定。被认为是中国乃至世界上最早的日食记录的记载原文是这样的："乃季秋月朔，辰弗集于房。瞽奏鼓，啬夫驰，庶人走。"这里没有明确讲明是发生了一次日食，但是根据《左传》引用该段记载时所作的解释和其他的分析，基本上可以认定这是一次日食。明确了这一点后，就可以来大致推算这次日食的年代。在具体的计算中，不得不假定一个地球自转长期变化的速率。

再如《古本竹书纪年》中有"懿王元年，天再旦于郑"的记载，"天再旦"被解释成天亮了两次。人们在解释造成天亮了两次的原因时设想过多种方案，比如有人提出在日出前有一颗很大的火流星划过天空，使天空变亮等，最后认为在日出前发生了一次大食分的日食，能较好地解释"天再旦"现象。于是推算出发生在郑地的日出前的大食分日食，成了确定懿王元年的重要手段。当然在这一推算过程中，仍无法摆脱地球自转长期变慢的影响。把懿王元年的年代和地球自转长期变化的速率这两个未知数同时求出，这在逻辑上不能避免循环论证的矛盾境地，但求得的结果如果是在合理范围内的话，也不失为一个可供参考的答案。

月球的视运动

月亮在恒星背景下的视运动虽然比较普通，但也是比较重要的。月亮的视位置在恒星间移动的同时，月相也同时发生着变化。月亮位置和月相的变化是两种独立的变化，前者的变化周期是恒星月，后者的变化周期是朔望月。另外月亮在黄纬方向上也有比较显著的变化。我们知道月亮的运动非常复杂，但是正是它的复杂性，使得它的运动变得丰富多采，同时提供的可用于定年的信息也更多。

周年运动

由于地球公转造成的周年运动，也能给我们提供可用于定年的信息。一年中太阳在黄道的位置在不断变化，这与月份和季节相对应。有的天象记录描述了太阳在黄道上的位置，这等于告诉了我们天象发生的月份。如《礼记·月令》及《吕氏春秋·十二纪》记载：

> 孟春之月，日在营室，昏参中，旦尾中。
> 仲春之月，日在奎，昏弧中，旦建星中。是月也，日夜分。
> 季春之月，日在胃，昏七星中，旦牵牛中。
> 孟夏之月，日在毕，昏翼中，旦婺女中。
> 仲夏之月，日在东井，昏亢中，旦危中。是月也，日长至。
> 季夏之月，日在柳，昏火中，旦奎中。
> 孟秋之月，日在翼，昏斗中，旦毕中。
> 仲秋之月，日在角，昏牵牛中，旦觜中。是月也，日夜分。
> 季秋之月，日在房，昏虚中，旦柳中。
> 孟冬之月，日在尾，昏危中，旦七星中。
> 仲冬之月，日在斗，昏东壁中，旦轸中。是月也，日短至。
> 季冬之月，日在婺女，昏娄中，旦氐中。

一年里太阳的出没方位和每日正午的地平高度都在变化，尤其是每日正午地平高度达到最低和最高时比较引人注目，这分别对应于冬至和夏至。随着太阳的周年视运动，白天的长度也在发生周期性的变化，在冬至达到最短，夏至达到最长。在前引《礼记·月令》及《吕氏春秋·十二纪》中就有白天长度变化的记载。利用相关的这些天象记录可以在定年中把一些变化因素确定下来。

周日运动

简单如天体的周日运动，也有助于定年的研究。在古代文献中常有关于某恒星在某个时刻上中天的记载。前引《礼记·月令》及《吕氏春秋·十二纪》中就有每月黄昏和清晨上中天的星宿名称。天体的上中天正是周日视运动的反映。同样的记载还见于《夏小正》：

> 正月初昏参中，斗柄悬在下。三月参则伏。四月昴则见，初昏南门正。五月参则见，初昏大火中。六月初昏斗柄正在上。七月初昏织女正东向，斗柄悬在下则旦。八月辰则伏，参中则旦。九月内火。十月初昏南门见，织女在正北向则旦。十一月日冬至。

当然这也同时是对星象周年变化的一种描述。

恒星天象和岁差现象

天上的恒星似乎一成不变，古今一致。但是与周年运动和周日运动结合起来，它们也在作着丰富的运动。如上引《夏小正》中有关于北斗斗柄指向的描述，其中恒星天象与季节有一种对应关系。

恒星有一种特殊的隐蔽的运动，在定年中起着很重要的作用，这就是岁差造成的恒星坐标位置的变化。前面已经讲到岁差的成因，由于地球不是一个均匀的球体，它的隆起部分在外力作用下，使得地球的自转轴的伸展方向有缓慢的变化。这种变化表现在球面天文上，就是天赤道与黄道的升交点在黄道上缓慢西退。由于习惯上将春分点所在定义为黄经 0°，所以上述变化给所有天体的黄经数值带来一个增加效应，这也就是岁差现象。在几千年的范围里，岁差基本上可以被当作是一个常数。其中黄经岁差常数 Π_0 为每年 50.29″。赤经岁差常数 P_0 为每年 46.12″。利用以下两式中任何一式，都可以根据岁差原理求出相应的年代。

（1）$\lambda_s - \lambda_0 = \Pi_0 (T - T_0)$

（2）$\alpha_s - \alpha_0 = P_0 (T - T_0)$

在（1）式和（2）式中，T_0、α_0和λ_0分别是已知的年代、已知年代某恒星的赤经和黄经，通常把全天所有恒星的赤经和黄经归算到一个比较特殊的时刻（天文上称作星表的历元）上去，现在通用的历元是2000年1月1日0时；而（1）式和（2）式中的T、α和λ则分别是欲求的年代、欲求年代某恒星的赤经和黄经。所以，如果已知某天体在历史上的黄经或赤经值，根据（1）式或（2）式不难求得该黄经或赤经值对应的历史年代。而像《夏小正》之类古籍中恒星的昏中、旦中星象正是以一种特殊的方式告诉了我们这些恒星的黄经和赤经。

岁差是坐标系计量原点的运动，所以在利用现代观测得到的初始位置和天体运行规律计算天体在古代的视位置时都要考虑岁差改正。

多种周期天象的组合

以上讲到的许多被古人记录下来的天象，除了新星、超新星爆发和部分彗星外，大多数是周期天象或准周期天象。单单利用其中的一种天象，往往难以唯一地确定年代。而如果把多种不同周期的天象综合起来考虑，即使仍然不能唯一地确定年代，但可以大大缩小可能的年代结果。再加上一些非天象方面限制，往往就能比较准确地确定年代了。如在武王伐纣时的有关天象记录中，有关于日、月、行星的位置记载，也有月相的记载，还有日干支的记载。综合考虑这些周期运动后，使得能被考虑的武王伐纣年代的范围非常有限。

第五章

武王伐纣时的天象记录及其考证与检验

十六项天象一览

史籍中武王伐纣有关天象及日期记载，共有如下各项：

1. 利簋铭文：

武王征商，隹甲子朝，岁鼎克昏，夙有商。

2.《汉书·律历志下》引《武成》：

惟一月壬辰，旁死霸，若翌日癸巳，武王乃朝步自周，于征伐纣。

粤若来三（当作二）月，既死霸，粤五日甲子，咸刘商王纣。

惟四月既旁生霸，粤六日庚戌，武王燎于周庙。翌日辛亥，祀于天位。粤五日乙卯，乃以庶国祀馘于周庙。

3.《逸周书卷四·世俘解第四十》（以下简称作《世俘》）：

惟一月丙午旁生魄（一说应作"壬辰旁死魄"，依据2，下同），若翼日丁未（一说应作"癸巳"），王乃步自于周，征伐商王纣。

越若来二月既死魄，越五日甲子朝，至，接于商。则咸刘商王纣。

4.《国语·周语下》伶州鸠对周景王：

昔武王伐殷，岁在鹑火，月在天驷，日在析木之津，辰在斗柄，星在天鼋，星与日辰之位皆在北维。

5.《淮南子·兵略训》：

武王伐纣，东面而迎岁，……，彗星出而授殷人其柄。

6.《荀子·儒效》：

武王之诛纣也，行之日以兵忌，东面而迎太岁……。

7.《今本竹书纪年》卷下：

(文王时)孟春六旬，五纬聚房。

8.《新论》(严可均辑本)：

甲子，日月若合璧，五星若连珠，昧爽，武王朝至于商郊牧野，从天以讨纣，故兵不血刃而定天下。

9.《太平御览》引《春秋纬·元命苞》：

殷纣之时，五星聚于房。

10.《逸周书·小开解》：

维三十有五祀，(文)王念曰：多□，正月丙子拜望，食无时。

11.《旧唐书·礼仪志一》长孙无忌等奏议引《六韬》曰：

武王伐纣，雪深丈余。五车二马，行无辙迹，诣营求谒，武王怪而问焉，太公对曰：此必五方之神，来受事耳。遂以其名召入，各以其职命焉。既而克殷，风调雨顺。

12.《周书·刘璠传》载刘《雪赋》：

庚辰有七尺之厚，甲子有一丈之深。

13.《今本竹书纪年》卷上：

（帝辛）三十二年，五星聚于房。有赤乌集于周社。……（帝辛）三十三年，王锡命西伯，得专征伐。

14.《尸子》卷下：

武王伐纣，鱼辛谏曰：岁在北方不北征。武王不从。

15.《周书·泰誓》序：

惟十有一年武王伐殷，一月戊午师渡孟津，作《泰誓》三篇。

16.《史记·周本纪》：

十一年十二月戊午，师毕渡孟津，……武王乃作《泰誓》……。

对天象记载之考察及检验

我们逐条讨论上列各天象：

1. 利簋铭文

可信。指明克商之朝为甲子，其时（凌晨）在牧野见到“岁鼎”——即木星上中天[1]。因属必然会发生的天象，无需检验。克商之日的天象中，上述两点都应被满足。

2.《汉书·律历志下》引《武成》

3.《逸周书卷四·世俘解第四十》

可信。历日，无需检验，重现的克商日程，应满足其中的干支、月相及历日。**关于此两条记载中月相术语之解读，采用李学勤先生最新研究成果：依文义只能取定点说**[2]。

4.《国语·周语下》伶州鸠对周景王

此条特别重要，下文将有专节讨论。

5.《淮南子·兵略训》

关于彗星天象是否可用于确定武王伐纣之年，下文亦有专节讨论。

关于东面而迎岁，须稍作辨析：木星总是从东面升起，一年中许多日子都可以见到它东升。故关键在“迎”字——迎是一个动作。武王的军队从周地出发，基本上是向正东方向行进，只有他们在清晨进军路上恰好见到木星出现在东方（这就不是经常可见的了），这才能称为“东面而迎岁”，也才值得专门记录下来，流传后世。

6.《荀子·儒效》

太岁是人为定义的假想天体，匀速绕周天运行，方向与岁星相反。殷末周初是否已有此种假想天体之定义，大可怀疑。故本条仅可作定

---

[1] “上中天”是指天体运行到当地子午线上，或者说在正南方达到最大地平高度。太阳上中天时就是当地正午。关于利簋铭文，这里必须提到李学勤先生在1998年12月20日撰写的一篇文章《利簋铭与岁星》（提要），指出张政烺在1978年第1期《考古》上发表的《利簋释文》一文，最先提出利簋铭文中的“岁”应释为岁星，李先生认为：“张政烺先生首倡的这一说法，能照顾铭文全体，又可与文献参照，应该是最可取的。”

[2] 李学勤：“《尚书》与《逸周书》中的月相”，《中国文化研究》，1998年2期（夏季号）。

年时辅助参考之用。

7.《今本竹书纪年》卷下

8.《新论》(严可均辑本)

9.《太平御览》引《春秋纬·元命苞》

13.《今本竹书纪年》卷上

“五纬聚房”是否能在公元前1100—1000年间出现，需要检验。

房宿的距星（巧得很，正是天驷！）在公元前1100—1000年间的黄经（因岁差而有微小移动），精确地说是在199.63°—201.03°之间，房宿本身的跨度又非常小（不足5°！）。我们用DE404计算公元前1100—1000年间所有肉眼可以观测到的五星聚（其定义参见本书附录三开首的说明）：

若取定义甲：五星聚于20°以内天区，得2次，皆离房宿甚远。

呈现时间	天区位置
公元前1059年5月11日—6月7日	在井宿附近
公元前1039年3月15日—19日	在营室附近

若取定义乙：五星聚于40°以内天区，得4次。

呈现时间	天区位置
公元前1059年4月30日—6月7日	在井宿附近
公元前1039年3月2日—3月29日	在营室附近
公元前1019年8月29日—9月21日	五星先后出现于角、亢、氐、房、心、尾等六宿
公元前1001年7月20日—7月30日	在井、鬼之际

可见在公元前1100—1000年间的所有五星聚中，至多只有公元前1019年8月29日—9月21日之间的那一次，与“房”沾了边，但若谓之“聚于房”，实在非常勉强。加之“殷纣之时”等皆非明确的时间概念，至若第八条所言，甲子日“日月若合璧，五星若连珠”等语，更是明显为理想化的夸张之辞。

此外，五星聚还有两个问题：一是定义问题，五大行星究竟要聚在多小的范围中才算是“五星聚”？现今找到的古籍中的定义都是伐纣千年以下的，我们不知道武王伐纣时代天学家是用什么定义——如果他们真的记载过"五纬聚房"的话。其二，从后世史籍所见此类天象与人间事变的对应来看，前后出入两三年乃至五六年都可。也就是说，只要在伐纣之前或之后三五年内出现"五纬聚房"，武王伐纣都可被作为它的"事应"。考虑到这一层，五星聚对确定伐纣之年的作用又要再打折扣。这样，其权重就非常之小了。故在后面的工作中我们不使用"五纬聚房"。

10.《逸周书·小开解》

本条中"维三十有五祀，王念曰"，有谓"三"字为"王"字之误者；有谓"王念曰"之王为文王或武王者（理解为文王较可从）；且"拜望，食无时"是否一定能解释为月蚀，皆有疑问。故亦只能作为辅助条件，以供确定西周王年时参考。

但姑释为月蚀，则可以进行检验。此事比较简单，因 Fred Espenak 已经计算了公元前 2000 年—公元 3000 年间的所有日蚀和月蚀，全部数据皆可在 NASA（美国国家宇航局）的网站上查到[1]。我们取其公元前 1099—1000 年间的月蚀表，查检并推算月蚀之日其日干支（Espenak 数据中自然没有干支）为"乙亥"、"丙子"及"丁丑"且在当地可见者，共得 7 项，见下表［Espenak 表中给出格林尼治时间，我们已经将其换算为东七时区（西安地区实际上应属的时区），日期亦作相应调整。为放宽条件，未考虑"正月"问题］：

"丙子拜望"月蚀表

序号	公元前历日	日干支	最大食分在东七时区的时刻（度）	最大食分时的地平方位角（度）	最大食分时的地平高度（度）	最大食分
1	1091.7.26.	乙亥	19:53	126	11	0.463
2	1060.6.13.	乙亥	20:32	131	15	0.530
3	1044.1.20.	乙亥	18:36	75	18	0.465
4	1039.4.24.	乙亥	16:12	不可见		1.166
5	1014.12.10.	丙子	6:11	292	7	0.861
6	1065.3.13.	丁丑	1:57	230	52	1.509
7	1019.9.8.	丁丑	3:06	237	26	0.111

［1］ http:// sunearth.gsfc.nasa.gov/eclipse

11.《旧唐书》引《六韬》

12.《周书》引《雪赋》

有助于表明武王克商时在冬季。这一点实际上与“日在析木之津”一致。

14.《尸子》卷下

所谓“岁在北方”含义不明，更何况武王克商无论如何不是“北伐”。

15.《周书·泰誓》序

16.《史记·周本纪》

提供了周师渡过孟津的日干支。

伶州鸠对周景王所述武王伐纣时天象揭秘

伶州鸠对周景王所述武王伐殷时的天象，固不必断定为伐纣当时之天象实录，但视为故老相传，当有所本之史料可矣。若以天文学方法回推计算，彼时果有此种天象，则自不可遽指为后人伪作也。李学勤先生曾撰《伶州鸠与武王伐殷天象》一文[1]，讨论了如下问题："岁在鹑火”云云一段话，是否可能系后世插入？伶州鸠是怎样的人，他怎么会传述武王时的天象？这段话究竟应当从哪一角度去解释？他的结论是：

> “岁在鹑火”一段话，是《周语下》原文，不可能为后世窜入。
>
> 伶州鸠家世任乐官，武王时天象应为其先祖所传述。
>
> 五位三所是武王伐殷过程中一系列占候，不能作为同时天象来要求。

旨哉斯言，对于我们理解伶州鸠所述武王伐纣天象，以及其他文献中

---

[1] 文作于1999年1月18日。参见李学勤：《夏商周年代学札记》，206—214页，辽宁大学出版社，1999年。

的有关天象记载，皆有极大启发。

对于这段叙述中字面及术语之释读，前贤多从韦昭注。韦昭，三国时人（公元204—273年），他的注有多大的可信程度，今人当然可以提出怀疑——事实上有人连《国语》中的这段记载本身都疑为伪作[1]。但解决这一疑惑的原则其实极为简单，那就是：若有比韦昭更可信的不同释读，自然应该舍韦昭而就彼；但若并无更可信之释读，却又无端怀疑韦昭之注，那除了导致历史虚无主义的结论之外，对解决问题毫无帮助。

实际情况是，韦昭注本不仅是现存最早的注本，而且其注"保留了今已亡佚的东汉郑众、贾逵，三国虞翻、唐固等注本的片段"[2]。再说历代学者对韦昭注也无异议。因此目前唯一合理的选择，只能是以韦昭注作为我们工作的出发点。

"月在天驷"与"日在析木之津"

"日在析木之津"比较简单。《左传》、《国语》提到"析木"时总跟着"之津"二字，"津"为天河，说明"析木"所指的天区位于黄道上横跨银河之处，《三统历》定析木之次对应范围为尾10度，跨箕宿，至斗11度，案之星图，正在银河之中，说明《三统历》所述二十八宿与十二次之间的对应关系，应有很早的起源。析木之津所占的天区，在公元前1100年—1000年间的黄经范围在223°—249°之间。

"月在天驷"一条，其中似有大秘密在焉，需要特别加以讨论。前贤论著中对此似乎从未注意到。"天驷"者，星名也。可指中国古代的"天驷"星官，由包括天蝎座π星在内的四颗黄经几乎完全相等、与黄道成垂直排列的恒星组成，古人将之比附驾车之四匹马。天蝎座π星（Sco π）正是二十八宿中房宿的距星，故也可认为天驷是指天蝎座

[1] 比如倪德卫就曾将《国语》中伶州鸠的这段话指为伪作，认为是"公元前一世纪中叶，有一个狡猾的学者真相信了《武成》的日期"而伪造的。见倪德卫："国语武王伐殷天象辨伪"，《古文字研究》12号，1985年。但倪氏首先犯了一个根本性的错误——他认定伶州鸠所述诸天象必定是同一天的天象，而实际上自然不如此。倪氏论武王伐纣之年有数篇论文，皆好为新异之说，其大胆假说固有余，小心求证实不足也。

[2] 上海师范大学古籍整理研究所校点：《国语》，1页，上海古籍出版社，1988年。

π 星，此处韦昭注云："天驷，房星也。"正可旁证这种解释。

"岁在鹑火"

伶州鸠所说的"岁在鹑火"，历来极受各家注意。但这条记录的可靠性实际上大成问题。

在一些先秦文献中，"岁在某某"（后世又多用"岁次某某"）是一种常见的天象记载。这类天象记载的真实性，前贤很少怀疑。有不少学者在处理先秦年代学问题时，还将岁星天象记载作为重要的判据来使用。然而，先秦文献中的此类记载其实大可怀疑。

我们先对《左传》、《国语》中有明确年代的岁星天象记载进行地毯式的检索，共得 9 项；然后针对此 9 项记载，用目前国际天文学界最权威的星历表软件 DE404 进行回推计算，结果发现竟无一吻合！

《左传》、《国语》中有纪年的岁星位置记载如下：

1.《左传·襄公二十八年》（公元前 545）：

二十八年春，无冰。梓慎曰：今兹宋郑其饥乎。岁在星纪而淫于玄枵，以有时灾，阴不堪阳，蛇乘龙。……

2.《左传·襄公三十年》（公元前 543）：

将葬，公孙挥与裨灶晨会事焉。过伯有氏，其门上生莠，子羽曰：其莠犹在乎。于是岁在降娄，降娄中而旦。裨灶指之曰：犹可以终岁，岁不及此次也已。及其亡也，岁在訾之口，其明年乃及降娄。

3.《左传·昭公八年》（公元前 534）：

晋侯问于史赵曰：陈其遂亡乎？对曰：未也。公曰：何故？对曰：陈，颛顼之族也，岁在鹑火，是以卒灭，陈将如之，今在析木之津，犹将复由。

4.《左传·昭公十年》（公元前 532）：

十年春王正月，有星出于婺女。裨灶言于子产曰：七月戊子，晋君将死。今兹岁在颛顼之虚……

5.《左传·昭公十一年》（公元前 531）：

景王问于苌弘曰：今兹诸侯，何实吉，何实凶？对曰：蔡凶。此蔡侯般弑其君之岁也。岁在豕韦，弗过此矣。

6.《左传·昭公三十二年》（公元前 510）：

夏，吴伐越。始用师于越也。史墨曰：不及四十年，越其有吴乎——越得岁而吴伐之，必受其凶。

7.《国语·晋语四》韦昭注（公元前 655）：

鲁僖五年，岁在大火。

8.《国语·晋语四》（公元前 644）：

子犯曰：天赐也。民以土服，又何求焉！天事必象，十有二年，必获此土。二三子志之。岁在寿星及鹑尾，其有此土乎！天以命矣，复于寿星，必获诸侯。

9.《国语·晋语四》（公元前 636）：

董因迎公于河，公问焉，曰：吾其济乎？对曰：岁在大梁，将集天行，元年始受，实沈之星也。实沈之墟，晋人是居，所以兴也，今君当之，无不济矣！君之行，岁在大火……

以上 9 条，当然不是《左传》、《国语》中谈及岁星天象的全部材料。取舍的标准，是只取陈述中有明确年代者，因为这样的陈述才能用现代天文学方法去检验其正确与否。而像《国语·周语下》伶州鸠所言“昔武王伐殷，岁在鹑火”一条，其年代正是尚待确定者，此处自然不能取——但这一条记载可能有着某种特殊性，对此我们在本文第三部分还有进一步的讨论。

我们采用 DE404 对上述记载进行验算，结果见下表：

《左传》、《国语》岁星位置记载验算

文献出处	年份公元前	所陈述之次及黄经范围（度）	计算所得该年岁星黄经范围（度）	差距（度）
《国语·晋语二》二、《晋语四》十二	655	大火 (198—233)	96—132	102，101
《国语·晋语四》一	644	寿星 (167—196)	102—136	65，60
《国语·晋语四》十二	636	实沈 (47—76)	303—329	104，107
《左传》襄公二十八年秋八月	545	星纪 (257—283)	200—225	57，58
《左传》襄公三十年秋八月	543	諏訾 (314—349)	254—276	60，73
《左传》昭公八年冬十一月	534	析木 (230—256)	176—203	54，53
《左传》昭公十年春正月	532	玄枵 (284—313)	231—255	53，58
《左传》昭公十一年夏四月	531	諏訾 (314—349)	256—282	58，67
《左传》昭公三十二年夏	510	星纪 (257—283)	184—211	73，72

结果无一吻合。对这一事实的讨论，此处无暇进行。只是提出问题，姑作引玉之砖；合理解释，尚待高贤之论也。但至少已经可以看出，用“岁在鹑火”作为确定伐纣之年的依据，是不可靠的。**所以在下面的工作中，我们先不使用“岁在鹑火”—— 但考虑到伶州鸠所述天象的特殊性，不妨用作为辅助性的参证。**

“星在天鼋”

“星在天鼋”之“星”，韦昭注云“辰星也”，即水星。水星常在太阳左右，其大距极限仅 28° 左右——也就是说水星至多只能离开太阳 28° 远。“天鼋”者，玄枵之次也。这一条也给出了相对独立的信息——在武王伐纣的过程中，应该能见到“星在天鼋”的天象。

“辰在斗柄，……星与日辰之位皆在北维”

韦昭注：“辰，日月之会。斗柄，斗前也。”此句可以产生两处争议：“辰”为何意？“斗柄”何指？需要逐一分析。先讨论“辰”。在古籍中，“辰”可以有8种用法，列出如下：

1. 日月交会点，即合朔时太阳所在位置。

2. 大火（即天蝎座 α，中名心宿二）。如《国语·晋语四》：“岁在大火，大火，阏伯之星也，是为大辰。”又《苏武诗》：“昔为鸳与鸯，今为参与辰。”

3. 北极星，即“北辰”。如《尔雅·释天》：“北极谓之北辰。”又虞世南《奉和月夜观星应令》：“天文岂易述，徒知仰北辰。”

4. 泛指众星，如星辰、三辰。

5. 十二时辰之一，七至九时。

6. 日子、时刻。今吴语中犹将“时间”称为“辰光”。

7. 十二地支之五

8. “晨”之通假字。

上述8种用法中，第4种在此处没有意义，第5、6、7、8种可置勿论。需要讨论的是前面三种。或许有人会问：韦昭注为何一定对？“辰”在此处为何不能理解为心宿二或北极星？其实天文学常识早已排除了这两种可能性：因为“斗柄”无论何指，肯定是指恒星无疑，而心宿二或北极星也都是恒星，天文学常识告诉我们，恒星是相对固定的（“恒星”正是由此得名），一颗恒星不可能跑到另一颗恒星那里去。如果将“辰”在此处理解为心宿二或北极星，那岂不是和说“天狼星在织女星”一样荒谬？所以韦昭注“日月之会”（即太阳和月亮运行到黄经相等之处）在这里确实是唯一合理的释读。

接下来再谈“斗柄”。“斗”可以指北斗，也可以指南斗，即二十八宿中的斗宿。但“辰”既然是“日月之会”，就完全排除了北斗的可能——太阳和月亮只能在黄道附近运行，它们永远不可能跑到北斗那里去。所以“斗柄”只能是指南斗。

这样，“辰在斗柄”的唯一合理释读就是：日、月在南斗（斗宿）合朔。

由于“日在析木之津”、“月在天驷”已经决定了日月的位置——几天后它们就将运行至南斗的斗柄位置并发生朔，故“辰在斗柄”并未传递独立的信息。

“星与辰之位皆在北维”也没有什么独立信息——当太阳和水星到达玄枵之次时，它们就是在女、虚、危诸宿间，这些宿皆属北方七宿，此即“北维”之意也。

为何不能用哈雷彗星记录来确定伐纣之年？

关于彗星记录是否可用于确定武王伐纣之年的问题，已经由卢仙文博士作了全面研究。他的博士论文《中国古代彗星记录研究》，已经于 1998 年 7 月以优异成绩在中国科学院上海天文台通过答辩。此处限于篇幅，仅述其有关内容之大要如次（有兴趣详究的读者请参见本书附录一）：

《淮南子·兵略训》中有“彗星出而授殷人其柄”，已故紫金山天文台张钰哲台长，曾根据对哈雷彗星的回推计算而提出伐纣之年或为公元前 1057 年之说。但是据张光直的意见，《淮南子》成书于武王伐纣之后千余年，而此前古籍中并未见有关于伐纣时之彗星记载，“所以《淮南子》这一段的可靠性到何程度是值得怀疑的”[1]。而更大的问题是，伐纣时即使真有彗星出现，后人也无法证明这颗彗星一定是哈雷彗星，因为它也完全可能是一颗非周期彗星或特长周期彗星。所以张钰哲台长的结论也是非常谨慎的：

> 假使武王伐纣时所出现的彗星为哈雷彗星，那么武王伐纣之年便是公元前 1057—1056 年。[2]

---

［1］ 张光直：“商史新料三则”，《“中央研究院”历史语言研究所集刊》第五十本第四分册，1979 年。

［2］ 张钰哲：“哈雷彗星的轨道演变的趋势和它的古代历史”，《天文学报》19 卷 1 期，1978 年。

对于周期彗星，理论上可以用动力学方法进行推算以确定其回归年代。但对于武王伐纣这样的课题而言，周期大于 200 年和小于 20 年的彗星都没有意义。只有哈雷型彗星（周期在 20—200 年之间）可以有助于定年。哈雷型彗星的长期运动较为稳定，如果在积分过程中能找到记录进行修正的话，能得到相对可靠的结果。可惜哈雷型彗星在各种彗星中只占 4%—6% 的比例。

日本学者长谷川一郎统计了公元 1700—1900 二百年间的肉眼可见彗星[1]。星等大于6等者共177次，其中哈雷型彗星出现9次，仅占5%的比例。根据目前的理论，近 3000 年间彗星出现的数量是均匀的，因此，可假设上述比例同样适合于公元前 1100—1000 年。

接着我们将公元 1700—1900 二百年间清代的彗星记录与长谷川一郎的肉眼可见彗星表进行对比，发现有 36 年 H 表无而中国有记录（多为府、县志所录，且每年记录很少，无一为正史所录）。有 22 年 H 表有而中国无记录（多为 5—6 等星，但也有的星等达 1 等）。有 43 年 H 表无记录中国亦无。而有 99 年双方均有记录（特别是亮与尾长的彗星记录众多，正史多记录）。故结论是：正史所录可靠，而地方志所录不一定可靠。

既然正史所录可靠，我们统计正史中彗星的分布情况。公元 1—1500 年间，正史中共记录了 345 次彗星（多处记录，但从时间和方位上判断，是同一颗彗星同一次出现，则只计为一次）。其中，目前已证认的短周期彗星 21 次均为哈雷型，占 6%（其中哈雷彗星本身 19 次）。这一结果与上述长谷川一郎对西方近代资料统计的结果十分吻合。

现在将上述结果应用到武王伐纣问题上来。据上所述，我们已知武王伐纣时出现的彗星是哈雷型彗星的概率仅为 5%—6%，是哈雷彗星的概率就更小。另一方面，目前已发现的哈雷型彗星共 23 颗，其中 6 颗周期大于 100 年，也就是说，如果回推的话，至少有 17 颗将在公元前 1100—1000 年间出现。从概率上来说，确定为哪一颗的可能性小于 1/17。与前面哈雷型彗星所占比例 5%—6% 相乘，其概率

[1] Hasegawa.I., *Vistas in Astronomy*，24(1980)，59.

仅为 0.3%左右！而常识告诉我们，显然不可能将结论建立在 0.3%的概率之上。

退一步说，即使我们知道此彗星具体为哪一颗哈雷型彗星，也很难确定它在公元前 1100—1000 间出现的精确时间。举例来说，哈雷彗星的回归有 30 多次被证实，是哈雷型彗星中轨道参数被掌握得最为精确的一颗，但回推它在公元前 1100—1000 年间回归过近日点的精确时间，不同学者所得相差达 2 年多，这些结果不可能同时与观测记录相符合。例如，从彗星星历表可知，张钰哲先生所推与武王伐纣时彗星记载相符，而 Yeomans.K 和 Kiang.T（江涛）所推就与记载不符。其他的彗星就更不用说，差别只能更大。

因此结论是：**无法依据现存的彗星记录确定武王伐纣的年代**。

可能的天象与可用的天象

据上面的逐项分析可知，在本章开始处所列 16 项天象记载中，有些天象在所争议的年代范围之内实际上不会发生，这样的天象当然不能用来定年；在所争议的年代范围之内可能发生的天象，还要分成两类，一类是虽然可能发生但无法用来定年，剩下的另一类才是真正可以用来定年的。上述 16 项天象记载的分析结果可归纳为下表：

16 项有关武王伐纣天象及历日之可能与可用情况一览

序号	天象及历日记载内容	可能发生	可用与否
1	利簋所言牧野之战历日及木星天象	√	√
2	《武成》历日	√	√
3	《逸周书·世俘》历日	√	√
4	《国语》伶州鸠所言武王伐纣天象	√	√
5	《淮南子·兵略训》所言彗星天象 《淮南子·兵略训》所言木星天象	√ √	 √
6	《荀子·儒效》所言太岁天象	大可怀疑	
7	《今本竹书纪年》卷下五星天象	几乎不可能	
8	《新论》五星天象	几乎不可能	

（续表）

序号	天象及历日记载内容	可能发生	可用与否
9	《春秋纬·元命苞》五星天象	几乎不可能	
10	《逸周书·小开解》可能的月食	√	
11	《六韬》大雪天象	√	
12	《雪赋》大雪天象	√	
13	《今本竹书纪年》卷上五星天象	几乎不可能	
14	《尸子》“岁在北方”	意义不明	
15	《周书·泰誓》渡孟津日干支	√	√
16	《史记·周本纪》渡孟津日干支	√	√

武王伐纣日程表必须满足的七项条件

根据上面对史籍中伐纣天象记录的逐项讨论，我们可以明确知道，仅仅从天文学计算出发，重建的武王伐纣日程表应该同时满足如下七项条件：

1. 克商之日的日干支为甲子。——据利簋铭文

2. 克商之日的清晨应有岁星当头的天象。——据利簋铭文

3. 周师出发时应能在当地东方见到岁星。——据《淮南子·兵略训》

4. 在周师出发前后，应有“月在天驷”和“日在析木之津”的天象（对“月在天驷”的定义见上文的讨论）。——据《国语》伶州鸠对周景王所述伐纣天象及《三统历·世经》中的有关讨论

5. 从周师出发到克商之间应有一段日子，这段日子的长度应使得周师从周地出发行进至牧野有合乎常理的时间。——据《武成》与《世俘》所记历日及《三统历·世经》中的有关讨论，和《周书》、《史记》所载渡孟津日干支

6. 在周师出发后、甲子日克商前，应有两次朔发生，第一次日干支为辛卯或壬辰；第二次则约在克商前五日，日干支为庚申或辛酉（考虑周初对朔的确定有误差）。——据《武成》与《世俘》所记历日

7. 在武王伐纣的过程中，应能见到“星在天鼋”的天象。——据《国语》伶州鸠对周景王所述伐纣天象

第六章

可用天象之回推计算及筛选结果

武王伐纣可能的年代范围

武王伐纣年代的争议年限，至多不过百余年。即以本书第三章所列各家考之，最早为公元前 1127 年，最晚为公元前 1018 年。而较有竞争力的年代，主要集中在上述范围的中部。因此在以下的大量计算中，通常我们取 100 年的时间段作为计算范围，但在必要时也向前或向后延伸。

推算筛选伐纣日程之过程及结果（第一方案）

★ 第一步：

先从“月在天驷”和“日在析木之津”入手。设定：

（1）太阳黄经在 215°—255° 范围内（比析木之津略宽）

（2）月球黄经在天驷四星（该四星黄经在公元前 1050 年左右都在 200°—201° 之间）前后 ±15° 之间（明显比“月在天驷”宽泛）

（3）月球黄纬不限[1]

[1] 以天驷四星中的天蝎座 π 星为例：该星在公元前 1050 年左右时，黄经为 200.74°，黄纬则为−5.09°；而月球运动偏离黄道的极限约为 5.5°。故如取月黄纬小于 4.5°，则有 1° 之变动范围，而天蝎座 π 星恰在其中位处。今对月球黄纬不加限制，条件极宽，意在不遗漏任何可能的日子。

计算公元前1122—1021年之间，共有145个满足“月在天驷，日在析木之津”的日期（其中有一年两个的情况）。对有连续二三日满足“月在天驷，日在析木之津”的情况，取其中月亮近天驷之日（所有位置都指当天世界时0时的位置，具体讨论时，月黄经需增加一个与时差改正相应的量，约3.5°左右）。结果见“月在天驷，日在析木之津”日期表：

“月在天驷，日在析木之津”日期表（西安地区，东七区时）

（表中的“−1121”是“公元前1122年”，以下类推）

序号	年	月	日	时	分	干支	月黄经	月黄纬	日黄经	日月差
1	−1121	12	14	22	0	甲寅	200.87	−2.38	253.36	52.5
2	−1120	11	6	23	0	壬午	201.67	−3.62	215.39	13.7
3	−1120	12	4	8	30	己酉	200.73	−3.69	243.37	42.6
4	−1119	11	24	14	30	甲辰	200.85	−4.62	233.16	32.3
5	−1118	11	14	15	30	己亥	200.57	−5.02	222.74	22.2
6	−1118	12	12	1	0	丁卯	200.70	−5.17	250.71	50.0
7	−1117	12	1	22	0	壬戌	200.83	−4.98	240.13	39.3
8	−1116	11	20	19	0	丁巳	200.88	−4.28	229.54	28.7
9	−1115	11	10	19	0	壬子	200.72	−3.14	219.08	18.4
10	−1115	12	8	0	30	己卯	200.56	−3.17	246.89	46.3
11	−1114	11	28	7	0	甲戌	200.81	−1.64	236.71	35.9
12	−1113	11	18	16	30	庚午	200.61	0.03	226.65	26.0
13	−1113	12	16	0	0	丁酉	200.61	0.14	254.53	53.9
14	−1112	11	8	2	30	乙丑	200.59	1.67	216.61	16.0
15	−1112	12	5	13	0	壬辰	200.76	1.79	244.64	43.9
16	−1111	11	25	22	30	戊子	200.77	3.22	234.58	33.8
17	−1110	11	16	3	30	癸未	200.68	4.29	224.33	23.6
18	−1110	12	13	14	0	庚戌	200.78	4.47	252.34	51.6
19	−1109	12	3	14	0	乙巳	200.81	5.01	241.89	41.1
20	−1108	11	22	11	0	庚子	200.81	5.01	231.30	30.5
21	−1107	11	12	8	30	乙未	200.78	4.49	220.73	20.0
22	−1107	12	9	14	30	壬戌	200.75	4.57	248.56	47.8
23	−1106	11	29	15	0	丁巳	200.54	3.55	238.12	37.6

（续表）

序号	年	月	日	时	分	干支	月黄经	月黄纬	日黄经	日月差
24	−1105	11	19	21	30	癸丑	200.53	2.13	227.94	27.4
25	−1104	11	9	7	0	戊申	200.62	0.48	217.88	17.3
26	−1104	12	6	15	30	乙亥	200.52	0.42	245.82	45.3
27	−1103	11	27	3	30	辛未	200.67	−1.26	235.87	35.2
28	−1102	11	17	12	0	丙寅	200.66	−2.78	225.77	25.1
29	−1102	12	14	22	30	甲午	200.64	−2.95	253.78	53.1
30	−1101	12	5	3	0	己丑	200.64	−4.13	243.53	42.9
31	−1100	11	24	2	30	甲申	200.59	−4.85	233.04	32.4
32	−1099	11	14	0	0	己卯	200.66	−5.04	222.47	21.8
33	−1099	12	11	7	0	丙午	200.62	−5.17	250.34	49.7
34	−1098	12	1	4	0	辛丑	200.64	−4.79	239.75	39.1
35	−1097	11	21	6	0	丙申	200.73	−3.90	229.38	28.7
36	−1096	11	10	12	30	辛卯	200.70	−2.59	219.19	18.5
37	−1096	12	7	19	30	己未	200.67	−2.59	247.07	46.4
38	−1095	11	28	7	0	甲寅	200.67	−0.99	237.10	36.4
39	−1094	11	18	18	0	庚戌	200.85	0.70	227.10	26.2
40	−1094	12	16	3	30	丁丑	200.73	0.83	255.06	51.3
41	−1093	11	9	1	30	乙巳	200.65	2.28	216.96	16.3
42	−1093	12	6	12	30	壬申	200.68	2.40	245.00	44.3
43	−1092	11	25	16	0	戊辰	200.60	3.71	234.69	34.1
44	−1091	11	15	15	30	壬戌	200.56	4.59	224.21	23.6
45	−1091	12	13	0	30	庚寅	200.81	4.76	252.16	51.4
46	−1090	12	2	20	0	乙酉	200.63	5.09	241.52	40.9
47	−1089	11	22	18	0	庚辰	200.68	4.89	230.97	30.3
48	−1088	11	11	20	30	乙亥	200.70	4.17	220.61	19.9
49	−1088	12	9	2	30	壬寅	200.72	4.23	248.44	47.7
50	−1087	11	29	11	0	丁酉	200.73	3.01	238.34	37.6
51	−1086	11	19	22	0	癸巳	200.80	1.48	228.35	27.5
52	−1085	11	10	7	30	戊子	200.62	−0.17	218.29	17.7
53	−1085	12	7	18	30	丙辰	200.84	−0.28	246.34	45.5
54	−1084	11	27	2	30	辛亥	200.92	−1.92	236.22	35.3
55	−1083	11	17	5	30	丙午	200.81	−3.33	225.88	25.1

（续表）

序号	年	月	日	时	分	干支	月黄经	月黄纬	日黄经	日月差
56	−1083	12	14	15	0	癸酉	200.62	−3.49	253.85	53.2
57	−1082	11	7	5	0	辛丑	200.67	−4.35	215.40	14.7
58	−1082	12	4	13	0	戊辰	200.69	−4.49	243.32	42.6
59	−1081	11	24	9	30	癸亥	200.74	−5.00	232.71	32.0
60	−1080	11	13	8	0	戊午	200.64	−4.99	222.18	21.5
61	−1080	12	10	14	0	乙酉	200.75	−5.11	250.01	49.3
62	−1079	11	30	17	30	辛巳	200.71	−4.52	239.71	39.0
63	−1078	11	21	2	0	丙子	200.65	−3.44	229.60	29.0
64	−1077	11	11	12	0	辛未	200.58	−2.01	219.56	19.0
65	−1077	12	8	21	30	己亥	200.67	−1.98	247.55	46.9
66	−1076	11	28	8	30	甲午	200.65	−0.34	237.55	36.9
67	−1075	11	18	15	30	己丑	200.70	1.34	227.39	26.7
68	−1074	11	8	18	30	乙酉	200.68	2.85	217.05	16.4
69	−1074	12	6	4	0	壬子	200.67	2.98	245.03	44.4
70	−1073	11	26	2	0	丁未	200.76	4.12	234.49	33.7
71	−1072	11	14	23	0	壬寅	200.75	4.81	223.90	23.1
72	−1072	12	12	5	30	己巳	200.76	4.97	251.74	51.0
73	−1071	12	2	4	0	甲子	200.66	5.10	241.23	40.6
74	−1070	11	22	8	30	己未	200.72	4.69	230.96	30.2
75	−1069	11	12	17	0	乙卯	200.80	3.76	220.86	20.1
76	−1069	12	10	0	30	壬午	200.70	3.80	248.75	48.0
77	−1068	11	29	12	30	丁丑	200.63	2.45	238.80	38.2
78	−1067	11	19	22	30	癸酉	200.71	0.85	228.77	28.1
79	−1066	11	10	5	0	戊辰	200.79	−0.84	218.58	17.8
80	−1066	12	7	15	30	乙未	200.69	−0.94	246.60	45.9
81	−1065	11	27	17	0	辛卯	200.73	−2.51	236.21	35.5
82	−1064	11	16	15	0	乙酉	200.71	−3.78	225.66	24.9
83	−1064	12	13	23	0	癸丑	200.82	−3.96	253.56	52.7
84	−1063	12	3	18	30	戊申	200.60	−4.76	242.92	42.3
85	−1062	11	23	18	30	癸卯	200.72	−5.08	232.46	31.7
86	−1061	11	13	23	30	戊戌	200.81	−4.85	222.21	21.4
87	−1061	12	11	5	30	乙丑	200.66	−4.96	250.04	49.4
88	−1060	11	30	16	0	辛酉	200.68	−4.15	240.03	39.3

（续表）

序号	年	月	日	时	分	干支	月黄经	月黄纬	日黄经	日月差
89	−1059	11	21	3	30	丙辰	200.88	−2.91	230.06	29.2
90	−1058	11	11	12	0	辛亥	200.61	−1.40	219.96	19.3
91	−1058	12	8	23	0	己卯	200.70	−1.34	248.00	47.3
92	−1057	11	29	5	0	甲戌	200.83	0.35	237.80	37.0
93	−1056	11	18	6	0	己巳	200.76	1.98	227.38	26.6
94	−1056	12	15	15	0	丙申	200.64	2.13	255.32	54.7
95	−1055	11	8	4	30	甲子	200.82	3.36	216.85	16.0
96	−1055	12	5	11	30	辛卯	200.70	3.49	244.73	44.0
97	−1054	11	25	8	0	丙戌	200.57	4.46	234.12	33.5
98	−1053	11	15	9	0	辛巳	200.76	4.96	223.69	22.9
99	−1053	12	12	14	30	戊申	200.67	5.11	251.50	50.8
100	−1052	12	1	21	0	甲辰	200.73	5.02	241.32	40.6
101	−1051	11	22	7	0	己亥	200.60	4.39	231.28	30.7
102	−1050	11	12	17	30	乙未	200.78	3.29	221.27	20.5
103	−1050	12	10	3	30	壬戌	200.82	3.31	249.26	48.4
104	−1049	11	30	13	0	丁巳	200.74	1.85	239.21	38.5
105	1048	11	19	18	0	癸丑	200.75	0.18	228.97	28.2
106	−1047	11	9	19	0	戊申	200.69	−1.48	218.54	17.9
107	−1047	12	7	4	0	乙亥	200.80	−1.61	246.50	45.7
108	−1046	11	27	0	30	庚午	200.72	−3.05	235.90	35.2
109	−1045	11	16	22	0	乙丑	200.68	−4.17	225.33	24.6
110	−1045	12	14	4	0	壬辰	200.67	−4.34	253.15	52.5
111	−1044	12	3	5	30	丁亥	200.82	−4.98	242.76	41.9
112	−1043	11	23	12	30	壬午	200.86	−5.08	232.60	31.7
113	−1042	11	13	22	0	戊寅	200.76	−4.62	222.54	21.8
114	−1042	12	11	6	30	乙巳	200.87	−4.70	250.47	49.6
115	−1041	12	1	18	0	辛丑	200.63	−3.73	240.50	39.9
116	−1040	11	21	2	30	丙申	200.66	−2.37	230.40	29.7
117	−1039	11	11	7	0	辛卯	200.65	−0.75	220.13	19.5
118	−1039	12	8	17	30	己未	200.82	−0.66	248.15	47.3
119	−1038	11	28	16	30	甲寅	200.68	1.01	237.65	37.0
120	−1037	11	18	13	30	戊申	200.64	2.54	227.07	26.4
121	−1037	12	15	21	0	丙子	200.83	2.73	254.94	54.1

（续表）

序号	年	月	日	时	分	干支	月黄经	月黄纬	日黄经	日月差
122	−1036	11	7	12	0	癸卯	200.75	3.81	216.54	15.8
123	−1036	12	4	17	30	辛未	200.57	3.93	244.35	43.8
124	−1035	11	24	20	0	丙寅	200.67	4.74	234.00	33.3
125	−1034	11	15	3	0	辛酉	200.60	5.03	223.83	23.2
126	−1034	12	12	10	0	戊子	200.76	5.16	251.70	50.9
127	−1033	12	2	22	0	甲申	200.89	4.84	241.76	40.9
128	−1032	11	22	8	30	己卯	200.73	4.03	231.74	31.0
129	−1031	11	12	16	0	乙亥	200.68	2.79	221.60	20.9
130	−1031	12	10	3	0	壬寅	200.79	2.77	249.64	48.8
131	−1030	11	30	6	30	丁酉	200.85	1.19	239.33	38.5
132	−1029	11	20	5	30	壬辰	200.74	−0.49	228.82	28.1
133	−1028	11	9	3	0	丁亥	200.69	−2.09	218.25	17.6
134	−1028	12	6	9	30	甲寅	200.63	−2.20	246.11	45.5
135	−1027	11	26	8	0	己酉	200.83	−3.56	235.58	34.8
136	−1026	11	16	11	0	甲辰	200.81	−4.52	225.25	24.4
137	−1026	12	13	16	30	壬申	200.66	−4.69	253.05	52.4
138	−1025	12	4	1	30	丁卯	200.67	−5.11	242.98	42.3
139	−1024	11	23	13	0	壬戌	200.86	−4.98	233.01	32.1
140	−1023	11	13	22	30	戊午	200.73	−4.33	222.95	22.2
141	−1023	12	11	9	0	乙酉	200.83	−4.39	250.97	50.1
142	−1022	12	1	16	30	辛巳	200.73	−3.25	240.83	40.1
143	−1021	11	21	19	0	丙子	200.60	−1.76	230.48	29.9
144	−1020	11	10	18	30	辛未	200.70	−0.08	220.00	19.3
145	−1020	12	8	2	30	戊戌	200.67	0.00	247.91	47.2

“月在天驷，日在析木之津”日期表中这 145 个日子附近，皆有可能是周师出发的时间。

★ 第二步：

寻找“月在天驷，日在析木之津”日期表所列“月在天驷，日在析木之津”日期之后日干支为甲子的日期。要求“月在天驷，日在析木之津”之日和甲子日之间相隔合理的天数。然后计算这些甲子日的月龄——距离前一个定朔的日序，然后根据《武成》推算既死魄的日序（在此过程中，两个“师初发”日期有时只对应一个合适的甲子日）。

从对月相名词最自然的理解出发，首先可以认定：**初三至十六不可能为既死魄定点日**，故按《武成》历日，克商之甲子日不会在初七到二十之间。删除不合部分（甲子日重复的日期取其中适当的一组）得到下表：

“既死魄定点日不可能为初三至十六”筛选表

序号	“月在天驷，日在析木之津”日之日期、干支				“克商”之甲子日及据《武成》“粤五日甲子”推算之既死魄定点日序				
	年	月	日	干支	年	月	日	月龄	既死魄定点日序
1	−1118	12	12	丁卯	−1117	2	7	二十五	二十一
2	−1117	12	1	壬戌	−1116	2	2	一	二十六或二十七
3	−1116	11	20	丁巳	−1115	1	27	六	二
4	−1113	11	18	庚午	−1112	1	12	二十四	二十
5	−1112	11	8	乙丑	−1111	1	6	二十九	二十五
6	−1112	12	5	壬辰	−1111	3	7	一	二十六或二十七
7	−1111	11	25	戊子	−1110	1	1	五	一
8	−1108	11	22	庚子	−1107	2	14	二十二	十八
9	−1107	12	9	壬戌	−1106	2	9	二十八	二十四
10	−1106	11	29	丁巳	−1105	2	4	五	一
11	−1103	11	27	辛未	−1102	1	19	二十二	十八
12	−1102	11	17	丙寅	−1101	1	14	二十七	二十三
13	−1101	12	5	己丑	−1100	1	9	三	二十八或二十九
14	−1098	12	1	辛丑	−1097	2	22	二十一	十七
15	−1097	11	21	丙申	−1096	2	17	二十七	二十三
16	−1096	11	10	辛卯	−1096	12	13	三	二十八或二十九
17	−1096	12	7	己未	−1095	2	11	三	二十八或二十九
18	−1092	11	25	戊辰	−1091	1	21	二十五	二十一
19	−1091	12	13	庚寅	−1090	1	16	一	二十六或二十七
20	−1087	11	29	丁酉	−1086	2	24	二十六	二十二
21	−1086	11	19	癸巳	−1085	2	19	二	二十七或二十八
22	−1085	11	10	戊子	−1085	12	16	六	二
23	−1082	12	4	戊辰	−1081	1	29	二十四	二十

（续表）

序号	"月在天驷，日在析木之津"日之日期、干支				"克商"之甲子日及据《武成》"粤五日甲子"推算之既死魄定点日序				
	年	月	日	干支	年	月	日	月龄	既死魄定点日序
24	−1081	11	24	癸亥	−1080	1	24	二十九	二十五
25	−1080	12	10	乙酉	−1079	1	18	五	一
26	−1077	11	11	辛未	−1076	1	3	二十三	十九
27	−1077	12	8	己亥	−1076	3	3	二十四	二十
28	−1076	11	28	甲午	−1075	2	26	二十九	二十五
29	−1075	11	18	己丑	−1075	12	23	四	二十九或三十
30	−1072	12	12	己巳	−1071	2	5	二十二	十八
31	−1071	12	2	甲子	−1070	1	31	二十七	二十三
32	−1070	11	22	己未	−1069	1	26	四	二十九或三十
33	−1067	11	19	癸酉	−1066	1	10	二十一	十七
34	−1066	11	10	戊辰	−1065	1	5	二十六	二十二
35	−1065	11	27	辛卯	−1065	12	31	二	二十七或二十八
36	−1061	12	11	乙丑	−1060	2	8	二十六	二十二
37	−1060	11	30	辛酉	−1059	2	2	二	二十七或二十八
38	−1056	11	18	己巳	−1055	1	12	二十四	二十
39	−1055	11	8	甲子	−1054	1	7	三十	二十六
40	−1054	11	25	丙戌	−1053	1	2	六	二
41	−1051	11	22	己亥	−1050	2	15	二十四	二十
42	−1050	12	10	壬戌	−1049	2	10	一	二十六或二十七
43	−1049	11	30	丁巳	−1048	2	5	六	二
44	−1046	11	27	庚午	−1045	1	20	二十二	十八
45	−1045	11	16	乙丑	−1044	1	15	二十八	二十四
46	−1044	12	3	丁亥	−1043	1	9	四	二十九或三十
47	−1041	12	1	辛丑	−1040	2	23	二十二	十八
48	−1040	11	21	丙申	−1039	2	17	二十八	二十四
49	−1039	11	11	辛卯	−1039	12	14	三	二十八或二十九
50	−1039	12	8	己未	−1038	2	12	四	二十九或三十
51	−1036	11	7	癸卯	−1035	1	27	二十一	十七
52	−1035	11	24	丙寅	−1034	1	22	二十七	二十三
53	−1034	12	12	戊子	−1033	1	17	三	二十八或二十九

（续表）

序号	“月在天驷，日在析木之津”日之日期、干支				“克商”之甲子日及据《武成》“粤五日甲子”推算之既死魄定点日序				
	年	月	日	干支	年	月	日	月龄	既死魄定点日序
54	−1030	11	30	丁酉	−1029	2	25	二十六	二十二
55	−1029	11	20	壬辰	−1029	12	22	一	二十六或二十七
56	−1025	12	4	丁卯	−1024	1	30	二十五	二十一
57	−1024	11	23	壬戌	−1023	1	24	一	二十六或二十七
58	−1020	11	10	辛未	−1019	1	3	二十三	十九
59	−1020	12	8	戊戌	−1019	3	4	二十四	二十

此时可选的日子已经减少为59个。

这里我们必须注意到：“月在天驷，日在析木之津”日期表中的第108、111项经过这一步筛选仍得到保留——在“既死魄定点日不可能为初三至十六”筛选表中位第44、46项。而“月在天驷，日在析木之津”日期表中的第135项，即公元前1027年的那项，无法通过这一步筛选，已在“既死魄定点日不可能为初三至十六”筛选表中消失。因为该项要求既死魄定点日为初九：

135	−1027	11	26	己酉	−1026	2	9	十三	九（不可能）

而这是不可能的。

★　第三步：

利用两种岁星天象进行筛选。一、“月在天驷，日在析木之津”之日及此后若干日能否见到“东面而迎岁”；二、甲子日岁星上中天的情况：是否在白天，是否在日出前。这样即可对“既死魄定点日不可能为初三至十六”筛选表作进一步筛选，删除：

（1）在“师初发”前后不能在早晨东方天空见到岁星的日子；

（2）“克商”之甲子日，岁星上中天时间在日出之后（看不见）和半夜之前（属前一天）的日子，结果可得到下表：

岁星天象筛选表

	事件	年	月	日	岁星出	岁星中天	岁星没	东面及岁鼎
1	师初发	−1116	11	20	0:15	6:59	13:44	晨见东方
	克商	−1115	1	27	19:07	2:00	8:48	早
2	师初发	−1103	11	27	2:19	8:30	14:41	晨见东方
	克商	−1102	1	19	22:35	4:46	10:52	好
3	师初发	−1102	11	17	4:04	9:50	15:35	晨见东方
	克商	−1101	1	14	1:20	6:54	12:28	偏晚
4	师初发	−1092	11	25	23:43	6:22	12:58	晨见东方
	克商	−1091	1	21	20:19	3:01	9:39	早
5	师初发	−1091	12	13	1:14	7:19	13:23	晨见东方
	克商	−1090	1	16	23:07	5:12	11:14	好
6	师初发	−1081	11	24	21:54	4:56	11:54	晨见东方
	克商	−1080	1	24	17:47	0:57	8:03	早
7	师初发	−1080	12	10	23:09	5:43	12:13	晨见东方
	克商	−1079	1	18	20:54	3:31	10:03	早
8	师初发	−1067	11	19	2:47	8:47	14:47	晨见东方
	克商	−1066	1	10	0:12	6:05	11:57	好
9	师初发	−1056	11	18	1:08	7:32	13:58	晨见东方
	克商	−1055	1	12	22:02	4:28	10:49	好
10	师初发	−1055	11	8	3:39	9:38	15:37	晨见东方
	克商	−1054	1	7	0:42	6:30	12:18	好
11	师初发	−1045	11	16	23:19	6:11	12:59	晨见东方
	克商	−1044	1	15	19:39	2:35	9:26	早
12	师初发	−1044	12	3	0:39	6:58	13:17	晨见东方
	克商	−1043	1	9	22:31	4:55	11:08	好
13	师初发	−1020	11	10	2:22	8:35	14:49	晨见东方
	克商	−1019	1	3	23:33	5:44	11:51	好
14	师初发	−1020	12	8	0:58	7:08	13:17	晨见东方
	克商	−1019	3	4	19:36	1:50	8:00	早

岁星天象筛选表中“师初发”那一行给出的时间是西安地方平时，“克商”那一行给出的时间是牧野地方平时。

我们看到，“既死魄定点日不可能为初三至十六”筛选表中的第 44 项，即公元前 1047 年 11 月 27 日附近出师、公元前 1046 年 1 月 20 日克商的那一项，已经在岁星天象筛选表这一步骤中落选，因为：一、那一项出师时要在黄昏才见到岁星；二、那一项的“岁鼎”发生在克商甲子日的**前一天晚上**牧野地方平时 23 时 45 分，这就不可能被记录为“甲子朝岁鼎”。

★　第 4 步：

天象综合检验：考察月与天驷四星的位置关系、“月在天驷”天象发生的时间、“岁鼎”时岁星的地平高度、其他亮天体的情况，等等，详见下表：

天象综合检验表

事件	年	月	日	时刻	岁鼎高度	其他天象	检验结果
师初发	−1116	11	20	19:00		晨见时，月离天驷四星太远	不可取
克商	−1115	1	27	2:00	高	“岁鼎”偏早	
师初发	−1103	11	27	3:30			不可取
克商	−1102	1	19	4:46	高	岁星合下弦月	
师初发	−1102	11	17	12:00		晨见时，月离天驷四星较远	不可取
克商	−1101	1	14	6:54	较低	“岁鼎”偏晚	
师初发	−1092	11	25	16:00		晨见时，月离天驷四星太远	不可取
克商	−1091	1	21	3:01	高		
师初发	−1091	12	13	0:30		月在天驷四星外侧	勉强可取
克商	−1090	1	16	5:12	高		
师初发	−1081	11	24	9:30			勉强可取
克商	−1080	1	24	0:57	高	火星在岁星左侧	

（续表）

事件	年	月	日	时刻	岁鼎高度	其他天象	检验结果
师初发	−1080	12	10	14:00		月离天驷较远，金星为晨星	勉强可取
克商	−1079	1	18	3:31	高		
师初发	−1067	11	19	22:30		木星、金星在月上下	不可取
克商	−1066	1	10	6:05	低	右上有明月	
师初发	−1056	11	18	6:00			勉强可取
克商	−1055	1	12	4:28	高	岁星左下有下弦月	
师初发	−1055	11	8	4:00		太靠近太阳，不可见	不可取
克商	−1054	1	7	6:30	低		
师初发	−1045	11	16	22:00		近太阳	勉强可取
克商	−1044	1	15	2:35	高		
师初发	−1044	12	3	5:30			可取
克商	−1043	1	9	4:55	高		
师初发	−1020	11	10	18:30		太靠近太阳，不可见	不可取
克商	−1019	1	3	5:44	高	下弦月在岁星边上	
师初发	−1020	12	8	2:30			可取
克商	−1019	3	4	1:50	高		

天象综合检验表中“时刻”一列所指为：“师初发”对应的是月亮正处在天驷四星间的时刻；“克商”对应的是甲子日岁星上中天的时刻。

除去天象综合检验表中“不可取”的各组日期，缩减成下表：

天象综合检验结果一览表

序号	事件	年	月	日	克商历日	检验结果
1	师初发	−1091	12	13		勉强可取
	克商	−1090	1	16	初一	
2	师初发	−1081	11	24		勉强可取
	克商	−1080	1	24	二十九	

（续表）

序号	事件	年	月	日	克商历日	检验结果
3	师初发	−1080	12	10		勉强可取
	克商	−1079	1	18	初五	
4	师初发	−1056	11	18		勉强可取
	克商	−1055	1	12	二十四	
5	师初发	−1045	11	16		勉强可取
	克商	−1044	1	15	二十八	
6	师初发	−1044	12	3		可取
	克商	−1043	1	9	初四	
7	师初发	−1020	12	8		可取
	克商	−1019	3	4	二十四	

值得特别强调的是，到此时为止，可选的日期只剩下了七组，真正可取的只剩下了两组，而我们还未对月相作过任何定义！我们只是**排除了既死魄定点在初三至十六的可能性——而这一点是各家都无异议的。**

★ 第 5 步：

现在我们可以针对天象综合检验结果一览表的结果，很方便地讨论可采取的月相定义。

天象综合检验结果一览表的七组日期中，甲子日的历日可分为三种情况：

甲：公元前 1056 年和 1020 年，甲子日为二十四日。对应的既死魄定点日在二十日；

乙：公元前 1045 年、1081 年和 1091 年，甲子日分别为二十八、二十九和初一。既死魄可定在二十五日，允许前后移一日；

丙：公元前 1044 年和 1080 年，甲子日为初四和初五。既死魄定在晦日或朔日，即不见月之日。

在周师出发后、甲子日克商前，应有两次朔发生，第一次日干支为辛卯或壬辰；第二次则约在克商前五日左右，日干支为庚申或辛酉（考虑周初对朔的确定有一日之误差）。因此出师之后十余日即遇日干支为甲子，则该日即应排除，因为在此十余日内不可能有《武成》所记载的两次朔发生；若考虑下一个甲子，则从出师至克商长达七十余日，又与《武成》所载不合[1]。又，出师之后的两次朔，其日干支不是《武成》所要求的辛卯或壬辰及庚申或辛酉，则该日亦应排除，因为显然与《武成》历日不合。

以天象综合检验结果一览表中7组日期，按《武成》历日进行具体的日程编排，立刻可以发现：

第1组："一月壬辰旁死霸"与"一月戊午师渡孟津"分在两个月里，甲子为三月朔日。不可取。

第2组与第4、第5组："一月壬辰旁死霸"与"一月戊午师渡孟津"分在两个月里。"师初发"与"武王乃朝步自周"相隔时间太长，不合情理。

第7组："一月壬辰旁死霸"与"一月戊午师渡孟津"分在两个月里。从"师初发"到"克商"长达87天，从"师初发"与"武王乃朝步自周"相隔时间也太长，不合情理。

只有第3、第6两组才能排列出合理的伐纣日程。从而证明：《武成》月相名词"既死霸"只有解释成为晦或朔时不见月之日才合理。

而就这两组日期来说，公元前1080年1月18日甲子日"岁鼎"时间偏早。只有第6组：公元前1045年12月3日（或4日及附近日子）武王出师，公元前1044年1月9日甲子日克商——此日"岁鼎"时间为4:55，紧扣利簋铭文"甲子朝岁鼎"的记载，成为唯一可取的日期。

试将上述这组日子输入SkyMap3.2进行演示，发现：

公元前1045年12月3日清晨5点30分，从西安向正东方天空观测，可以见到一钩残月恰位于天驷正上方，这是非常理想的"月在天驷"天象（参见"武王出师前日天象图"右下部分）。特别值得注意的

[1] 自周地至牧野约900里，史籍中从无周师在途中遭到抵抗的记载，故设伐纣之师日行30里，自以一个月左右的时间为宜。这种"反叛中央"的战役，理应速战速决，而绝不能迁延缓进——万一"勤王之师"来救，行动就可能失败。

是，这一天象只能持续约3个多小时。在凌晨3点时，月与天驷尚未升上地平线，因而不可见，而到6点时天已亮，此后群星自然又不可见。

伶州鸠对周景王论此事云：

> 月之所在，辰马农祥也。我太祖后稷之所经纬也，王欲合是五位三所而用之。

天驷即房星，是“农祥”，而后稷是周人的祖先，则天驷此星对周人来说应该有些不同寻常[1]。我们甚至还可以猜想：周人在这天清晨，面对此罕见的“月在天驷”天象，可能还举行了某种不常举行的仪式，是以故老相传，而有此“月在天驷”之记载欤？

这里可以附带指出，对于像《国语·周语》中所载伐纣时的天象，古代中国天学家至迟到汉代就有了初步回推计算的能力——当然他们达不到现代天文学所能达到的精度。《三统历·世经》中就试图这样做了（还有唐代的一行），但他们的计算方法很不准确。而且，对于像公元前1045年12月3日清晨这样只出现3个多小时、实际上相当罕见的“月在天驷”天象，汉人无论如何没有回推伪造的能力——他们几乎不可能知道月球黄纬的微小变化在这一天象上的作用，也没有能力准确重现当时的实际天象。

再来对“东面迎岁”、“岁鼎”进行检验：

前述七项条件中，第3项要求周师出发时应能在当地东方见到岁星；第2项要求在克商的甲子日清晨可以见到岁星当头的天象。要检验这两项，使用SkyMap3.2就极为方便，下面讨论其结果：

“武王出师前日天象图”，是公元前1045年12月3日，在西安当地时间清晨5点30分，向正东方多见的实际天象。关于图中的“月在天驷”前面已经讨论过，这里要注意的是木星——它此时正出现于东方非常显著的位置，地平高度达50余度，非常有利于观测。

---

[1]《乙巳占》卷二“月干犯列宿占第九”中，论月犯房宿诸星时，皆为凶象，唯有天驷例外：“月行天驷中，经岁安宁，五谷熟。”即使此为后出之占辞，仍可见天驷为农事之星。

图 1:BC 1045.12.3. 西安当地时间 5:30 向正东方所见实际天象

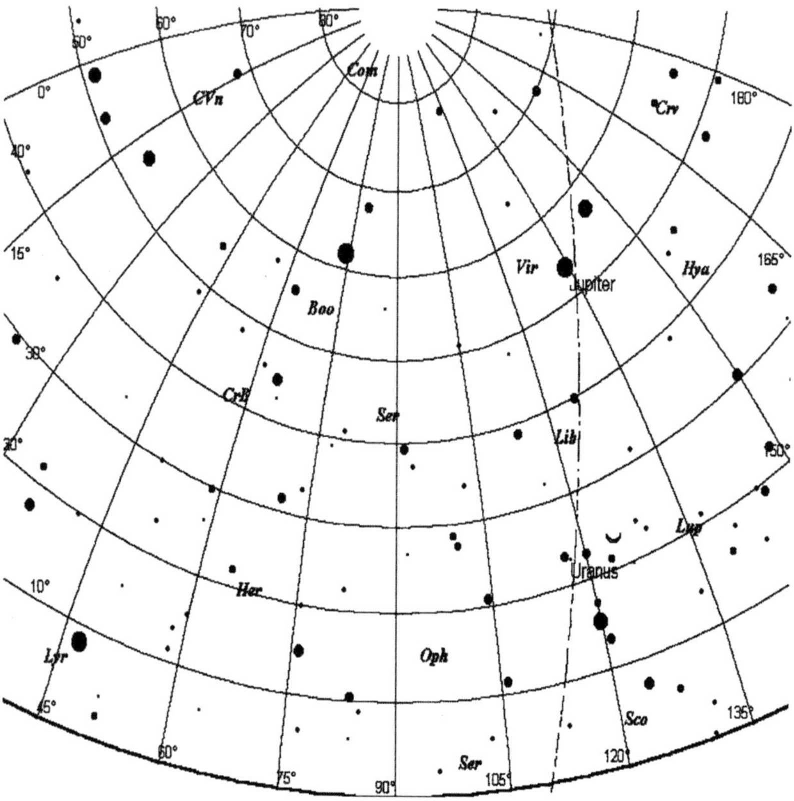

STARS	SYMBOLS	
● <1 · 3.5 ● 1.5 · >4 ● 2 • 2.5 · 3	Comet Asteroid Galaxy Open Cluster Bright Nebula Globular Cluster Planetary Nebula Quasar Other Object	木星出现于东方显著位置，甚合《淮南子·兵略训》、《荀子·儒效》等古籍“武王伐纣，东面而迎岁”之说。残月恰位于天驷（Sco π）之上，精确符合《国语》中伶州鸠“月在天驷”之语。

《武王出师前日天象图》

图 2:BC 1044.1.9. 牧野当地时间 4:55 向正南方所见实际天象

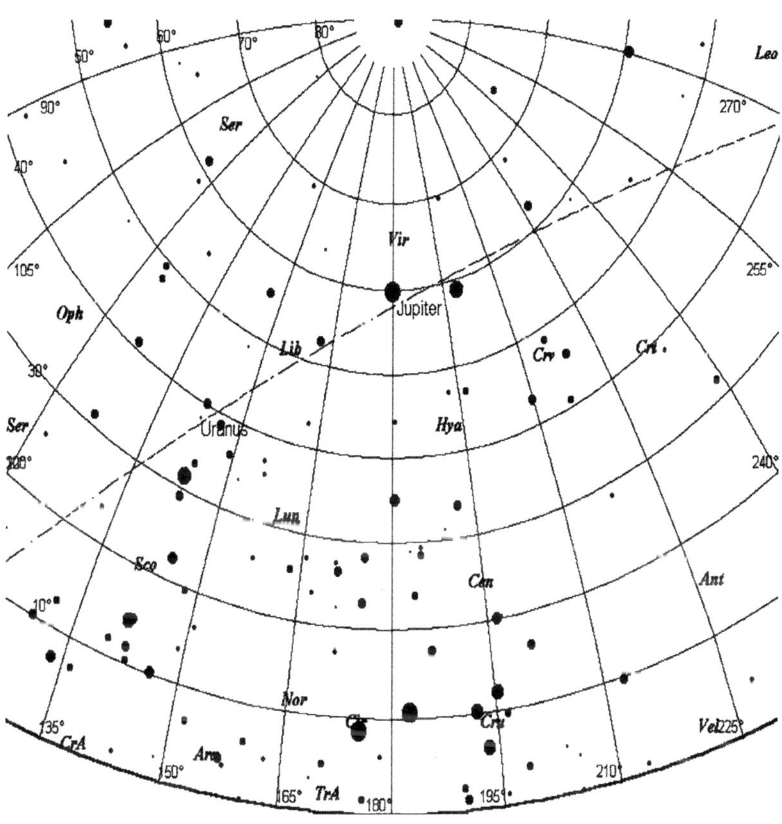

STARS	SYMBOLS	
● <1 · 3.5 ● 1.5 · >4 ● 2 • 2.5 · 3	Comet　⊕ Globular Cluster ◇ Asteroid　Planetary Nebula Galaxy　Quasar Open Cluster　○ Other Object □ Bright Nebula	木星上中天。地平高度约 60 度，极有利于观测。确实是利簋铭文中“岁鼎”天象之精确重现。

《牧野之战清晨天象图》

我们定周师在12月4日出发，实际上周师在此前或此后若干天内出发，每天清晨都可以在东方天空见到岁星。

“牧野之战清晨天象图”，是公元前1044年1月9日，也就是甲子克商之日，在牧野当地时间清晨4点55分时，向正东方向见到的实际天象。这时木星上中天，地平高度约60°，正是不折不扣的岁星当头天象。

现在，我们已经借助《武成》及《世俘》历日重现了一个伐纣战役日程表，与这个日程表结合起来考察，就能揭示出伶州鸠所述一系列天象之真正面目。我们可以通过精确回推之实际天象，来检验《武成》及《世俘》历日与伶州鸠所述一系列天象之间的吻合程度。筛选出的一组伐纣日程见下表（表中最右面“重要史事及记载”栏中，黑体字为说明；宋体字为《武成》记事；楷体字为《世俘》记事）：

公元前1045—1044年武王伐纣日程表

公元前日期	干支	水星黄经	木星黄经	月亮黄经	太阳黄经	历日	重要史事及记载
1045.11.7.	辛酉	208.63	164.09	209.55	215.63	十二 1	**朔**
1045.12.3.	丁亥	250.32	167.95	193.72	242.19	27	**月在天驷，日在析木之津**
1045.12.4.	戊子	251.98	168.07	206.30	243.21	28	**师初发**
1045.12.7.	辛卯	256.99	168.42	243.08	246.27	一 1	**朔（殷正月，周二月）**
1045.12.8.	壬辰	258.66	168.53	255.06	247.29	2	惟一月壬辰旁死霸
1045.12.9.	癸巳	260.33	168.64	266.94	248.31	3	武王乃朝步自周
1045.12.22.	丙午	279.90	169.82	76.24	261.55	16	**望**　惟一月丙午旁生魄
1045.12.23.	丁未	280.99	169.89	91.51	262.57	17	若翼日丁未，王乃步自于周

（续表）

公元前日期	干支	水星黄经	木星黄经	月亮黄经	太阳黄经	历日	重要史事及记载
1044.1.5.	庚申	281.34	170.55	263.88	275.75	30	粤若来二月既死霸。
1044.1.6.	辛酉	280.30	170.58	275.69	276.76	二1	**朔（殷二月，周三月）**
1044.1.9.	甲子	276.89	170.65	311.17	279.80	4	**克商** 咸刘商王纣
1044.1.12.	丁卯	273.66	170.70	347.63	282.82	7	太公望命御方来，丁卯望至，告以馘俘
1044.1.13.	戊辰	272.73	170.70	0.25	283.83	8	王遂御循追祀文王。时日，王立政
1044.1.17.	壬申	270.18	170.70	54.63	287.86	12	吕他命伐越戏方，壬申，荒新至，告以馘俘
1044.1.26.	辛巳	271.11	170.52	186.60	296.88	21	侯来命伐靡，集于陈，辛巳，至，告以馘俘
1044.1.29.	甲申	273.03	170.40	224.88	299.88	24	百弇以虎贲誓，命伐卫，告以馘俘
1044.2.4.	庚寅	278.43	170.09	296.26	305.86	四1	朔（改正）[1]
1044.2.19.	乙巳	297.84	168.87	137.73	320.73	16	**望** 既旁生霸
1044.2.24.	庚戌	305.66	168.35	208.02	325.65	21	武王燎于周庙
1044.2.25.	辛亥	307.29	168.24	220.86	326.63	22	祀于天位 荐俘殷王鼎。告天宗上帝。王列祖

[1] 参见李学勤："《世俘》篇研究"，《古文献丛论》，73页，上海远东出版社，1996年。

（续表）

公元前日期	干支	水星黄经	木星黄经	月亮黄经	太阳黄经	历日	重要史事及记载
1044.2.26.	壬子	308.95	168.13	233.33	327.61	23	王服衮衣，矢琰，格庙
1044.2.27.	癸丑	310.64	168.01	245.51	328.60	24	荐殷俘王士百人
1044.2.28.	甲寅	312.35	167.90	257.47	329.58	25	谒戎殷于牧野
1044.3.1.	乙卯	314.08	167.78	269.31	330.56	26	乃以庶国祀馘于周庙
1044.3.6.	庚申	323.12	167.19	329.04	335.45	五1	朔

公元前1045—1044年武王伐纣日程表既符合《国语》伶州鸠对周景王所述武王伐纣天象，也完全符合利簋铭文和《武成》、《世俘》所载的干支、月相及历日。

还有一点值得特别指出：通常都认为《世俘》篇中的“惟一月丙午旁生魄”应据《武成》改为“壬辰旁死魄”，“若翼日丁未”应据《武成》改为“癸巳”，但据我们所得的“既死魄定点日不可能为初三至十六”筛选表，这样的改动不仅是不必要的，而且很可能是错误的，因为丙午这天正是旁生魄——望；而“若翼日丁未”自然也是正确的陈述。我们可以给出一个新的解释：

将《武成》“王朝步自周”释为“武王自周地出发”（注意：周师已经先期出发），将《世俘》“王乃步自于周”释为“武王从周地来到军中”。武王于一月壬辰旁死魄之次日从周地出发，至一月丙午旁生魄的次日与大部队会合。这样的解释合情合理，又不必改动文献，就可使《武成》、《世俘》两者同时畅然可通，应该是更可取的。

公元前1045—1044年武王伐纣日程表中的“师初发”之所以系于12月4日，是因为《三统历·世经》中有师初发之日为戊子之说，而此日正是戊子。从日程上看，“师初发”系于此日或附近数日皆很合情理，可见其说可能确有所本。

公元前1045—1044年武王伐纣日程表已经满足了我们上文所说的

七项条件中之第1、2、3、4、5、6六项。但还有一项尚待检验。

用DE404，对公元前1045—1044年武王伐纣日程表所涉及的时间段中的水星及有关天象进行计算，得到下表：

武王伐纣期间水星位置变化表

公元前日期			干支	水星黄经	太阳黄经	水星与太阳之距角
年	月	日				
1045	12	1	乙酉	247.00	240.15	6.85
1045	12	2	丙戌	248.66	241.17	7.49
1045	12	3	丁亥	250.32	242.19	8.13
1045	12	4	戊子	251.98	243.21	8.77
1045	12	5	己丑	253.65	244.23	9.42
1045	12	6	庚寅	255.32	245.25	10.07
1045	12	7	辛卯	256.99	246.27	10.72
1045	12	8	壬辰	258.66	247.29	11.37
1045	12	9	癸巳	260.33	248.31	12.02
1045	12	10	甲午	261.99	249.33	12.66
1045	12	11	乙未	263.65	250.35	13.30
1045	12	12	丙申	265.29	251.37	13.92
1045	12	13	丁酉	266.92	252.39	14.53
1045	12	14	戊戌	268.53	253.41	15.12
1045	12	15	己亥	270.12	254.43	15.69
1045	12	16	庚子	271.67	255.45	16.22
1045	12	17	辛丑	273.19	256.47	16.72
1045	12	18	壬寅	274.66	257.49	17.17
1045	12	19	癸卯	276.08	258.50	17.58
1045	12	20	甲辰	277.43	259.52	17.91
1045	12	21	乙巳	278.71	260.54	18.17
1045	12	22	丙午	279.90	261.55	18.35
1045	12	23	丁未	280.99	262.57	18.42
1045	12	24	戊申	281.97	263.59	18.38
1045	12	25	己酉	282.82	264.60	18.22
1045	12	26	庚戌	283.53	265.62	17.91
1045	12	27	辛亥	284.09	266.63	17.46

（续表）

公元前日期			干支	水星黄经	太阳黄经	水星与太阳之距角
年	月	日				
1045	12	28	壬子	284.48	267.65	16.83
1045	12	29	癸丑	284.70	268.66	16.04
1045	12	30	甲寅	284.74	269.68	15.06
1045	12	31	乙卯	284.59	270.69	13.90
1044	1	1	丙辰	284.26	271.70	12.56
1044	1	2	丁巳	283.76	272.72	11.04
1044	1	3	戊午	283.09	273.73	9.36
1044	1	4	己未	282.28	274.74	7.54
1044	1	5	庚申	281.34	275.75	5.59
1044	1	6	辛酉	280.30	276.76	3.54
1044	1	7	壬戌	279.19	277.77	1.42
1044	1	8	癸亥	278.04	278.79	— 0.75
1044	1	9	甲子	276.89	279.80	— 2.91
1044	1	10	乙丑	275.75	280.81	— 5.06
1044	1	11	丙寅	274.67	281.81	— 7.14
1044	1	12	丁卯	273.66	282.82	— 9.16
1044	1	13	戊辰	272.73	283.83	— 11.10
1044	1	14	己巳	271.92	284.84	— 12.92
1044	1	15	庚午	271.21	285.84	— 14.63
1044	1	16	辛未	270.63	286.85	— 16.22
1044	1	17	壬申	270.18	287.86	— 17.68
1044	1	18	癸酉	269.84	288.86	— 19.02
1044	1	19	甲戌	269.63	289.87	— 20.24
1044	1	20	乙亥	269.53	290.87	— 21.34
1044	1	21	丙子	269.55	291.87	— 22.32
1044	1	22	丁丑	269.67	292.88	— 23.21
1044	1	23	戊寅	269.90	293.88	— 23.98
1044	1	24	己卯	270.22	294.88	— 24.66
1044	1	25	庚辰	270.62	295.88	— 25.26
1044	1	26	辛巳	271.11	296.88	— 25.77
1044	1	27	壬午	271.68	297.88	— 26.20
1044	1	28	癸未	272.32	298.88	— 26.56

（续表）

公元前日期			干支	水星黄经	太阳黄经	水星与太阳之距角
年	月	日				
1044	1	29	甲申	273.03	299.88	— 26.85
1044	1	30	乙酉	273.79	300.88	— 27.09
1044	1	31	丙戌	274.62	301.88	— 27.26
1044	2	1	丁亥	275.50	302.87	— 27.37
1044	2	2	戊子	276.43	303.87	— 27.44
1044	2	3	己丑	277.41	304.87	— 27.46
1044	2	4	庚寅	278.43	305.86	— 27.43
1044	2	5	辛卯	279.50	306.86	— 27.36
1044	2	6	壬辰	280.60	307.85	— 27.25
1044	2	7	癸巳	281.74	308.85	— 27.11
1044	2	8	甲午	282.92	309.84	— 26.92
1044	2	9	乙未	284.13	310.84	— 26.71
1044	2	10	丙申	285.37	311.83	— 26.46
1044	2	11	丁酉	286.65	312.82	— 26.17
1044	2	12	戊戌	287.95	313.81	— 25.86
1044	2	13	己亥	289.28	314.80	25.52
1044	2	14	庚子	290.64	315.79	— 25.15
1044	2	15	辛丑	292.03	316.78	— 24.75
1044	2	16	壬寅	293.45	317.77	— 24.32
1044	2	17	癸卯	294.88	318.75	— 23.87
1044	2	18	甲辰	296.35	319.74	— 23.39
1044	2	19	乙巳	297.84	320.73	— 22.89
1044	2	20	丙午	299.36	321.71	— 22.35
1044	2	21	丁未	300.89	322.70	— 21.81
1044	2	22	戊申	302.46	323.68	— 21.22
1044	2	23	己酉	304.05	324.67	— 20.62
1044	2	24	庚戌	305.66	325.65	— 19.99
1044	2	25	辛亥	307.29	326.63	— 19.34
1044	2	26	壬子	308.95	327.61	— 18.66
1044	2	27	癸丑	310.64	328.6	— 17.96
1044	2	28	甲寅	312.35	329.58	— 17.23
1044	3	1	乙卯	314.08	330.56	— 16.48

（续表）

公元前日期			干支	水星黄经	太阳黄经	水星与太阳之距角
年	月	日				
1044	3	2	丙辰	315.84	331.54	– 15.70
1044	3	3	丁巳	317.62	332.52	– 14.90
1044	3	4	戊午	319.43	333.50	– 14.07
1044	3	5	己未	321.26	334.48	– 13.22
1044	3	6	庚申	323.12	335.45	– 12.33

“天鼋”者，玄枵之次也，在武王伐纣的时代，位置约在黄经 278°—306° 之间。而我们从岁星天象筛选表可以清楚看到：

公元前 1045 年从 12 月 21 日起，水星进入玄枵之次，此时它与太阳距角达到 18° 以上。按照中国古代的经验公式，上述距角超过 17° 时，水星即可被观测到。事实也是如此。此时水星作为“在天鼋”之昏星，至少有 5 天可以在日落后被观测到。

然而更奇妙的是，在甲子克商之后，从公元前 1044 年 2 月 4 日起，直至 24 日，水星再次处于玄枵之次，而且其距角达到 19.99°—27.43° 之多，几乎达到其大距之极限。此时水星成为“在天鼋”之晨星，更容易观测，有 20 天可以在日出前被观测到。

水星很不容易被观测到，哥白尼就将未观测到水星引为终身憾事。这也很有助于说明，为什么“星在天鼋”会成为故老相传的伐纣时之重要天象，被伶州鸠所传述了。

因此公元前 1045—1044 年武王伐纣日程表所示武王伐纣日程，在水星运动上又得到有力的验证——现在它又满足了前述七项条件中的第 7 项。

最后我们通过这一方案得到武王伐纣的日程如下：

公元前 1045 年 12 月 4 日戊子，出师，

公元前 1044 年 1 月 9 日甲子，牧野之战，克商。

推算筛选伐纣日程之过程及结果（第二方案）

此方案亦从《国语·周语下》伶州鸠对周景王所述武王伐纣天象入手，但开始时所取条件较严，筛选路径也与上文第一方案不同。然而我们将看到，这两套不同的方案将导致一个完全相同的结论！

月在天驷与日在析木之津

第一步，从“月在天驷”和“日在析木之津”入手。先设定：

（1）太阳黄经在 223°—249° 范围内（日在析木之津）

（2）月球与天驷星之黄经差小于 2° （月在天驷）

（3）月球黄纬小于负 4.5° [1]

以 DE404 数据库计算公元前 1119—公元前 1000 年间日、月位置，发现只有下表中所示 13 个日子能同时满足上述三条件：

月在天驷·日在析木之津及岁星天象表

日期（公元前）	日干支	岁星天象
1119.12.12.	丁卯	东面不见
1101.11.24.	甲申	东面不见
1100.12.11.	丙午	东面不见
1099.12.1.	辛丑	东面不见
1082.11.24.	癸亥	岁在南偏西
1081.11.13.	戊午	东面可见，但金、土在左右
1062.11.14.	戊戌	东面不见
1062.12.11.	乙丑	东面不见
1045.12.3.	丁亥	东面只岁星可见，且位置极好
1043.11.14.	戊寅	东面不见
1043.12.11.	乙巳	东面可见，但位置太低
1026.12.4.	丁卯	东面不见
1007.12.4.	丁未	东面不见

[1] 这是由天蝎座 π 星之位置所决定的。该星在公元前 1050 年左右时，黄经为 200.74°，黄纬为−5.09°；而月球运动偏离黄道的极限约为 5.5°，故取月黄纬小于 4.5° 则有 1° 之变动范围，而天蝎座 π 星恰在其中位处。

这个初看起来似乎每月都可发生的天象，为何实际上要 10 年左右才能见到一次？主要有两个原因：一是月球轨道与黄道之间有倾角，只有当月球黄纬在负 5° 左右时，月球才会恰好紧挨着天驷，位于其正上方或正下方，甚至掩食天驷。这才是真正的“月在天驷”。二是这种天象通常都发生在清晨周地地平线附近，往往还未升上地平就已天亮，或在天亮后才发生。使用 SkyMap3.2 软件演示当时天象，完全证实了这两点。“武王出师前日天象图”右下方就是公元前 1045 年 12 月 3 日这天清晨 5:30 在周地所见的“月在天驷”天象（这次“月在天驷”只能被观测到三个多小时，参见“武王出师前日天象图”）。

在月在天驷·日在析木之津及岁星天象表这 13 个日子中如何选择，则不能不求助于伶州鸠所述天象之外的历史文献：

东面而迎岁

古籍中所保留的武王伐纣时天象记录中，关于岁星（即木星）天象，除前述伶州鸠“岁在鹑火”之外，另有两条，皆极重要：

> 武王伐纣，东面而迎岁。(《淮南子·兵略训》)
>
> 武王征商，隹甲子朝，岁鼎克昏，夙有商。(利簋铭文)

前一条表明周师出发向东行进时见到“东面而迎岁”的天象。后一条表明牧野之战那天的日干支是甲子，而且此日清晨在牧野见到“岁鼎”——即木星上中天。

周师出发之日，依韦昭注日干支为戊子，谓“武王始发师东行，时殷十一月二十八日戊子，于夏为十月”，其说应本于刘歆《三统历·世经》(载《汉书·律历志下》)“师初发，以殷十一月戊子”之说。刘歆之说可信与否，原可怀疑，但除此之外，并无别说，则此处先以此为假设，由此出发进行推理，若结果与其他文献不能吻合，自可疑之；若处处吻合，则自应信其为真也。

现在观察月在天驷·日在析木之津及岁星天象表，其中日干支最近于戊子者为公元前 1045 年 12 月 3 日丁亥，次日就是戊子。非常奇妙的是，偏偏只有这一天真正符合“东面而迎岁”的天象！这天清晨

5:30 在周地向正东所见之实际天象见“武王出师前日天象图”。其余各日，或东面不可见岁星，或虽可见但与金星、土星一同出现，惟独此日以及此后多日皆能在清晨见到岁星（而且只有岁星）出现在东方天空。

至此我们可以初步设定，武王伐纣之师于公元前 1045 年 12 月 4 日出发[1]。

《武成》与《世俘》之历日

出兵之日既定，则另两条史料就可发生重大作用。其一为《汉书·律历志下》引《尚书·周书·武成》曰：

> 惟一月壬辰，旁死霸，若翌日癸巳，武王乃朝步自周，于征伐纣。
>
> 粤若来三（当作二）月，既死霸，粤五日甲子，咸刘商王纣。

其二为《逸周书卷四·世俘解第四十》：

> 惟一月丙午旁生魄，若翼日丁未，王乃步自于周，征伐商王纣。越若来二月既死魄，越五日甲子朝，至，接于商。则咸刘商王纣。

上述两条史料通常被认为同出一源。其中“死魄”指新旧月之交，此时月亮完全看不见——理解为朔亦无不可。“生魄”指望。对于此类月相术语之定义，多年来“定点”、“四分”等说聚讼纷纭，迄无定论。我们在前一章已经谈到李学勤先生发表的论文，证明在《武成》、《世俘》等篇中，依文义月相只能取定点说，一言九鼎，使武王伐纣之年研究中的一个死结得以解开。

《武成》与《世俘》历日对月在天驷·日在析木之津及岁星天象表也有筛选作用：在周师出发后、甲子日克商前，应有两次朔发生，第一

[1] 根据下面的讨论可知，实际上周师在此日前后若干天内出发，都合情理。

次日干支为辛卯或壬辰；第二次则约在克商前五日左右，日干支为庚申或辛酉（考虑周初对朔的确定有一日之误差）。因此出师之后十余日即遇日干支为甲子，则该日即应排除，因为在此十余日内不可能有《武成》所记载的两次朔发生；若考虑下一个甲子，则从出师至克商长达七十余日，又与《武成》所载不合[1]。又，出师之后的两次朔，其日干支不是《武成》所要求的辛卯或壬辰及庚申或辛酉，则该日亦应排除，因为显然与《武成》历日不合。

《武成》及《世俘》历日可以为我们提供一个伐纣战役日程表，与这个日程表结合起来考察，就能揭示出伶州鸠所述一系列天象的真正面目。下面我们借助 DE404，以精确回推之实际天象，来检验《武成》及《世俘》历日与伶州鸠所述一系列天象之间的吻合程度。

辰在斗柄

这是指日月合朔于南斗之处。周师出发之日为公元前 1045 年 12 月 4 日，计算表明，三日后出现一次朔，为公元前 1045 年 12 月 7 日，日干支为辛卯，次日即壬辰，这与《武成》篇“惟一月壬辰旁死霸”非常吻合——“旁死霸”可以理解为“旁朔之日”，那就没有误差了。况且考虑到周初确定朔的水准，一天的误差是完全可以容忍的。此次朔时的太阳黄经为 246.27°，考虑岁差，计算当时二十八宿中斗宿的位置，在黄经 237.64°—261.51° 之间，朔正好发生在此宿中！

“辰在斗柄”既已证实，不妨在此将《武成》、《世俘》中其余月相与干支记录一并验证如下：

辛卯日在南斗之宿出现朔之后 15 天，即公元前 1045 年 12 月 22 日，望，日干支为丙午，《世俘》篇云“惟一月丙午旁生魄”，与实际天象精确吻合。

下一个朔，据《武成》篇“既死霸，粤五日甲子，咸刘商王纣”，该甲子日（即牧野之战克商之日）为公元前 1044 年 1 月 9 日，则既死霸为公元前 1044 年 1 月 5 日庚申，计算表明，实际的朔发生于次日辛

[1] 前文已经讨论过，自周地至牧野约 900 里，史籍中从无周师在途中遭到抵抗的记载，故设伐纣之师日行 30 里，自以一个月左右的时间为宜。

酉，仍仅一日误差。

这里有一点值得特别指出：通常都认为《世俘》篇中的“**惟一月丙午旁生魄**”应据《武成》改为“壬辰旁死魄”，“**若翼日丁未**”应据《武成》改为“癸巳”，但据我们上面的验算，这样的改动不仅是不必要的，而且很可能是错误的，因为丙午这天正是旁生魄——望，而“**若翼日丁未**”自然也是正确的陈述。我们再次强调新的解释：

将《武成》“王朝步自周”释为“武王自周地出发”（注意：周师已经先期出发），将《世俘》“王乃步自于周”释为“武王从周地来到军中”。武王于一月壬辰旁死魄之次日从周地出发，至一月丙午旁生魄的次日与大部队会合。这样的解释合情合理，又不必改动文献，就可使《武成》、《世俘》两者同时畅然可通，应该是更可取的。

星在天鼋·星与辰之位皆在北维

与上文第一方案中已经讨论过的相同。

岁鼎克昏

现在只剩下最后一项验证：公元前 1044 年 1 月 9 日这天早上是否有木星上中天的天象可见？这一点是利簋铭文所要求的。以 SkyMap3.2 演示之，结果令人惊奇！“牧野之战清晨天象图”显示的是公元前 1044 年 1 月 9 日甲子清晨，在牧野当地时间 4:55 向正南方所见的实际天象：岁星恰好上中天，地平高度约 60 度，正是最利于观测的角度，而且南方天空中没有任何其他行星。此时周师应已晨兴列阵，正南方出现“岁鼎”天象，非但太史见之，大军万众皆得见之。设想此时太史指云“岁鼎佳兆，正应克商”，则军心振奋，此正星占学之妙用也。

至此已经清楚看到：伶州鸠所述武王伐纣时一系列天象能够与《武成》、《世俘》所载日程以及《淮南子》等文献所述岁星天象一一吻合。更重要的是，根据《武成》“粤五日甲子，咸刘商王纣”及利簋铭文，牧野之战的日期就此可以确定——这日期是：

公元前 1044 年 1 月 9 日甲子，牧野之战，克商。

关于“岁在鹑火”和“丙子拜望”问题

★　再谈“岁在鹑火”问题：

现在终于到讨论“岁在鹑火”问题的时候了。尽管前贤都对此大感兴趣，但我们已经看到，对于确定武王伐纣的年代和日程来说，“岁在鹑火”的条件是完全不必要的。不过此项记载既然甚得学者们厚爱，自应有所交代。

伶州鸠对周景王所说的伐纣天象中，实际上包括四条独立的信息：

岁在鹑火、月在天驷、日在析木之津、星在天鼋。

后三条经过上面的推算及多重验证，表明它们皆能与《武成》、《世俘》、利簋铭文等相合，可见伶州鸠之说相当可信。然则“岁在鹑火”一条何以就偏偏不可信?

先让我们考察当时岁星的位置：由“月在天驷，日在析木之津”日期表可知，从周师出发到甲子克商，岁星黄经约在168°—170°之间，这是在那个时代的寿星之次（这当然只是表示回推计算的结果，那时未必有十二次的概念），确实与“岁在鹑火”不合。

然而这个问题并非无法解决!

“武王伐纣”是一个时间段。它应有广、狭二义。就狭义言之，可以认为是从周师出发到甲子克商；若取广义言之，则可视为一个长达两年多的过程——就像我们说抗日战争进行了八年、太平洋战争进行了三年一样，“武王伐纣”的战争进行了两年，以牧野克商而告胜利结束。这可以从《史记·周本纪》的记载中得到证据：

> 九年，武王上祭于毕，东观兵，至于盟津。……是时，诸侯不期而会盟津者八百诸侯。诸侯皆曰：纣可伐矣。武王曰：女未知天命，未可也。乃还师归。居二年，闻纣昏乱暴虐滋甚，……。

在牧野之战的前二年，武王已经进行了一次军事示威，表明了反叛的姿态，这可以视为伶州鸠所说的“武王伐殷”的开始。八百诸侯会孟津的这一年，按照我们推算的伐纣年代，应该是公元前1047年。用DE404

软件计算的结果，这一年中岁星的运行范围在黄经 68°—107° 之间，下半年的大部分时间它都在鹑火之次！

这样，我们就完全有理由认为：

伶州鸠所说的“昔武王伐殷岁在鹑火”也可以是正确的。

★　考虑“丙子拜望”月蚀：

根据前面的“丙子拜望”月蚀表，公元前 1060 年 6 月 13 日乙亥那次月蚀，可以在西安当地时间 20:32 见到食甚，最大食分为 0.530。这次月蚀的年份和“既死魄定点日不可能为初三至十六”筛选表所定的伐纣年份是有可能相容的。

最后的结果

至此，我们已经完成了对武王伐纣年份的确定，并且重建了伐纣日程表。全部结果可以用下表简要表示出来：

武王伐纣天象与历史事件一览表

公历日期（公元前）	干支	天象	天象记载之出处	事件	事件记载之出处
1047		岁在鹑火（持续了约半年）	《国语》	孟津之会，伐纣之始	《史记·周本纪》
1045.12.3.	丁亥	月在天驷 日在析木之津	《国语》		
1045.12.4.	戊子	东面而迎岁（此后多日皆如此）	《淮南子》	周师出发	《三统历·世经》
1045.12.7.	辛卯	朔	《武成》		
1045.12.9.	癸巳			武王乃朝步自周	《武成》
1045.12.21.	乙巳	星在天鼋（此后可见 5 日）	《国语》		
1045.12.22.	丙午	望（旁生魄）	《世俘》		
1044.1.3.	戊午			师渡孟津	《史记·周本纪》
1044.1.5.	庚申	既死霸	《武成》		

（续表）

公历日期（公元前）	干支	天象	天象记载之出处	事件	事件记载之出处
1044.1.6.	辛酉	朔			
1044.1.9.	甲子	岁鼎	利簋铭文	牧野之战，克商	利簋铭文 《武成》 《世俘》
1044.2.4.	庚寅	朔 星在天黿（此后可见 20 日）	《国语》		
1044.2.19.	乙巳	望（既旁生霸）	《武成》		
1044.2.24.	庚戌			武王燎于周庙	《武成》
1044.3.1.	乙卯			乃以庶国祀馘于周庙	《武成》

其中三个最主要的日期是：

公元前 1045 年 12 月 4 日——周师出发

公元前 1044 年 1 月 3 日——周师渡过孟津

公元前 1044 年 1 月 9 日——牧野之战

最后有一点值得特别在此指出：开始研究武王伐纣年代问题时，我们并未抱乐观的态度，因为对于史籍中众说纷纭的记载，有一个问题始终令人困扰：**古籍中的记载到底在多大程度上是真实的？**为此在媒体多次采访中，我们一直持相当保守、谨慎的态度。

然而当最后结果浮现出来时，我们感到非常惊讶。

我们只是在对古籍记载存疑的前提下，用天文学方法“姑妄算之”，但是在经过非常复杂、也可以说是非常苛刻的验算和筛选之后，而且是在完全不考虑考古学、甲骨学、碳 14 测年等方面结果的条件之下，发现《武成》、《世俘》、利簋铭文、《国语》伶州鸠对周景王等等文献竟然真能相互对应，而且能够从中建立起唯一的一个伐纣日程表（因为这是严格筛选出来的最优结果），这不能不使人由衷感叹：古人不我欺也!

一个特别引人注目之处，是伶州鸠所述各项天象，其顺序大有文章——它们实际上是按照伐纣战役进程中**真实天象发生的先后顺序来记载**的。这样看来，说伶州鸠所述天象是武王伐纣时留下的天象实录，实不过分。

有人也许会对于如此精确、处处吻合的结果感到难以想象，然而天文学的严密计算告诉我们，合情合理的解释其实非常简单，那就是：

古籍中关于武王伐纣天象的绝大部分记录都是真实的。

第七章
刘歆以来的天文历史年代学

刘歆的工作

我们今天来考察刘歆的历史年代学工作，不是要简单地以结果对错来评价它，而是要从刘歆开创的工作中吸取合理的思想方法，古为今用，这样才能把我们现在的历史年代学工作做好。出于这个目的，对刘歆在《三统历·世经》中的工作做一番仔细的分析是必要的。以下我们把刘歆的工作整理成从略到详、从粗到细的三个表格，然后在这三个表格的基础上进行分析。

《三统历·世经》给出的历朝年数

刘歆的天文历史年代学成就，主要保存于附在《三统历》后的《世经》中。《世经》上起三皇五帝，下至汉代，把历朝各代的君王都串成一条连续的时间长链，其中从帝尧开始有具体的在位年数。我们在下表中整理出了《三统历·世经》给出的各朝年数（帝喾以前无年数），并把这些年数的起点用今天通用的公历表示出来。

无庸讳言，这些年代虽然有它一定的文献根据，但大部分是有问题的。有关三皇五帝的资料主要依据《易经》之类文献，它们只能给出上古帝王的名称，而无法给出具体的年数。夏代、商代和西周早期的年数，由于传世文献资料的增加，加强了一些可靠程度，但是确切的解答也不能苛求刘歆来给出。

《三统历·世经》历代年数表

帝王	王年	五德	文献
太昊帝		木	《易》曰：炮犧氏之王天下也。
炎帝		火	《易》曰：炮犧氏没，神农氏作。
黄帝		土	《易》曰：神农氏没，黄帝氏作。
少昊		金	《考德》曰：少昊曰清。
颛顼		水	《春秋外传》曰：少昊之衰，九黎乱德，颛顼受之，乃命重黎。
帝喾		木	《春秋外传》曰：颛顼之所建，帝喾受之。
唐帝	即位（公元前2303）	火	《帝系》曰：帝喾四妃，陈丰生帝尧，封于唐。 《三统》：尧即位70载。
虞帝	即位（公元前2233）	土	《帝系》曰：颛顼生穷蝉，五世而生瞽叟，瞽叟生帝舜。 《三统》：舜即位50载。
伯禹	即位（公元前2183）	金	《帝系》曰：颛顼五世而生鲧，鲧生禹，虞舜嬗以天下。 《三统》：夏后氏继世17王，432岁。
成汤	伐桀之岁（公元前1751）	水	《书经·汤誓》：汤伐夏桀。 《左传》曰：（殷）载祀六百。 《三统》：上元至伐桀之岁，141480岁，岁在大火房五度。自伐桀至武王伐纣，629岁。
武王	伐纣灭殷之岁（公元前1122）	木	《书经·牧誓》：武王伐商纣。 《三统》：上元至伐纣之岁，142109岁，岁在鹑火张十三度。
秦昭王	51年（公元前256）		秦始灭周。周凡36王，867岁。
汉高祖	灭秦（公元前207）	火	《史记·高祖本纪》：伐秦继周。距上元143025岁，岁在大棣之东井二十二度，鹑首之六度也。

刘歆将“伐桀之岁”和“伐纣之岁”等关键的年代点都用距离《三统历》上元的年数表示出来，如“上元至伐桀之岁”为141480岁，“上元至伐纣之岁”为142109岁。刘歆自己造的《三统历》的上元在

哪一年当然是清楚的，所以“伐桀之岁”和“伐纣之岁”也就能确定下来。

另外，刘歆将列入朝代世系的各王朝配以木、火、土、金、水五德，但不把秦代列入五德终始的循环之中，周得木德，汉伐秦继周得火德。这或许与儒家将秦看作“暴秦”有关，致使秦朝在朝代世系中也不能名正言顺地被列入。

西周、春秋及战国纪年

由于要确定西周早期各王在位年数缺乏文献根据，所以周公之后，《世经》采用鲁公纪年。鲁公的在位年数，在《史记·鲁世家》中有明确记载，只是缺了第一代鲁公伯禽在位的年数。《世经》推算得伯禽在位46年，这一结果被大部分后世史学家接受，并认为在没有充分证据时，是不宜改变这一结果的。然而《世经》采用的鲁公纪年和《史记·鲁世家》中的鲁公纪年不尽相同，所差者为：

炀公,《史记·鲁世家》载“六年卒”,《世经》作六十年；

献公,《史记·鲁世家》载“三十二年卒”,《世经》作五十年；

武公,《史记·鲁世家》载“九年卒”,《世经》作二年。

三位鲁公在位年数上的差异，成了后人不信任刘歆确定的武王伐纣年代的主要原因之一，因为《史记》早出，加之它的影响深入人心。而刘歆事新莽，成了另一个不被信任的非学术性原因。

刘歆作为一位天文学家来处理历史年代学问题，他自然而然地想到了用历史上的天象记录来确定某些与天象同时发生的历史事件的年代，而且他对天象记录的处理是系统的而不是零星、孤立的——不像一些现代学者在处理这个问题时采取的办法是天象记录合则用，不合则不用。

所谓对天象记录进行系统的处理，就是表现在先有《三统历》，后有《世经》。怎么理解这句话呢？就是说，刘歆先造出了《三统历》，根据这种历术推算出历史上发生的天象，再搜索文献中的天象记录与计算所得相比对，以确定所记录天象发生的年代。

刘歆推算的天象包括了日月五星的位置、月相及其历日干支等。从下面的“《世纪》西周、春秋及战国纪年表”中“文献、纪事”一列可以发现，《世经》很全面地考虑了《书经》、《左传》、《国语》等先秦文献中可以用来定年的天象记录。而利用那些已知年代的天象记录，又可以来检验《三统历》的准确性。如《左传·僖公五年》记载有晋灭虢国时的天象，《世经》对此作了详细分析，以作为它的一个年代学基点。

《三统历》每76年一个循环周期，合朔和冬至发生在同一天，称为朔旦冬至。《世经》把每次朔旦冬至的年份和日干支依次列出，如“缗公二十二年（公元前275年）正月丙寅朔旦冬至”、“康公四年（公元前351年）正月丁亥朔旦冬至”、……“周公摄政五年（公元前1111年）正月丁巳朔旦冬至”等，这些推算所得的朔旦冬至年代和干支，就像扎篱笆时打下的木桩，是《世经》根据天象记录来确定历史年代的重要时间参考点。有了这些参考点，像《召诰》“惟二月既望，粤六日乙未。……惟三月丙午朏”等这样的月相、干支等天象资料就能在历史年代轴上找到合适的位置。

但是，局限于当时的观测精度和对天体运行规律的掌握，使得历法推步的初始值不够精确，对天体长期运行规律的数学描述也不够准确，因此刘歆造的《三统历》的准确性在今天看来是不够的。历法的不准确，会直接影响据此推算出来的天象发生年代的准确性。比如，上面讲到的朔旦冬至，按照《世经》，是“周公摄政五年（公元前1111年）正月丁巳朔旦冬至”，但是根据现代先进的星历表算得“周公摄政五年”是正月庚申朔（差3日）、癸亥冬至（差6日），这样《世经》推算得的西周早期朔旦冬至，并不是真正的朔旦冬至，其中朔先天3日，冬至先天6日。以此为参考点来排算《召诰》、《洛诰》、《顾命》等文献中的月相历日干支，进而确定周公、成王的年代，结果就有偏差了。举例来说，《召诰》记载“惟二月既望，粤六日乙未。……惟三月丙午朏”，按照《三统历》推算得到：周公摄政七年（公元前1109年）二月乙亥朔，庚寅望。三月甲辰朔，三日丙午朏。这样就定下了成王亲政的年代。但是验算得：公元前1109年是周正二月戊寅朔（差3日），癸巳望（差3日）。三月戊申朔（差4日）。这样三月无丙午，与《召诰》“惟三月丙午朏”的记载不合，因此《世经》把公元前1109年作为周公摄政结束之年就不对了。

为了了解《世经》所列朔旦冬至的精度情况，我们在“《世经》西周、春秋及战国纪年表”中列出《世经》朔旦冬至的同时，还给出了我们算得的对应的合朔和冬至日干支。可以发现：

距离《三统历》造成的年代越久远，合朔和冬至的偏差越大。

距离《三统历》造成的年代越近，则合朔和冬至的偏差越小，直至没有偏差。

其中合朔偏差从西周早期的 3 日减少到 2 日、1 日，直到战国末期无偏差；冬至日偏差从西周早期的 6 日减少到 5 日、4 日、3 日、2 日、1 日，直到战国末期无偏差。产生上述偏差的原因是，在刘歆时代，掌握的回归年和朔望月长度的精度还不够，对日月运行规律的数学描述也不够精确，所以回推的年代越久远，积累的误差越多。

《世经》西周、春秋及战国纪年表

周王 鲁公	纪年 （公元前）	文献、纪事
文王	受命九年崩	
武王	受命十一年伐纣	《书序》：惟十有一年，武王伐纣，作《泰誓》。
武王	受命十三年克殷 （1122）	《书序》：武王克殷，以箕子归，作《洪范》。 《洪范》：惟十又三祀，王访于箕子。 《三统》：上元至伐纣之岁，142109 岁，岁在鹑火张十三度。
武王	崩（1116）	克殷后 7 年
周公	摄政五年（1111）	《三统》：正月（指冬至所在之月，按公历在上一年公元前 1112 年，下同）丁巳朔旦冬至。 验算得：庚申朔（差 3 日）、癸亥冬至（差 6 日）。
	摄政七年（1109） 复子明辟	《召诰》：“惟二月既望，粤六日乙未。……惟三月丙午朏。” 《三统》：二月乙亥朔，庚寅望。三月甲辰朔，三日丙午朏。 验算得：二月戊寅朔（差 3 日），癸巳望（差 3 日）。三月戊申朔（差 4 日），无丙午。 《洛诰》：“戊辰，王在新邑，……惟周公诞保文武受命，惟七年。”

（续表）

周王 鲁公	纪年 （公元前）	文献、纪事
成王	元年	《三统》：封伯禽于鲁。
	三十年（1079）崩	《顾命》：惟四月哉生霸，王有疾不豫，甲子，王乃洮沬水。 《三统》：四月庚戌朔，十五日甲子哉生霸。 验算得：四月癸丑朔（差3日），十一日甲子。
康王	十二年（1067）	《毕命》：惟十有二年六月庚午朏，王命作策《丰刑》。 《三统》：康王十二年六月戊辰朔，三日庚午。 验算得：六月壬申朔（差4日），无庚午。
伯禽	四十六年（康王元年）薨	《左传》：燮父、禽父并事康王。
考公	四年薨	
炀公	二十四年（1035）	《三统》：正月丙申朔旦冬至。 验算得：戊戌朔（差2日）、辛丑冬至（差5日）。
	六十年薨	
幽公	十四年薨	
微公	二十六年（959）	《三统》：正月乙亥朔旦冬至。 验算得：丁丑朔（差2日）、己卯冬至（差4日）。
	五十年薨	
历公	三十七年薨	
献公	十五年（883）	《三统》：正月甲寅朔旦冬至。 验算得：丙辰朔（差2日）、戊午冬至（差4日）。
	五十年薨	
慎公	三十年薨	
武公	二年薨	
懿公	九年（807）薨	《三统》：正月癸巳朔旦冬至。 验算得：乙未朔（差2日）、丙申冬至（差3日）。
柏御	十一年薨	
孝公	二十七年薨	

（续表）

周王 鲁公	纪年 （公元前）	文献、纪事
惠公	三十八年（731）	《三统》：正月壬申朔旦冬至。 验算得：癸酉朔（差1日）、乙亥冬至（差3日）。
	四十六年薨	《三统》：西周末，春秋始。凡伯禽至春秋，386年。
隐公	元年（722）	《三统》：隐公元年上距伐纣400岁。
	十一年薨	
桓公	十八年薨	
庄公	三十二年薨	
愍公	二年薨	
釐公	五年（655）	《三统》：正月辛亥朔旦冬至。 验算得：壬子朔（差1日）、癸丑冬至（差2日）。 《左传》："春王正月辛亥朔，日南至。八月甲午，晋侯围上阳。"童谣云："丙子之辰，龙尾伏辰，袀服振振，取虢之旂。鹑之贲贲，天策焞焞，火中成军，虢公其奔。"卜偃曰："其九月十月之交乎？丙子旦，日在尾，月在策，鹑火中，必是时也。""岁在大火，重耳奔狄。" 《三统》：冬十二月丙子灭虢。言历者以夏时，故周十二月，夏十月也。 验算得：童谣天象基本准确，惟岁在鹑火。 《三统》：是岁距上元142577岁，得孟统53章首。
	十六年	《左传》：岁在寿星。重耳处狄十二年而行，过卫五鹿，乞食于野人。
	二十四年	《左传》：岁在实沈。秦伯纳重耳。
	三十三年薨	
文公	十八年薨	
宣公	十八年薨	
成公	十二年（579）	《三统》：正月庚寅朔旦冬至。 验算得：辛卯朔（差1日）、壬辰冬至（差2日）。
	十八年薨	

（续表）

周王鲁公	纪年（公元前）	文献、纪事
襄公	二十七年（546）	《三统》：九月乙亥朔，是建申之月也。 鲁史书：十二月乙亥朔，日有食之。 《左传》：冬十一月乙亥朔，日有食之，于是辰在申，司历过也，再失闰矣。 验算得：前546年10月13日乙亥日食，为周正十一月朔。周正九月丙子朔（差一日）。
	二十八年	《春秋》：春无冰。 《左传》：岁在星纪，而淫于玄枵。
	三十一年薨	
昭公	八年	《三统》：岁在析木
	二十年（522）	《三统》：正月己丑朔旦冬至。 验算得：庚寅朔（差1日）、辛卯冬至（差2日）。 《左传》：二月己丑，日南至。失闰。
	三十二年薨	《三统》：岁在星纪，盈一次。 《左传》：越得岁，吴伐之，必受其咎。
定公	七年（503）	《三统》：正月己巳朔旦冬至。 验算得：己巳朔（不差）、庚午冬至（差1日）。
	十五年薨	
哀公	十四年（481）	《三统》：自《春秋》尽哀公14年，凡242年。
	二十七年薨	
悼公	三十七年薨	
元公	四年（427）	《三统》：正月戊申朔旦冬至。 验算得：己酉朔（差1日）、己酉冬至（差1日）。
	二十一年薨	
穆公	三十三年薨	
恭公	二十二年薨	
康公	四年（351）	《三统》：正月丁亥朔旦冬至。 验算得：丁亥朔旦冬至（合）。
	九年薨	
景公	二十九年薨	
平公	二十年薨	

（续表）

周王 鲁公	纪年 （公元前）	文献、纪事
缗公	二十二年（275）	《三统》：正月丙寅朔旦冬至。 验算得：丙寅朔旦冬至（合）。
	二十三年薨	
顷公	十八年（256）	《史记·诸侯年表》：秦昭王之五十一年也，秦始灭周。 《三统》：周凡 36 王，867 岁。
	二十四年（灭国）	《史记·秦本纪》：楚考烈王灭鲁顷公为家人。

上面根据《三统历·世经》整理出来的西周、春秋及战国纪年表，可谓是刘歆历史年代学的主要部分。其中刘歆对武王伐纣之年的确定和西周年代的确定，是刘歆的独特创造，对后世影响极为深远。

岁星纪年问题

《三统历》对另一个重要天体——岁星（木星）运行规律掌握上的偏差，使得《世经》这一篇重要的历史年代学论文的正确性又见逊色。先秦文献中有以岁星纪年的记录，以岁星运行在某个特定的次，来标志这一年。这些岁星纪年资料当然是重要的年代学资料，如果掌握了岁星运行的规律后，回推岁星的位置，就可以求得岁在某次对应于哪一年了。这种推算的前提条件是要准确掌握岁星的运行规律。起先人们相信岁星每十二年绕天一周，所以把黄道带的天空分成十二次，每年岁星行走一次。后来发现岁星并不是严格地遵循这一运动规律，而是行走得稍稍快了一点，过了若干年后，岁星在天空中所在的实际次名会超越按每年一次排算下来的次名。刘歆在《三统历》中设定岁星每 144 年超越一次，并按照这个规律来推算先秦文献中的岁在某次记录对应的年代。

然而，岁星实际上运动得比刘歆在《三统历》中设定的每 144 年超越一次还要快，它每 84 年多就超越一次。有关武王伐纣的天象记录中有一条“昔武王伐纣，岁在鹑火”（《国语·周语》），刘歆推算得的伐纣之年就要求是岁在鹑火之年。根据不准确的岁星运动规律推算得到的岁在鹑火之年，实际上岁星是不会在鹑火之次的。所以，如果"昔武王伐纣，岁在鹑火"的记载是当时的天象实录的话，那么《三统历·世经》的伐纣之年是不可靠的。

当然，关于岁星天象记录还有令人困惑的另外一面。在《国语》中的鲁僖公年代和《左传》的鲁襄公、鲁昭公年代，有比较集中的岁在某某次的记录，而鲁僖公、鲁襄公和鲁昭公的年代是可以确定的，因此根据我们现在掌握的岁星运行规律完全可以准确无误地推算得到当时的岁星位置。令人惊讶的是，这些已知年代的《国语》、《左传》中岁星天象，无一能与现代推算所得的岁星位置相符合。这个问题已经困扰天文学家和史学家两千多年了。事实上，刘歆在《三统历》提出岁星 144 年超一次设想，就是对这个问题的一种解答。对刘歆来说，已知年代的《国语》、《左传》岁星天象是他求算岁星运行规律的已知条件，他求得的岁星运行规律必须能解释这些岁星天象记录。因此他求解得的结果就是岁星 144 年超一次。

唐代一行也试图对这个问题进行求解。在《大衍历·五星议》中一行说：

> 岁星自商、周迄春秋之际，率百二十余年而超一次。战国后其行浸急，至汉尚微差，及哀、平间，余势乃尽，更八十四年而超一次，因以为常。此其与余星异也。

在刘歆之后一行之前，基本上已经得到了比较准确的岁星周天运动周期，即 84 年左右超一次。所以一行求解这个问题的出路是，认为岁星运动速度有一个长期变化，在战国前岁星运动得慢，120 多年超一次，战国后运动加速，直到汉代哀帝、平帝年间，才变成匀速运动，变为 84 年超一次。显然，一行对岁星运动规律的这一描述是有悖于现代天文学常识的。如果岁星的运动速度在几百年里有这样大的变化，那我们的太阳系的稳定性就大大堪忧了。但不管怎样，一行也给出了对这个问题的一种解答。

20 世纪早期，日本学者新城新藏对这个问题给出了另外一种解答。

他认为《国语》、《左传》中岁在某次的记录不是天象实录，而是公元前365年左右的某位史学家根据他当时的岁星实际位置（岁在星纪），按照每年岁星行走一次的规律反推回去得到并窜入《国语》、《左传》中的。这种解答确实能解释《国语》、《左传》中出现的大部分岁在某次记录，除了昭公三十二年“越得岁（在星纪），而吴伐之”这一条，与推算所得相差一年。应该说新城新藏提出了一种大胆的设想，不失为对《国语》、《左传》岁星纪年问题的一种解答。但是假设的成分较多，而且从《左传》的岁星天象记录来看，非常像是实测记录。

当然还有人可能会尝试提出另外的能自圆其说的解答，但每种解答总有这样那样的问题，所以《国语》、《左传》岁星纪年问题可能还得作为一个待解决的问题保留下去，以待出现充分的证据。而刘歆作为第一个提出解决办法的人，当然是有其一定的历史功绩的。况且在刘歆之前，从文献上还看不到古人有关对岁星超辰认识的描述，刘歆在《三统历》中首次尝试用精致的数学模型来解释岁星的超辰现象，仅这一点就足以使他在天文学史上有一席之地了，而刘歆的成就当然远远不止这点。

刘歆推算的武王伐纣日程

《三统历·世经》这一天文历史年代学工作的精华部分，即在利用武王伐纣时的一系列天象记录，推定了武王伐纣的年代，并给出了一份武王克商灭纣之战前后的日程表。我们把刘歆的这一工作整理成“刘歆推算的武王伐纣日程表”，按照历日干支为序，给出事件、天象一览表。并且对用《三统历》推算得到的天象，用现代方法作了验算，列在“验算得”一列里。

刘歆推算的武王伐纣日程表

年	月日	《三统历》天象	验算得	事件	文献
受命十一年			公元前1124	孟津之会	《书序》：惟十有一年，武王伐纣，作《泰誓》。八百诸侯会。

（续表）

年	月日	《三统历》天象	验算得	事件	文献
受命十二年	殷正十一月戊子	日在析木箕七度，月在房五度	公元前 1123	师初发	《国语》：昔武王伐纣，……月在天驷，日在析木……
受命十三年		岁在鹑火	公元前 1122 岁在娵訾		《左传》：岁在鹑火，则我有周之分野也。
	周正正月辛卯朔	日月合辰，在斗前一度。	公元前 1123.11.30 甲午朔（差 3 日），日月合在斗宿。		《国语》：昔武王伐纣，……辰在斗柄，……
	壬辰	旁死霸，晨星始见	公元前 1123.11.28 正月无壬辰		《武成》：惟一月壬辰，旁死霸，……
	癸巳		公元前 1123.11.29 正月无癸巳	武王始发	《武成》：……若翌日癸巳，武王乃朝步自周，于征伐纣。
	丙午		公元前 1123.12.12	武王还师	
	戊午		公元前 1123.12.24	师渡孟津	
	己未	冬至，晨星与婺女伏，历建星及牵牛，至于婺女天鼋之首	公元前 1123.12.31 乙丑冬至（差6日）水星在星纪，不及天鼋，且不为初伏。		《国语》：昔武王伐纣，……星在天鼋……
	周正二月庚申	朔	公元前 1123.12.29 癸亥朔（差 3 日）		
	四日癸亥			至牧野夜阵	《外传》：王以二月癸亥夜阵。
	五日甲子			昧爽，师合，克商	《武成》：粤若来三月（作二月），既死霸，粤五日甲子，咸刘商王纣。

（续表）

年	月日	《三统历》天象	验算得	事件	文献
受命十三年	二月己丑	晦			
	闰二月庚寅	朔	公元前1122.1.28癸巳朔（差3日）		
	三月二日庚申	“惊蛰”（按照《三统》对节气的定义）	三月癸亥朔惊蛰（差3日）		
	四月己丑	朔死霸	公元前1122.3.28壬辰朔（差3日）		
	甲辰	望	丁未望（差3日）		
	乙巳	既旁生霸			《武成》：惟四月既旁生霸，……
	庚戌			燎于周庙	《武成》：……粤六日庚戌，武王燎于周庙。……
	辛亥			祀于天位	《武成》：……翌日辛亥，祀于天位。……
	乙卯			祀馘于周庙	《武成》：……粤五日乙卯，乃以庶国祀馘于周庙。

显然，刘歆清楚地认识到确定武王伐纣年代的重要性，所以在《世经》中花了很大的篇幅来介绍他对伐纣之年的确定过程和文献依据。但是由于《三统历》的先天不足，所以推定的武王伐纣年代和武王伐纣日程表是不可靠的。

上表的正确性我们暂且不论，它的重要意义在于提出了一种新的确定历史年代的方法。在此之前，要知道历史事件的年代，只有靠积算王公纪年来获得。而刘歆则提出了一种求解无王公纪年的历史事件的年代的方法。

对刘歆年代学工作的评价

历代学者对刘歆年代学工作的评价

刘歆的年代学工作完成至今已经将近有两千年了。在刘歆之前对历史年代的确定主要靠积算保存下来的王公纪年，假如某段王年资料失传，那么一些历史事件的年代就无法确定了。像司马迁在《史记》中的做法那样，对无王年资料的历史事件就不给出年代，这被后人称为是严谨的做法。而刘歆在《三统历·世经》中首次尝试系统地利用与历史事件同时发生的天象，来确定历史事件发生的年代，这就为解决无直接王年记载的历史事件的年代问题提供了一个方法，从而也开创了天文历史年代学这一新的研究领域。刘歆开创了一个年代学研究的新领域，并不等于解决了在他之前的所有年代学方面的问题。在刘歆之后仍有许多学者在试图解决中国上古历史中年代学问题。有些研究也不一定从天象记录方面出发来考虑问题的。但是有刘歆的成果横亘在前，不管是有待超越的阶段性成果也好，还是需要克服的障碍也好，都不得不对刘歆的年代学工作进行一番评价。如果借用当代学术建制中的学术水平评价方法，以“引用率”多寡论学术水平高低的话，那么刘歆凭《世经》一篇的高“引用率”可以当上研究员、院士了。当然刘歆当时贵为王莽国师，地位远远在当今普通院士之上。

历代学者对刘歆年代学工作的评价可谓褒贬不一，既有肯定的评价，也有否定的评价。否定刘歆年代学工作的观点主要从以下几个方面来立论：

（1）从刘歆的年代学结论来加以否定。上文我们在对刘歆年代学工作的分析讨论中曾指出，刘歆天文历史年代学成果的精华部分是对周朝开国之年和武王克商月日的推定，他推定的克商之年用公历纪年来表示是公元前1122年，这个克商年份被许多证据证明为偏早。所以大部分人的逻辑是：因为刘歆推算出了一个错误的克商年份，所以刘歆的天文历史年代学工作也是不可靠的，不重要的。对这种以结果论对错，以成败论英雄的做法，虽然易操作，比较实用，但失于简单，流于表面。我们站在今天的位置上，以后人的角度来评价古人的工作，应该作更加深入、全面的考虑，如果不能做到这点，那么就真要愧对古人了。

（2）从刘歆的具体推算方法上加以否定。这一派观点对刘歆年代学工作的否定稍稍深入了一点。上文已经指出过，刘歆在利用天象确定历史事件的年代时，有两个技术上的问题在今天看来是明显有误的。

一是刘歆《三统历》的基本历法数据回归年长度和朔望月长度定得不够精确，所以回推西周早期的冬至点和合朔时常常先天，这一点唐代的一行在《大衍历议》就已经明确地指出过了；另一个问题就是《三统历》的岁星超辰率与实际情况不合，这使得刘歆在利用上古岁星纪年资料来确定年代时产生偏差。

历法的先进与否必然有其时代的局限性。而《三统历》是有明确术文保留下来的第一部历法[1]，在其当时是比较先进的历法。因此《后汉书·律历志》记载顺帝汉安二年（公元143年）尚书侍郎边韶上言议历称："治历邓平等改建《太初》……，其后刘歆研机极深，验之《春秋》，参于《易》道，以《河图·帝览嬉》、《洛书·乾曜度》推广九道，百七十一岁进退六十三分，百四十四岁一超次，与天相应，少有阙谬。"然而天文学是一门建立在观测基础上的学问，许多基本数据只能靠累年的实测得来。在历法理论水平达到一定程度后，就要靠精确的实测数据来提高历法的准确性。实测数据积累得越多，能造出的历法就越精确。而大部分天文观测数据的积累要靠时间来换取。比如冬至日正午表影长度是古代一个重要的历法数据，但一年只有一次测量机会，还要保证那个冬至日是个晴天。所以总的趋势是，后出的历法在精度上总要超过前代的历法。比如到晋代，历法就已经有了长足的进步。当时有个杜预在《春秋释例》中就曾颇不客气地评价刘歆的

---

[1]《太初历》是史载明确由官方颁行的第一部历法，但没有保留下详细的历法术文，只有一个历法周期的历日和有关数据保存在《史记·历书》中。

《三统历》道："刘子骏造《三统历》以修《春秋》。《春秋》'日有食之'有甲、乙者三十四，而《三统历》惟得一日食，历术比诸家最疏。又六千余岁辄差一日，凡岁当累日为次，而无故益之，此不可行之甚者。"然而，如果让杜预与刘歆易代而处，以杜预之才智恐怕造不出《三统历》，作不出《世经》篇；而以刘歆的学问，在晋代或许能够造出强过《三统历》百倍的历法，对上古纪年问题或许能够获得一个更好的解答。

（3）从刘歆所引用的史料来加以否定。这种观点认为刘歆所用定年的历史资料是不可靠的，从而来否定刘歆的工作。天文历史年代学的理论方法是现时的，推算所用的初始值也是现时获得的，要确定古代历史事件的年代，唯一需要的是与该历史事件相关的古代天象记录。这些天象记录无疑要从保存下来的文献资料中获取。比如刘歆在确定武王克商的年代时，用到了两种重要的文献资料，一种是《尚书·武成》对克商之役牧野之战前后历日干支的记载；另一条是《国语·周语》对武王伐纣过程中一系列天象的记载。对这两种文献资料，都有人提出怀疑。何炳棣说"直接与周初年份有关的史料，除了《(竹书)纪年》外，只有《尚书》中所谓的古文《武成》一篇。此篇早已佚失，现仅存武王伐纣之年三条具有月份、月相和干支纪日的纪事，保留在《汉书·律历志》。……刘歆是用这三个史日据点推算武王伐纣之年的第一人。刘歆其他不够严谨之处，暂且不论，……本节将提出用《武成》史日据点推算武王伐纣之年的种种困难，并强调内中有些是客观上无法克服的困难"。经过一番考证之后，何炳棣总结说："《武成》篇的版本源流至今不明，其中片段的纪事，是否根据周初史料丝毫未经晚周人士的润色，尚待详考。使用《武成》史日据点，以推武王伐纣之年的先决条件是周初月相名词的真正定义、周初实际应用的分月法和西周每次置闰的具体调整办法。这些先决条件，至今尚无一项能有定论。在这些条件之上，还有更先决的条件至今尚待研究——究竟干支纪日法是否自商、周之际起即一直未曾间断或错乱过。这一系列先决条件既尚无法解决，以《武成》史日据点，不顾相关知识之不足，用各家主观自造的历谱，去推算武王伐纣的具体年份，谓之车前马后，当不为过。”[1]

以上何炳棣的这些议论应该说不是针对刘歆个人的，而是针对所有想利用《武成》的史日资料来确定武王伐纣之年的人的。对于这些文献资料的可靠性当然要进行论证，但是如果一味怀疑，那么什么问题也解决不了。事实上越来越多的证据表明，《武成》篇所记极有可能是历史事实。比如《武成》篇中记载牧野之战发生在甲子日，晚于刘歆近两千年才出土的青铜器利簋上的铭文证明了这个“甲子”日的真实性。

（4）径直指斥刘歆伪造史料。持这种观点的人似乎对古人缺乏了某种必要的信任。他们认为刘歆为了某种个人目的，篡改和伪造了一些文献史料，为其所用，来凑合他用《三统历》推算出来的定年结果。其中《国语·周语》伶州鸠对周景王所述一段武王伐纣时的天象就被认为是由刘歆伪造而窜入《国语》的。何幼琦持这种观点最为坚决，他说：“《国语·周语》的‘铸无射’章，……所讲的‘昔武王伐殷，岁在鹑火，则我有周之分野也’，是刘歆创造的分野说；……据笔者考证，这一章是刘歆编造的伪书而窜入《国语》中的。从来的考证者，谁也不曾对于‘铸无射’章进行全面考察，都是抓住‘岁在鹑火’一语就忙于推算和议论，其结论的准确性如何，就可想而知了。‘岁在鹑火’是刘歆伪造的十二岁纪年之一，要春秋时的伶州鸠讲出这个词语，也真够荒唐了。”[2]事实上，“岁在鹑火”等岁在某次的岁星纪年法在《国语》和《左传》中出现了十多次，而大部分是与武王伐纣无关的。难道刘歆为了伪造伶州鸠的说话，而处心积虑地同时又伪造了《国语》和《左传》中其他十多次岁星纪年吗？我们认为，虽然不能肯定在西周早期就已经有了岁星纪年，但在春秋时期，岁星纪年完全有可能广泛运用了。所以“春秋时的伶州鸠讲出这个词语”是一点也不荒唐的。

刘歆另外一处被指责为有作伪嫌疑的是鲁公纪年。《三统历·世经》采用的鲁公纪年宣称是来自《世家》，但是与《史记·鲁世家》相比，有三位鲁公的在位年数有明显差异。陈梦家在《西周年代考》中，

---

［1］ 何炳棣：“周初年代平议”，《香港中文大学学报》，1974年1期。

［2］ 何幼琦：“周武王克商的年代问题”，《西周年代学论丛》。

认为刘歆是为了凑足其所定西周年数而对《史记·鲁世家》作了改动。董作宾《西周年历谱》也认为《三统历·世经》因先考定了伐纣之年，“必于鲁公年稍事调整乃能密合，这是可以断言的”。对于这些指斥，比较公允的说法是，“西汉末距《史记》成书不久，对《鲁世家》鲁公年数，当时史家未尝不皆知，轻易改动并非易事。但是刘歆如此安排鲁公年数使其恰适合于其所推拟的并不可靠的克商年代，亦即动摇了其所设鲁公年数的可靠性”[1]。

其实在鲁公纪年问题上指责刘歆作伪是没有道理的，因为一是流传下来的《史记·鲁世家》中的鲁公年数并没有随刘歆的《世经》而变；二是刘歆与司马迁所处年代很接近，他们所见到的史料不会有很大差异，而且刘歆曾和其父刘向一起典校皇家藏书，所见或恐超过司马迁，所以他完全可以根据他亲自见到的文献资料来确定各位鲁公的年数。而且当时《史记》恐怕还没有获得如现在这样的尊崇地位，在西周早期的纪年问题上完全可能只是几家说法中的一家而已。果真如此，就没有去篡改《史记》的必要。

（5）从人格上加以否定。这一点怎么理解呢？这要从刘歆一生坎坷的经历说起，在这里只提刘歆两件“得罪人”的事情。一是刘歆曾想把《左氏春秋》、《毛诗逸礼》和《古文尚书》列于学官，引起群儒不满，大受诽谤。这些个群儒不管有没有学问，总有一些弟子传下，这些弟子又有一些弟子传下，所以刘歆在后代群儒里面的人缘是不会好的。刘歆的《世经》一出炉，当时就有反对者，这里有许多非学术因素在里面。刘歆另一件被正统儒家视作“失礼”的事情是做王莽的国师。王莽是篡位者，但是没有像后来其他一些篡位者一样把帝位传上几代，而是立即被赶下台，不得好死。刘歆虽然因密谋军事政变推翻王莽不果而自杀身死，但是因为他与王莽有太密切的关系，所以死后的“名誉”也很难恢复。时至近现代，仍会有人问出诸如“《三统历》，刘歆之所造也，歆造伪古文经，以取媚新莽，是善于售赝者也，

[1] 朱凤瀚、张荣明：“西周诸王年代研究述评”，《西周诸王年代研究》，贵州人民出版社，1998年。

《三统历》能保其无臆说乎”的问题。虽然现在人们也常说可以从人品看学问，也可以从学问反映一个人的人品，但是人品与学问恐怕没有什么必然的关系。而且刘歆不按某些儒家教条行事也不能说是什么人品问题。所以从一些儒家礼教的条条框框来否定刘歆的为人，进而来否定刘歆的学问，这在今天是不可取的。

以上说了许多历代学者对刘歆年代学工作的否定之辞。当然也有一些学者对刘歆的年代学工作是持肯定态度的。例如范文澜在他编著的《中国通史》中说："刘歆造出一整套的历学理论；又造《世经》，凡经传古史所记大事的年、月、日都用《三统历》推算得到说明。这对古史年代的探求是一种贡献，虽然准确性并不很大。"范文澜首先看到的是刘歆在年代学研究方面的开创之功，而不注重于刘歆具体结果的对错。章鸿钊评论刘歆的工作说："西汉之末，刘歆始以历算之天才，求得岁星百四十四年而超一辰，又前追《太初历》三十一元为《三统》上元；又按《尚书》之朏魄，与《周语》之岁星纪事，推断三统上元之伐纣之岁十四万二千一百九岁。"他又说："推算周初年代，要不外刘歆所取三种条件：一、朏魄日名，二、王公积年，三、岁在鹑火之年。其后一行、新城莫不遵之，惟历法与解释又各不同。"[1] 这里他强调了刘歆在推定上古年代，特别是西周年代方面所做的开创性和奠基性的工作。虽然后世学者如一行、新城新藏等在具体的历法和对古代文献的解释上与刘歆有所不同，但解决问题的思路无不遵从刘歆定下的规程。

对刘歆年代学工作的合理评价

我们以今人的角度来考察和评价古人的工作时，应该先确立一个原则，这就是前文已经简单地提到过的，不能简单地以结果的对错来评判他们的成就。因为在今天，我们毫无疑问在许多方面处在比古人优越的位置。刘歆推步《三统历》时用的是竹制的筹码，我们现在有电脑。而且归根结底说来，我们相对于古人取得的优势还包含着古人作出的贡献。所以我们在评价刘歆的年代学工作时，首先应该着眼于他在方法论方面取得的成就。

---

[1]　章鸿钊："武王克殷年考"，《武王克商之年研究》。

刘歆最早提出了一种利用天象记录来确定历史年代的系统方法。在这种定年方法中，《三统历》是理论基础，《世经》是具体的研究成果。刘歆提出的这套定年方法，即使用今天的学术标准来衡量，也是很经得起考验的。这里所谓的经得起考验不是指结论的对错经得起考验，而是指刘歆提出的整套定年方法在理论上是自成体系的，推理步骤是清晰明确的，符合今天对一般理论所要求具有的学术规范。我们在阅读了《三统历·世经》之后，可以很清楚地知道刘歆的定年结果是怎么得来的。这种结果的获得是可重复的，并且不因人而异。无论谁都可以用刘歆提供的方法和给出的初始值，得出相同的结论。正是刘歆定年方法在理论上的这种明确性，使得后人可以很容易地理解、掌握和继承它，并且可以很清楚地知道它的错误在哪里。我们知道，任何理论的提出，都不能保证它是永远正确的，它只能在某时某地相对正确。事实上根据某种科学哲学学派对科学所作的定义来衡量，科学理论就是要能被证伪的，不能被证伪的理论就不是科学理论。所以，我们可以说刘歆的年代学理论是一种与其时代背景相适应的科学理论。

刘歆以天文历法为基础，利用古代天象记录来确定历史事件的年代，他的这一开创性工作开辟了一个新的历史年代学研究领域，我们现在把它叫做天文历史年代学。虽然历代学者对刘歆的评价贬损多于褒扬，但是有一门学科的创始人不得不归到他的头上，这就是目录学。刘歆承父志总校皇家藏书，将各种图书分门别类，著《七略》，当之无愧地成为目录学的鼻祖。刘歆还是古文经学派的开创者，尽管他的这一身份使他在生前身后担了不少骂名。现在，天文历史年代学这一学科的开创之功也不得不归到刘歆名下。自刘歆之后，天文历史年代学的研究虽然没有什么轰轰烈烈的举动，但也不绝如缕，总有少数后继者在这一研究领域内进行研究。事实上，从事天文历史年代学的研究工作，需要掌握非常专门的知识，其中就包括必不可少的天文历法知识。而天文学在中国古代历史上的大部分时间里是一门禁学，一般人不得习学[1]。这一点决定了天文历史年代学不可能是一门显学。历代

[1]　参见江晓原：《天学真原》第三章。

的天文历史年代学工作，基本上是历法工作的一个组成部分，其成果也基本上保存在各代史书的“律历志”中。刘歆的年代学成果《世经》就是附在《三统历》之后，一行的年代学成果则保存在《大衍历》之前的“历议”——“日度议”、“五星议”中间。

刘歆的另一项重要贡献是他在解决上古历史年代的过程中，征引了许多重要的古代文献资料，有些被征引的文献原本已经失传，部分重要的史料正是因为刘歆在《三统历·世经》中的引用而被保存下来。这其中最著名的就是对古文《尚书·武成》的引用。《武成》篇记载了武王克商之役前后的一些重要事件和它们的历日干支。《三统历·世经》引用了其中三段：

> 惟一月壬辰，旁死霸，若翌日癸巳，武王乃朝步自周，于征伐纣。
>
> 粤若来三（当作二）月，既死霸，粤五日甲子，咸刘商王纣。
>
> 惟四月既旁生霸，粤六日庚戌，武王燎于周庙。翌日辛亥，祀于天位。粤五日乙卯，乃以庶国祀馘于周庙。

这三段文字传达的信息对武王克商年代的确定起着至关重要的作用（详见本书前数章）。历代包括现、当代史学家，对刘歆虽然颇多微词，并且指责他伪造经文等等，但是奇怪的是，对刘歆所引用的《武成》篇中的这三段文字都相信是真实可靠的，也许相信他的理由比指责他的理由要充分一点。

根据近年文献学方面的研究，学者们发现刘歆所引《武成》的三段文字与《逸周书·世俘解》中的一段记载：

> 惟一月丙午旁生魄，若翼日丁未，王乃步自于周，征伐商王纣。越若来二月既死魄，越五日甲子朝，至，接于商。则咸刘商王纣。

很可能同出一源，甚至《武成》篇就是《世俘解》的另一个版本而已。起初这个发现反而动摇了《武成》篇的真实性，因为文献学家们认为

《逸周书》成书于战国时期。然而近来的研究表明《逸周书》中的部分篇章渊源甚古。就《世俘解》而言，因为其中描写的杀戮场面太重，武王擒杀虎、熊、麋、鹿等野兽上万，俘馘一百多万，俘人三百多万，灭九十九国，臣服六百五十二国；又纣王以玉环身自焚等等，风俗野蛮，与儒家经典中描述的周朝以礼治邦的形象大大不符，所以许多人不相信《世俘解》的真实性。然而近年的考古发现证明，《世俘解》中的描述可能正是事实。特别是青铜器“利簋”的出土，证明了克商灭纣这天正是甲子日，因为“利簋”上的铭文明确记载着：

> 武王征商，隹甲子朝，岁鼎克昏，夙有商。辛未，王在□□，易（锡）又（右）事（史）利金，用作□公宝尊彝。

铭文介绍了周王赏赐这个叫“利”的右史作一只“簋”的原因和经过。其中提到在甲子日早晨，武王对纣王的决战取得胜利。

现在各种证据都证明刘歆在引用《武成》时没有作伪，而且史学界也早就相信刘歆引用的是真《武成》，那么刘歆在其他问题上有没有造假作伪的必要呢？我们相信刘歆当时在解决这些历史年代问题时，与现今大部分学者在做研究工作时一样，都遵守着起码的职业良心和学术规范，一方面他充分相信自己的《三统历》及其推算结果是正确的，另一方面要尽量征引人们公认的正确史实来佐证他的结论。现在如果发现他的一些说法与传世文献不合，我们认为那也不是刘歆的造假作伪，而是他根据自己的推断得出的一家之说。

一行的工作

一行的天文历史年代学工作主要集中在《大衍历议》中，下面的“一行天文历史年代学成果一览表”是根据《大衍历议》整理出来的一行的天文历史年代学成果。可以发现，一行在利用古代天象资料确定历史年代时，在整体的研究思路和一些具体问题的处理方面，都与刘歆的做法很接近。对于夏代和商代的总积年数，一行采用了刘歆在《三统历·世经》给出的年数，即夏代432年、商代628年。但是一行毕竟在刘歆之后七百多年，他所掌握的天文学知识当然要超过刘歆。所以一行改进了刘歆在某些推算上的不足。从我们的验算可知，一行对夏商周三代的合朔和冬至点所在的推算比刘歆的推算结果要大大精确。对西周初期而言，刘歆推算的合朔要差至3日，而一行的推算结果差1日或基本上不差；对冬至日的确定，刘歆的结果在西周时期就差至6日，而一行远推夏代初年冬至也只差3日，到西周初期则冬至所在完全不差。可以说，对日月运动的规律来说，一行掌握得要比刘歆好。

但是，对木星和水星这两颗行星的运动来说，一行的推算结果不比刘歆的更正确。特别是木星的位置，刘歆和一行都依赖它来确定年代。前面已经讲到刘歆提出的“岁星超辰法”是不准确的，但是一行不能对之更正。他提出一种调和的岁星运动法，认为在商周到春秋之际，岁星每一百二十多年超一辰，然后岁星运动开始加速，直到汉哀、平间，才变为匀速运动，以84年超一辰。应该说，刘歆和一行各自提出的岁星运动规律虽然在今天看来是荒谬的，但是在当时，他们提出这种运动模型，是为了最好地解释岁星观测资料。确定天体的运动需要长时段的观测资料。刘歆当时看到的比较长时段的木星观测资料就是《左传》、《国语》中有关岁星的记载，在这些记载的基础上他提出了岁星每144年超一辰的方法。一行能够看到更多的岁星观测资料，但大部分是在刘歆之后作出的观测。对于刘歆之前的岁星观测资料，一行所见肯定不能超过刘歆。所以如果尊重《左传》、《国语》记录的可靠性，一行是很难得出与刘歆的岁星超辰率相差很大的超辰率。而出现在刘歆之后的岁星观测资料，对岁星运动的描述更接近真实，所以一行据此得出了比较准确的岁星超辰率。我们现在根据现代天文学知识知道，行星在万有引力作用下绕太阳作公转运动，这种运动在非常长的时间尺度上都是很稳定的，所以不会出现一行所描述的岁星变速运动。然而对一行而言，他得出与他那个时代相适应的结论也是无可厚非的。

一行天文历史年代学成果一览表

年	月日	《大衍历议》	事件	文献、备注
夏禹元年 岁在壬子 公元前 2169		夏后氏 432 年		
太康十二年 戊子岁 ? 公元前 2133		冬至在女十一度		验算得：该年代日在虚宿三度，《大衍》冬至差三日。
仲康五年癸巳岁 ? 公元前 2128	九月 庚戌朔	日蚀在房二度		《夏书·胤征》：乃季秋月朔，辰弗集于房。
岁在壬戌 公元前 1739			成汤 伐桀	
汤元年 岁在癸亥 公元前 1738		商 628 年		
太甲二年壬午岁 ? 公元前 1659		冬至在女六度		验算得：该年代日在女宿八度，《大衍》冬至差二日。
岁在己卯 公元前 1122		（岁）星在鹑火	文王崩	
武王元年 岁在庚辰 公元前 1121	商二月	孟春定朔丙辰	武王 即位	《周书》：维王元祀二月丙辰朔，武王访于周公。 验算得：该年殷正二月定朔丁巳（差 1 日）。
武王十年己丑岁 公元前 1112	夏正十月戊子 公元前 1112.11.26	日在箕十度，则析木津也；晨初，月在房四度。	周师 始起	《国语·周语》：武王伐商，……月在天驷，日在析木…… 天象验算结果：合。

（续表）

年	月日	《大衍历议》	事件	文献、备注
武王 十一年 岁在 庚寅 公元前1112—公元前1111 克商之年	周正正月庚寅朔 公元前1112.11.28	是岁，岁星始及鹑火日月会南斗一度		《国语·周语》：武王伐商，岁在鹑火，……辰在斗柄…… 《竹书》：十一年庚寅，周始伐商。 验算得：合庚寅朔及日月会南斗一度，然该年岁在玄枵之次，不在鹑火。
	正月壬辰 11.30	晨星夕见，在南斗二十度		《武成》：惟一月壬辰，旁死霸，…… 验算得：辰星晨伏于析木箕五度。
	正月癸巳 12.1		武王自宗周次于师所	《武成》：……若翌日癸巳，武王乃朝步自周，于征伐纣。
	正月戊午 12.26	辰星伏于天鼋	师渡孟津	验算得：辰星在星纪女五度，不及天鼋。且不是刚刚入伏，已处在后伏段。
	夏二月戊子 3.26	朔		验算得：合夏正二月戊子朔。
	夏二月 周四月	哉生明	王自克商还，至于酆	
	四月甲辰 4.11	望		验算得：合周正四月甲辰望。
	四月乙巳 4.12	既旁生霸		《武成》：维四月，既旁生霸，……
	四月庚戌 4.17		燎于周庙	《武成》：……粤六日庚戌，武王燎于周庙。

（续表）

年	月日	《大衍历议》	事件	文献、备注
革命元年 公元前 1110		岁又退行，旅于鹑首，而后进及鸟帑。	周始革命	验算得：该年岁星从娵訾进入降娄，后又退行入娵訾，然后再次进入降娄。不在鹑首、鹑尾。
革命六年 公元前 1105			武王崩	
周公 摄政 七年 公元前 1098	二月甲戌 1.3	朔		验算得：合周正二月甲戌朔。
	二月己丑	望		《召诰》：惟二月既望，越六日乙未，王朝步自周，至于酆。
	三月甲辰 2.2	定朔		验算得：合周正三月甲辰朔。
	三月丙午	三日朏		《召诰》：惟丙午朏，越三日戊申，太保朝至于洛。
成王元年 公元前 1097			成王正位	
成王三年岁在丙午 公元前 1095		（岁）星在大火	唐叔始封	《国语》：晋之始封，岁在大火。 验算得：上半年岁星在实沈之次，下半年岁星在鹑首之次。
成王 三十年 公元前 1068	四月己酉	朔		验算得：合周正四月己酉朔。
	四月甲子	哉生魄		《顾命》：惟四月哉生霸，王有疾不豫，甲子，王乃洮沬水。
康王 十二年 岁在乙酉 公元前 1056	六月戊辰	朔		验算得：合周正六月戊辰朔。
	六月庚午	三日		《毕命》：惟十有二年六月庚午朏，越三日壬申，王以成周之众命毕公。 《大衍》：自伐纣及此五十六年。

尽管在许多方面一行的工作与刘歆的工作有许多相似之处，但是在一些关键的年代点上一行得出了自己独立的结论。这一方面是因为一行比刘歆掌握了更为先进的天文学知识，另一方面还因为一行看到了刘歆未能看到的材料。

《竹书纪年》就是其中一种这样的材料。《竹书纪年》在西晋武帝太康二年（公元281）出土于汲郡的战国古墓，是战国时魏国史官撰写的编年史。其中对于武王伐纣历史事件，记载着“十一年庚寅，周始伐商”一句。这一条记载被一行用作确定武王伐纣年代的重要论据。上表中的武王克商之年正是岁在庚寅。但是现在一般认为干支纪年在西汉后期才开始出现，所以上述庚寅伐商的记载的可靠性受人怀疑。

建立在现代天文学方法之上的天文历史年代学

赵光贤发表在《历史研究》（1979年第10期）上的《从天象上推算武王伐纣之年》一文对汉代刘歆以来“用后世所造历法来推断往古的年代”表示怀疑，认为“这样得出的结论很难令人信服”。他进而提出用现代天文学推算武王伐纣的两条文献资料，即《淮南子·兵略训》：“武王伐纣，东面而迎岁，……，彗星出而授殷人其柄”的记载和《国语·周语下》伶州鸠对周景王所言：**“昔武王伐殷，岁在鹑火，月在天驷，日在析木之津，辰在斗柄，星在天鼋，星与日辰之位皆在北维。”**其实汉代刘歆以来“用后世所造历法来推断往古的年代”与根据文献资料中的天象记录用现代天文学推算武王伐纣等历史事件的年代在本质上是相通的，都属于天文历史年代学的范畴。而且《国语·周语下》伶州鸠对周景王所言武王伐纣时的天象也正是刘歆和一行用来推算伐纣年代的主要依据。所以我们相信赵光贤所怀疑的是古代历法的精确性是否能够胜任历史年代学对它的要求。从这个角度来怀疑当然是完全可以的，因为上文我们的分析也已经表明刘歆和一行在一些历法数据上确定得还不够精确，对一些天体运行规律的掌握也不够正确。而建立在现代天文学方法之上的天文历史年代学正是对汉代刘歆以来

“用后世所造历法来推断往古的年代”的继承和发展。

建立在现代天文学方法之上的天文历史年代学的一个基本特征就是对天体运行规律的正确把握，回推天象的能力大大提高。上述赵光贤提到的一条史料是关于武王伐纣时出现的彗星天象的。根据这条彗星天象记录试图来确定武王伐纣的年代，这项工作正是现代天文学方法介入历史年代学研究领域的一个典型个案。已故紫金山天文台台长张钰哲、爱尔兰华裔天文学家江涛等都对《淮南子·兵略训》中的这条记载进行过研究，尤其前者的研究在中国史学界的影响较大。他们假设《淮南子》中的彗星是哈雷彗星，从而通过回推哈雷彗星在历史上历次过近日点的时间，再参照其他史料，来确定武王伐纣的年代。然而这颗彗星是哈雷彗星的可能性是很小的，即使确实是哈雷彗星，回推其以前第四十次回归时过近日点时间的误差也是很大的。张钰哲和江涛两人的推算结果就有两年之差。但是，因为推算彗星运动是天体力学和天体测量学中的一个非常专门的课题，所以历史学家们对天文学家在他们自己的研究领域内得出的结论表示了一定程度的尊重或一定程度的盲从。比如，有些历史学家即使不赞同张钰哲的推算结果，也仍表示：“我们认为公元前 1057 年出现哈雷彗星与木星在张宿，既经现代天文测算，无庸置疑。”[1] 所引述的这种观点有相当的代表性。然而科学研究没有什么是“无庸置疑”的，恰恰在利用彗星记录来确定历史年代这个问题上，现代天文学方法在历史年代学研究中作了一次不成功的尝试。那么这是否意味着现代天文学方法在历史年代学的研究中无用武之地了呢？绝对不是！因为我们正是通过也只有通过现代天文学方法才能证明彗星天象记录是不适合用来确定历史年代的。

在古代的天文历法中，彗星天象除了被赋予了一些凶险的星占学含义外，是不可能对它的运行规律进行研究的。正是天文学的发展，人们才认识到有些彗星有周期性的回归，正是这种周期性是它能被用来确定年代的基础。而天体力学领域的进一步研究表明，由于存在大行星的引力摄动和太阳光压等非引力摄动，以及彗星质量损失等等，

[1] 谢元震：“论武王克殷年代”，《武王克商之年研究》。

这些因素使彗星的运动变得非常复杂，很难做到对它进行精确预测。这一切认识正是靠现代天文学得来。在目前的理论水平上，彗星被排除在可用作定年的天象之外是合理的。但是还有许多其他的天象记录可以用来确定年代。尤其是一些普通的常见的天象，对历史年代的确定往往发挥着出乎意料的作用。

日食是天文历史年代学用来确定年代的传统天象，它不常发生，但是是一种精确的天象。对日食发生时间的推定不仅可以给出月、日，而且可以精确到时、分。在中国古代，往往用已知年代的日食记录来检验历法的精确性，《春秋》中的日食记录常常被用作这个目的。而一行用他造的《大衍历》推算了古代一次未知年代的日食发生的时间，这就是对载于《夏书·胤征》篇中的“书经日食”的推算，一行据此来确定夏初仲康的在位年代。用现代天文学方法来确定“书经日食”的年代时，本质上是在与一行做同样的事情。

有关日、月、各大行星在恒星背景下的位置记录，这些都是重要的可用来确定年代的资料。《国语·周语下》伶州鸠对周景王所讲述的武王伐纣时的天象，就是这样一系列日月行星的位置天象。凭任何这样一个单个的天象记录，我们对武王伐纣的年代范围无法作有效的界定，但是多个这种普通天象的组合，能够有效地缩小所要求的年代范围。更普通的天象还有如恒星的出、没、上中天，太阳正午的地平高度变化等，它们都能为确定年代提供帮助。

现代天文学方法能对所有上述这些天象进行推算，在电脑的帮助下，巨大的工作量已经不再成为问题。计算能力的提高虽然不是天文学发展的结果，但在天文历史年代学的研究中，能进行大量的计算是非常重要的。过去一些学术功底很深的史学家，在天文历法方面往往不得不借助于别人提供的计算结果，或者查阅公开出版的历表之类。这显然限制了他们的研究，他们找到的天文学证据往往是零星的，不全面的。而从现代天文学的基本原理和数据出发，对所涉及天象，利用电脑编程，进行全面的搜索，能做到不遗漏一种可能的结果。这在非电脑时代是难以想象的，那时对其中一种可能结果的推算，就可能耗去一位学者的毕生精力，而经过这样千辛万苦求得的结果，人们往往会对之倾注一种非理性的情感，强烈希望它是一种正确的结果。有关武王伐纣年代的许许多多说法中，几乎每一种都是前辈学者全身心投入而得出的结果，在有新的说法提出之后，他们一般都要尽量维护自己的观点，甚至有“我是死不改悔”这样的宣言，这也正是在武王伐纣的年代问题上会出现这么多的说法的原因之一。尽量维护自己的观点，不仅是人情之常，也是维持学术生态正常运作的需要。如果人人都轻易地改变自己的学术观点，那才是一种不正常的现象。

总而言之，电脑带来的计算量的加大，虽然只是一个量的变化，但是，套用一句现成的“语录”来说，就是“量变引起质变”。建立在现代天文学基础上的天文历史年代学是大有可为的。

第八章

孔子、佛陀与三代大火星象

孔子生年之确定——天文历史年代学例证之一

孔子的生年，历来就有问题。唐代司马贞《史记索隐》在《史记·孔子世家》记载孔子逝世处就感叹说："《经》、《传》生年不定，致使孔子寿数不明。"可见这一问题由来已久。20世纪已经出现了几种不同的孔子诞辰，各持一端，在年、月、日上皆有异说，使得各处的纪念活动无法一致。其实只要引入天文学方法，就可以明确解决这一重要的历史年代学问题。

比较流行的孔子生年，是依据《史记·孔子世家》中"鲁襄公二十二年而孔子生"得出，鲁襄公二十二年即公元前551年。但此说有两个问题：

一是与《史记·孔子世家》下文叙述孔子卒年时，说"孔子年七十三，以鲁哀公十六年四月己丑卒"不合。因为鲁哀公十六年即公元前479年，551−479 = 72岁。这只能用"虚岁"之类的说法勉强解释过去。

二是没有孔子出生的月、日记载。这就是说，仅仅依靠《史记·孔子世家》，无法为今天的孔子纪念活动提供任何具体日期。

另一种说法的文献依据是《春秋公羊传》和《春秋穀梁传》。先看原始文献：

《春秋公羊传》:“(襄公)二十有一年,……九月庚戌朔,日有食之。冬十月庚辰朔,日有食之。……十有一月,庚子,孔子生。”

《春秋穀梁传》:“(襄公)二十有一年,……九月庚戌朔,日有食之。冬十月庚辰朔,日有食之。……庚子,孔子生。”

这里两者都明确记载孔子出生于鲁襄公二十一年,即公元前552年;又都明确记载了孔子出生日的纪日干支——庚子。所不同者,一为十一月,一为十月。

我们可以先从文献本身的自洽程度,来判断《春秋公羊传》和《春秋穀梁传》两者的记载中谁更可信。从纪日干支的简单排算就可知:九月庚戌朔,接着十月庚辰朔,接下去二十天后是庚子,则此庚子只能出现在十月,整个十一月中根本没有“庚子”的干支。可见《春秋公羊传》的记载自相矛盾。因此,显然应以《春秋穀梁传》的记载作为出发点——即孔子出生于鲁襄公二十一年(按照《春秋》所用历法的)十月庚子这一天。

接下来要确定“十月庚子”这一天是公历的几月几日。这没有像确定鲁襄公二十一年是公历哪一年那么简单。首先,这里牵涉到春秋时代的历法,其中月份是怎么安排的——简单地说,就是那时历法中的正月相当于现今夏历的几月,而这一点目前尚无定论(先前某些孔子诞辰有误即与此有关)。为了绕开这一尚无定论的问题,而将结论唯一确定下来,我们就不得不求助于天文学。

非常幸运的是,《春秋公羊传》和《春秋穀梁传》在孔子出生这一年中都记载了日食,这是我们解决问题的天文学依据。日食是非常罕见的天象,同时又是可以精确回推计算的天象。《春秋》242年中,共记录日食37次,用现代天体力学方法回推验证,其中大部分皆真实无误。经推算,公元前552年,即鲁襄公二十一年这年中,在曲阜确实可以见到一次食分达到0.77的大食分日偏食(参见“公元前552年8月20日曲阜日食天象图”),而且出现此次日食的这一天,纪日干支恰为庚戌,这就与“九月庚戌朔,日有食之”的记载完全吻合。而在次年,即鲁襄公二十二年,没有任何日食。

为了确定这次庚戌日食的日期，我们采用不考虑月份的记时坐标，即天文学上常用的“儒略日”，这是一种以“日”为单位，单向积累的记时系统——中国古代连续不断的纪日干支系统实际上与“儒略日”异曲同工。公元前552年发生曲阜可见日食的那个庚戌日，对应的儒略日为1520037。而儒略日与公历的对应是早已明确解决了的，与1520037对应的是公元前552年8月20日。

至此我们已经获得了一个确切无疑的、同时又与春秋历法无关的立足点：即公元前552年8月20日，对应于鲁襄公二十一年九月庚戌朔日。接下去的工作就只需根据干支顺序作简单排算即可，结果可以用表格表示如下：

儒略日	史籍记载历日	天象与事件	公历日期（公元前）
1520037	鲁襄公二十一年九月庚戌朔	日食	552年8月20日
1520067	鲁襄公二十一年十月庚辰朔	日食（实际未发生）	552年9月19日
1520087	鲁襄公二十一年十月庚子	孔子诞生	552年10月9日
1546536	鲁哀公十六年四月己丑	孔子去世	479年3月9日

所以结论是：

孔子于公元前552年10月9日诞生，公元前479年3月9日逝世。

注意这个结果方才与《史记》中“孔子年七十三”的记载确切吻合。

先前有不少论者，在孔子诞辰问题上，定年依据《史记》说，定月日却又依据《春秋穀梁传》说，而此两说在生年上明明是相互矛盾的。不先辨别哪一种史料更可信，以决定取舍，却在两种相互矛盾的记载中“各取所需”，从逻辑上是说不通的。这样做无法保证立论的自洽。

根据上述结论，邮电部在1989年发行“孔子诞辰2540周年”纪念邮票，在年份上并无差错，因为1989＋（552−1）＝2540年（没有公元0年，故减1），只是日期上稍有出入而已。同样道理，1999年就是孔子诞辰2550周年，具体纪念活动的日期，则应确定为10月9日。

公元前 552 年 8 月 20 日曲阜日食天象图

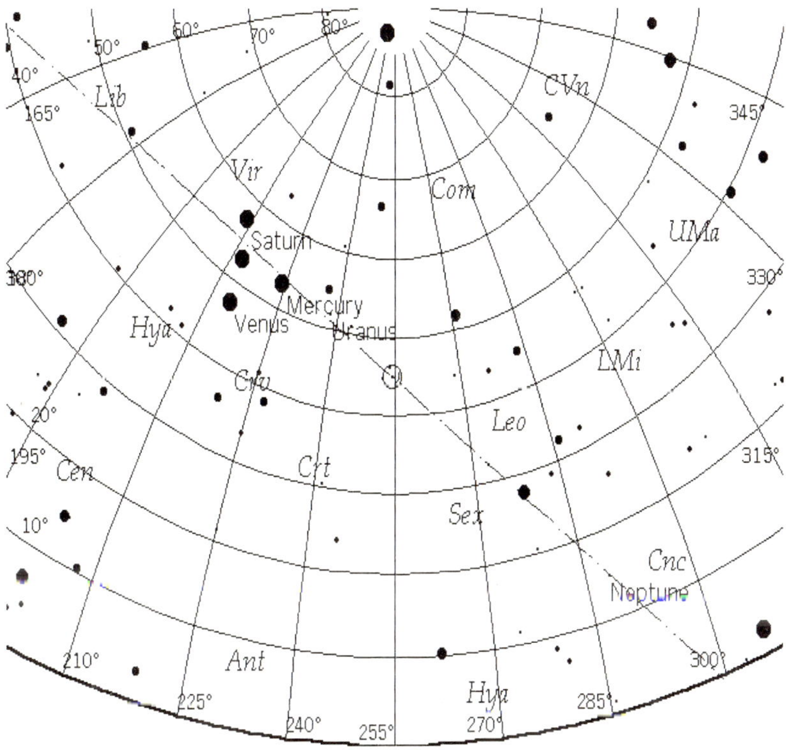

STARS	SYMBOLS	
● <1 •3.5	Comet	Globular Cluster
● 1.5 ·>4	Asteroid	Planetary Nebula
• 2	Galaxy	Quasar
• 2.5	Open Cluster	Other Object
· 3	Bright Nebula	

当地时间 15 点零 2 分，在曲阜向偏西方向所见，此时是这次日食的食甚时刻，太阳的大部分已被月球遮蔽。

Local Time:15:02:00 20- 八月 -552BUTC:07:13:59 20- 八月 -552BC　Sidereal Time: 12:30:25

Location:35 37'48"N 117Centre Az:255.0° Alt:45.0° Field:90.0°　Julian Day:1520036.8014

《公元前 552 年 8 月 20 日曲阜日食天象图》

佛陀生年之推算——天文历史年代学例证之二

佛陀释迦牟尼的生年，因史籍缺乏明确记载，一直扑朔迷离，后人只能依据佛教典籍中的有关材料进行推算。据统计，关于释迦牟尼的生年，已经出现的不同说法不下60种。诸说中最早和最迟生年之间，相差竟达数百年之久。这些说法中就不乏利用天文学方法推算而得者。

原来释迦牟尼生年虽无明确记载，但对于他29岁出家、35岁“证道”，典籍中的记载却很一致。据说他35岁那年的一天拂晓，在印度菩提伽耶地方的一颗毕钵罗树下“证道”——悟得大道。其时当地适有月蚀。于是出现了一条利用天文学推算佛陀生年的思路：

设法计算出此次“证道月蚀”的时间，由此上推35年，即得佛陀生年。

这个想法在理论上确实是可行的。因为关于佛陀生年的说法虽然出入数百年之多，但是现代天体力学理论证明：两次完全相同的月蚀，即在同一地点、同一时刻发生，而且蚀的方位、食分等情形也完全相同的月蚀，要相隔约1300年才会出现。这一时间跨度远远超出了佛陀生年问题中出入的年数。

然而，这一美妙的思路真要付诸实践，就没有那么美妙了——因为两千数百年前“证道月蚀”的记录（还可能是口头相传多年之后才得到记录的），当然不是今天严谨的天文学家所作的观测记录，我们所知道的参数，除了见蚀地点（由此可知经纬度）和见蚀时刻（拂晓，这已经相当不确定了），其他多付阙如。仅仅依靠这两个参数来推算，则可以入选的月蚀就会有许多（比日食多得多），如何取舍，就会大感困难。

此外，“证道月蚀”本身的真实性也不是不可怀疑的。因为在佛教密宗理论中，日月交蚀是一种非同寻常的时刻，被认为特别有利于修行。例如《陀罗尼集经》中说：

> 求闻持经等密轨，往往明期（明确推算）日月食以求悉地（梵语siddam，“修行成就”之意）。

在藏传佛教中，对此更为强调，如《时轮历精要》中说：

> 佛于显密经教多处垂示，月食时善恶作用增长七俱胝（梵语koti，“千万”之意）倍，日食时增长十万俱胝倍。此土虽不见食，他洲见食者亦能增长。是故一切明智之士，凡际此刻，皆应加行修习生起次第、圆满次第、“入尊”诸法，以及念诵、朝山、布施、放生等善事。
>
> 昔者我佛于氐宿月之望日，夜间证佛，杲时适值罗睺（rahu）入食月轮，今世诸大士亦复如是，登密道之阶梯，升三身（应身、报身、法身）之高堂，……别时轮乐空无二，生稀有之大喜悦。

因此所谓“证道月蚀”出于附会，也有可能。

但既然有这样一条思路，自然有人会去尝试。下面姑以根据藏传佛教历算家所进行的一个推算结果为例，以见一斑：

释迦牟尼在35岁那年的“氐宿月”月圆之日拂晓时“证道成佛”，此时正逢月蚀，地点为印度菩提伽耶地方，地理经度为东经85°。藏传佛教历算家据此推算此次月蚀的年代，有几种不同结果。五世达赖介绍其中的浦派之说云：

> 义成王子（按即释迦牟尼）三十五岁，木马之年，氐宿之月，望日拂晓，现证妙智。经云：是日罗睺蚀月，甘露饭子，……此诸数值，犹如莹镜，准确显示，出现月食，清楚无误。

据此用现代天文学方法推算，有一种结论是此次月蚀发生于公元前927年4月16日，为一次月全蚀，发生于当地时间的下半夜，至16日拂晓前复圆[1]。由此上推35年，则释迦牟尼生于公元前962年。

---

[1] 此次月蚀资料，可以在本书附录二所介绍的天文学家Fred Espenak计算的五千年间（公元前2000—公元3000年）所有曾经发生和将要发生的日食与月食表中查到。该表全部数据都已公布在美国国家宇航局（NASA）的网站上。网址是：http://sunearth.gsfc.nasa.gov/eclipse

这一结论比占主导地位的佛陀生年之说要早四百多年[1]。其说可供参考，不能视为定论。主要是因为“证道月蚀”缺乏足够的参数。

大火星象与夏商周年代——天文历史年代学例证之三

1. 历史记录及“大火”释义

“大火”，有时简作“火”，是中国古代天文学的一个天体专用名称。在对其含义进行释读之前，先将历史资料中有关“火”或“大火”的记载集录如下：

1. 贞，隹火，五月。（殷虚卜辞）

2. 有新大星并火。（董作宾《殷历谱》）

3. 其侑火。（殷虚卜辞）

4. 乃命羲和，钦若昊天，历象日月星辰，敬授人时。分命羲仲，宅嵎夷，曰旸谷。寅宾出日，平秩东作。日中星鸟，以殷仲春。厥民析，鸟兽孳尾。申命羲叔，宅南交。平秩南讹，敬致。日永星火，以正仲夏。厥民因，鸟兽希革。分命和仲，宅西，曰昧谷。寅饯纳日，平秩西成。宵中星虚，以殷仲秋。厥民夷，鸟兽毛毨。申命和叔，宅朔方，曰幽都。平在朔易，日短星昴，以正仲冬。厥民隩，鸟兽氄毛。（《尚书·尧典》）

5. 正月初昏参中，斗柄悬在下。三月参则伏。四月昴则见，初昏南门正。五月参则见，初昏大火中。［戴传］大火者，心也。六月初昏斗柄正在上。七月初昏织女正东向，斗柄悬在下则旦。八月辰则伏，参中则旦。［戴传］辰也者，谓心也。［李调元笺注］辰者，大火也，为心星。九月内火。［戴传］内火也者，大火也。大火也者，心也。十月初昏南门见，织女在正北向则旦。（南门二星，能田忠亮作半人马座 α，ε；潘鼐作 ε，ξ）十一月日冬至。（《夏小正》）

---

[1] 例如 A.K.Warder《印度佛教史》（王世安译，商务印书馆，1987 年），取佛陀生年为公元前 566 年；《不列颠百科全书》（国际中文版，中国大百科全书出版社，1999 年），则谓佛陀“活动时期约公元前 6—前 4 世纪”。

6. 孟春之月，日在营室，昏参中，旦尾中。

仲春之月，日在奎，昏弧中，旦建星中。是月也，日夜分。

季春之月，日在胃，昏七星中，旦牵牛中。

孟夏之月，日在毕，昏翼中，旦婺女中。

仲夏之月，日在东井，昏亢中，旦危中。是月也，日长至。

季夏之月，日在柳，昏火中，旦奎中。

孟秋之月，日在翼，昏斗中，旦毕中。

仲秋之月，日在角，昏牵牛中，旦觜中。是月也，日夜分。

季秋之月，日在房，昏虚中，旦柳中。

孟冬之月，日在尾，昏危中，旦七星中。

仲冬之月，日在斗，昏东壁中，旦轸中。是月也，日短至。

季冬之月，日在婺女，昏娄中，旦氐中。

（《礼记·月令》及《吕氏春秋·十二纪》）

7. 七月流火，九月授衣……（《诗经·豳风》）

8. 春宋灾。（《春秋·襄公九年》）

［左传］晋侯问于士弱，曰：吾闻之，宋灾，于是乎知有天道。何故？对曰：古之火正，或食于心，或食于咮，以出内火。是故咮为鹑火，心为大火。陶唐氏之火正阏伯居商丘，祀大火，而火纪时焉。相土因之，故商主大火。商人阅其祸败之衅，必始于大火，是以日知其有天道也。公曰：可必乎？对曰：在道，国乱无象，不可知也。

9. 冬有星孛于大辰。（《春秋·昭公十七年》）

［左传］冬，有星孛于大辰。西及汉。申须曰：彗，所以除旧布新也。天事恒象。今除于火，火出必布焉。诸侯其有火灾乎。梓慎曰：往年吾见之，是其征也。火出而见。今兹火出而章，必火入而伏，其居火也久矣。其与不然乎。火出，于夏为三月，于商为四月，于周为五月。夏数得天。若火作，其四国当之，在宋卫陈郑乎。宋，大辰之虚也。陈，大皞之虚也。郑，祝融之虚也。皆火房也。星孛及汉。汉，水祥也。卫，颛顼之虚也。故为帝丘。其星为大水。水，火之牡也。其以丙子。若壬午作乎。水火所以合也。

若火入而伏，必以壬午，不过其见之月。郑裨灶言于子产曰：宋卫陈郑，将同日火。若我用瓘斝玉瓒，郑必不火。子产弗与。

［公羊］孛者何？彗星也。其言于大辰何？在大辰也。大辰者何？大火也。大火为大辰，伐为大辰，北辰亦为大辰。何以书？记异也。

［穀梁］一有一亡曰有。于大辰者，滥于大辰也。

10. 吾闻晋之始封也，岁在大火，阏伯之星也，实纪商人。商之飨国三十一王，瞽史之纪曰："唐叔之世，将如商数。"（《国语·晋语四》）

11. 大辰房心尾也。大火谓之大辰。（《尔雅·释天》）

以上十余条有关"大火"的记载表明，在周天众多恒星当中，"大火"是颇受古人注目的一颗。而这十余条有关"大火"的记载大致可以分为三类：

甲、甲骨文中的记载。尽管从甲骨文的记载中我们无法得出比较明确的有关"大火"的信息，但是甲骨文作为一种出土文字，没有经过中间的转手，所以它们至少直接向我们传达了这样的肯定信息：早在商代，"大火"已经是人们观测和记录的天体之一。

乙、"大火"作为昏中星的记载。《尚书·尧典》中"日永星火，以正仲夏"和《夏小正》中"五月……初昏大火中"等两条记载是古代文献中关于"大火"作为昏中星的明确记载。虽然《尚书·尧典》和《夏小正》是经转载传抄保存下来的文献资料，它们的成书年代也有待确定，但是对于"大火"在古代被当作一颗昏中星来观测这一点来说，通过《尚书·尧典》和《夏小正》的记载，我们能够得出相当肯定的结论。该两书有关"大火"的记载是我们现在得以对之进行分析讨论的基础。

《礼记·月令》及《吕氏春秋·十二纪》中也有关于"大火"作为昏中星的记载，同时还整齐地逐月列出了各自的昏、旦中星。鉴于该两书的成书年代可能更晚，所以在对三代"大火"星象的讨论中，它们的参考价值将降低。但是对于"大火"在古代被作为一颗昏中星来观测这一点来说，《礼记·月令》和《吕氏春秋·十二纪》中的记载还是提供了有力的旁证。

丙、“大火”作为商人族星的记载。《春秋》、《左传》中有关“大火”的记载则是从文化学角度向我们转达了“大火”在古代是如何得到重视的这一信息。“大火”被商人作为族星，居于商地的后人也继续对“大火”进行祭拜。所以他们对“大火”的观测尤为仔细，而《左传·襄九年》更明确记载“火纪时焉”的说法，可知“大火”在当时的重要性。

根据以上这些有关“大火”的记载——主要是指在地面上传承的古代文献资料，以及历代对这些记载的训诂、注释，我们现在能够认定：

“大火”星就是心宿的中央大星，即天蝎座 α 星。

2. 前人之研究

可用于定年研究的历史记录

第一节中对有关“大火”的记载所作的分类中，二、三两类记载都给出了较为明确的信息，前贤已经作出的有关研究，也主要是围绕这两类记载展开的。对《尚书·尧典》和《夏小正》中记载的“大火”作为昏中星的研究，势必要对“大火”星象的年代问题进行研究，再用天文学方法得出年代学方面的结论。而对《春秋》、《左传》等古代文献中有关“大火”作为商人族星的记载，虽然不能用天文方法得出年代学方面的结论，但是利用这些记载进行的文献考据学方面的研究，也能为较好地了解“大火”在古代文化中地位、作用提供坚实、具体的背景知识。

竺可桢对《尚书·尧典》四仲中星的研究

竺可桢较早地利用岁差原理对《尚书·尧典》四仲中星的年代问题作了研究——其中自然包括了对“大火”星象的研究。竺可桢系统而全面地分析了在该问题的研究中应注意的四个问题：

（1）（四仲中星）观测之日期；

（2）观测之时间；

（3）观测之（地理）纬度；

（4）观测之星宿等。

最后他得出“《尧典》四仲中星，盖殷末周初之现象也”的结论[1]。

竺可桢的这项工作，先不论其结论是否成立，其重要性在于确立了利用岁差原理讨论昏中星年代问题的研究模式。今天我们处理该问题时，仍不得不正视竺可桢提出的在该问题的研究中应注意的四个问题——而对这四个问题的不同处理直接影响研究结果。

潘鼐在分析了竺可桢的计算方法之后，总体上给予了肯定，只是在观测之地理纬度和观测时间上作了小小的修正，然后重新进行了计算，得出的结论是：

《尧典》四仲中星的年代确为周初或殷末周初[2]。

有关《尚书·尧典》四仲中星年代的其他结论

在竺可桢前后，还有其他几家对《尚书·尧典》四仲中星的年代问题作了研究，而他们的结论相差甚巨。如宋君荣（P. Gaubil）得出的年代为公元前2796年到公元前2155年；毕奥（J.B.Biot）的结果是公元前2357年；新城新藏定为公元前2500年 ±300年；桥本增吉算出春、夏、秋三个昏中星的平均年代是公元前1481年，而冬中星的年代是公元前2988年；饭岛忠夫则将《尚书·尧典》四仲中星的年代定为公元前400年[3]。

能田忠亮对《夏小正》的研究

在有关《夏小正》星象的众多研究中，自然也包括了对“大火”星象的研究。能田忠亮较早用天文学方法对《夏小正》中的星象作了系统研究，得出的结论是：《夏小正》中的大部分天象属于公元前2000年前后，而“参中”和织女方位属于公元前600年前后。所以《夏小正》中的星象从夏代直至春秋。而我们要讨论的“大火”昏中天象被归于公元前2000年前后的星象[4]。尽管这些结论是可以商榷的，但是因为能田忠亮的工作进行得比较早，所用方法也较科学，所以较为引人

[1] 竺可桢：“论以岁差定《尚书·尧典》四仲中星之年代”，《科学》11卷12期（1927）。

[2] 潘鼐：《中国恒星观测史》，学林出版社，1989年，第4—5页。

[3] 各家年代均转引自潘鼐《中国恒星观测史》第5页。

[4] 能田忠亮：“《夏小正》星象论”，《东方学报》第十二册，1941年。

注目。

陈久金之十月太阳历

现在所见的《夏小正》原文按一年十二个月逐月给出各月的星象。这一年十二个月的前提直接决定各月星象的在一年中的位置，从而也直接决定各星象适应的年代。陈久金提出《夏小正》所用的历法是一年只含十个月的太阳历[1]。如果此一观点成立的话，原来基于《夏小正》星象按一年十二个月编排的计算就要被重新考虑了。然而在我们这一专门针对“大火”星象的讨论中，则可以避开十二月或十月的问题，我们用太阳的位置来确定二分二至日，从而确定“大火”昏中的观测日期。

“火历”说和反“火历”说

在利用历史文献资料所进行的有关“大火”的研究中，庞朴的“火历”说是一种颇为新奇的观点。庞朴认为在中国古代存在着一种靠观测“大火”星的运行而制定的“火历”，根据这种“火历”，能对《春秋》、《诗经》等几处古籍中难通的地方作出合理的解释[2]。成家彻郎也提出了类似的一种古历“大火历”[3]。各种迹象表明，“大火”在中国古代文化中有其特殊的地位和功能，但是是否能据此而认定确实曾经有一种广泛行用的“火历”，看来还需要更多的证据来加以证明。王小盾针对庞朴的“火历”说提出了比较有力的质疑[4]。我们这一专题的研究目的是要确定“大火”星象的观测年代，至于古代是否存在过一种“火历”，在我们下面的讨论中不必涉及。

3. 研究的理论基础

岁差定年原理

[1] 陈久金：“论《夏小正》是十月太阳历”，《自然科学史研究》1 卷 4 期（1982）。

[2] 庞朴：“火历钩沉—— 一个遗失已久的古历之发现”，《中国天文学史文集》第六集，科学出版社，1994 年。

[3] 成家彻郎：“大火历——从新石器时代到西周时代所使用的历法”，“中国南方青铜器暨殷商文明国际研讨会”宣读论文，1993 年 8 月，江西南昌市。

[4] 王小盾：“火历质疑”，《中国天文学史文集》第六集，科学出版社，1994 年。

已见本书第四章“各种类型的古代天象记录及其运用”。黄经岁差常数 Π_0 为每年 50.29″。赤经岁差常数 P_0 为每年 46.12″。利用以下两式中任何一式，都可以根据岁差原理求出相应的年代。

（1）$\lambda_s - \lambda_0 = \Pi_0(T - T_0)$

（2）$\alpha_s - \alpha_0 = P_0(T - T_0)$

其中 T_0、α_0 和 λ_0 分别是已知的年代、已知年代某恒星的赤经和黄经，T、α 和 λ 则分别是欲求的年代、欲求年代某恒星的赤经和黄经。如果已知某天体在历史上的黄经或赤经值，根据上两式不难求得该黄经或赤经值对应的历史年代。

“昏中”定义

中国古代记录中，没有直接给出某颗恒星的黄经或赤经的情况，但是在《尧典》、《夏小正》等古代文献中有关于恒星“昏中”的记载。所谓“昏中”就是某颗恒星在黄昏时上中天。给出某时某刻恒星“昏中”实际上间接地给出了恒星的黄经或赤经值。

为了利用恒星的“昏中”记录，需要对“昏中”这一特定天象用现代天文学概念进行描述和界定。如图（恒星昏中示意图）所示，Z 为天顶，P 为北极，大圆 NPZS 是子午圈；大圆弧 NWS 是地平圈；E1E2 是赤道，与地平圈相交于 W 点；T 表示太阳所在的位置，大圆弧 PT 的延长线与赤道垂直；大圆弧 ZT 与地平圈垂直相交于 D 点；Star 表示正

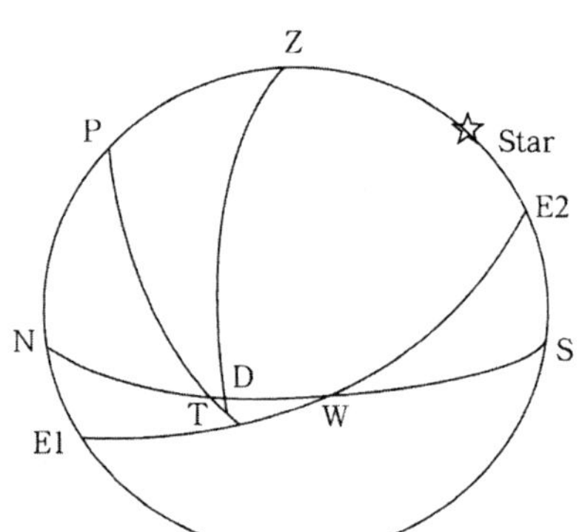

恒星昏中示意图

位于子午线上即上中天的恒星。

上图所示正是恒星 Star"昏中"时的情形。设恒星的赤经、赤纬分别为 α_s、δ_s，太阳赤经赤纬为 α、δ，太阳黄经为 λ，太阳时角为 t，黄赤交角为 ε，观测点地理纬度为 ϕ；PZ 为 $90°-\phi$，$\angle$ TPZ 等于 t，PT 等于 $90°-\delta$。设圆弧 DT = Z。则"昏中"时必有：

(3) $\alpha_s - t - \alpha = 0$

其中：

(4) $t = \arccos\{[\cos(90° + R + \rho + Z) - \sin\delta\ \sin\phi] \div (\cos\phi \times \cos\delta)\}$

(5) $\alpha = \mathrm{arctg}(\cos\varepsilon \times \mathrm{tg}\,\lambda)$

(6) $\delta = \arcsin(\sin\lambda \times \sin\varepsilon)$

(4) 式中 R 为太阳角半径，等于 16 分；ρ 为大气折射对天顶距的影响，平均为 34 分，在精度要求不高的讨论中，这两个量可以忽略。以上四个公式精确地定义了"昏中"以及"昏中"发生时各物理量之间的关系。通过这些关系式，目的是要求出（3）式中的 α_s，然后根据（2）式就可以确定"昏中"天象发生的年代。

"昏中"的定义尽管可以非常精确，但是三代古人能不能精确地判断恒星是否正好在子午线上，是可以有疑问的。我们认为，三代之时对正南方以及正东、正西和正北四个方向应该能够比较好地确定，并且误差不会太大。因此即使当时没有浑仪等较为复杂的仪器，也应该能比较好地判断恒星是否已经上中天。

观测日期

在（3）式中，为了确定恒星赤经 α_s，太阳赤经 α 必须先求得。而太阳赤经是由"昏中"天象的观测日期确定的，即在一年中的什么时候观测到"昏中"，就有什么样的太阳赤经。所以必须先根据历史记录确定"昏中"天象的观测日期。如果是要利用大火的"昏中"天象来确定年代，那么古人在一年中的什么日期观测大火"昏中"先要被确定。《尚书·尧典》有"日永星火，以正仲夏"的记载；《夏小正》有"五月参则见，初昏大火中"的记载；殷虚卜辞中也有"贞，隹火，五月"的记录；而《礼记·月令》和《吕氏春秋·十二纪》有"季夏之月，日在柳，昏火中，旦奎中"的记载。这些记载实际上都没有明确给出观测大火“昏中”的日期。如果以一月为孟春之月的话，那么五月为仲夏之月。这样《尚书·尧典》和《夏小正》中的记载在日期上能互相符合，殷虚卜辞中虽然也提到了五月，但是所指的大火星象是否为“昏中”天象，仅凭寥寥数字还难以断定。《礼记·月令》和《吕氏春秋·十二纪》所说的季夏之月，则与《尚书·尧典》和《夏小正》中的五月不合了。但是考虑到《礼记·月令》和《吕氏春秋·十二纪》晚出，其中说不定有某种调整，所以我们以为大火“昏中”的观测日期应在《尚书·尧典》和《夏小正》所说的仲夏五月。

但是把大火“昏中”的观测日期定在仲夏五月之内还远远不能满足计算要求。因为太阳一天在恒星背景下移动大约1°，观测日期1天的误差引起太阳赤经大约1°的误差，也就是引起（3）式中恒星赤经 α_s1° 的误差；这样造成年代确定上产生71年多的误差。就是说如果观测日期定错15天，年代的确定可相差1000多年。

精确的天文计算手段需要以精确的已知条件为前提。前贤学者在处理《尚书·尧典》中的四仲中星时，一般都假定“昏中”的观测日期在二分二至日。即大火“昏中”的观测日期在夏至日。这个假定带来的问题是：三代之时人们能够精确地确定分至之日吗？从常理推测，我们认为三代，特别是西周早期，分至的概念应该已经出现了。但是确定二分二至日的误差要限定在1日之内恐怕是不现实的。而我们在这一专题的讨论中，始终得允许有误差存在。而且最后的计算结果反过来也可以来判断先前的假定合理与否。

观测时刻

要求出（3）式中的恒星赤经 α_s，还有一个量，太阳时角 t 需要确定。太阳时角 t 由（4）式来求得，（4）式右边的未知量还有 Z 和 ø。其中 ø 为观测地点的地理纬度，留待下一小节讨论。对于 Z，可以在上文“恒星昏中示意图”中直观地看到，它是太阳沉入地平线以下的度数。因为在太阳视面中心刚处在地平线上的时候，天光还很亮，此时观测不到恒星上中天。所以观测“昏中”天象的时刻应在太阳沉入地平线以下一定度数之后。

太阳沉入地平线以下多少度数之后，才可以观测“昏中”天象？这又是本专题讨论中的一个不确定因素。一般来说，在一天中的固定时刻观测某颗恒星上中天即“昏中”天象，需要有比较精确的计时仪器的帮助。而这又需要我们在讨论中假定，三代已经有了比较精密的用于天文观测的时间计量仪器。对于“昏中”天象观测时刻的确定，还有一种比较自然的方法，即当天空暗下来之后，被观测的恒星，比如大火星，在古人眼力所及的第一时间里被观测到正在上中天的位置上。我们相信三代古人更有可能采用后一种比较自然的方法，即使当时有了精密的计时仪器，观测“昏中”天象的时刻也会调节到与后一种方法相一致。

太阳沉入地平线以下多少度数之后，大火星就能够在正南方天空中被观测到呢？现代天文学定义太阳视面中心在地平线以下 6° 时为“民用晨光始”或“民用昏影终”。民用昏影终以后，恒星按从亮到暗依次出现在天空中，直到太阳视面中心在地平线以下 12° 左右时，肉眼可见的星象基本上全部出现在天空。当然这些定义是指在良好的观测条件下而说的。如果只是比较肉眼观天的能力，无论从灯光污染、粉尘污染等外部条件，还是从人的眼力、对天象的依赖性等内部条件来说，古代都要胜过现代。所以在现代天文学定义的民用昏影终时刻，古人应该能够在天空中看到比较多的亮星了。事实上，现代天文学定义的民用昏影终时刻与古代的黄昏时刻的定义之间相差很小。

考虑到记载下来的昏中星，不全是像大火星（天蝎座 α）那样亮度为 1 等左右的亮星，所以在具体计算中我们除了考虑 Z 等于 6° 的情况外，也计算 Z 等于 7° 和 8° 情况下的不同结果，作为参考。

地理纬度

从（4）式可知，观测地点的地理纬度 ϕ 影响（4）式中太阳时角 t 的确定，从而也影响恒星赤经 α_s 的确定。

历来认为，夏商周三代的统治中心都在中原地区，查其地理纬度均在 34° 到 36° 之间。但是记载四仲中星的重要材料《尚书·尧典》中却有尧命四位天文官员分赴四方进行天文观测的说法，所以也有人提出《尚书·尧典》中的四仲中星不是在同一个地方观测的。从三代之后的中国古代天文制度来看，只有在中央政府的所在地才建造有观测天象的灵台，并且配备有比较复杂精密的观天仪器。但是三代早期的情况如何，却不得而知。而且观测“昏中”天象，似乎不必复杂的仪器，在一般的野外都能进行。所以观测地点地理纬度的不确定性又给本专题的讨论增加了一个不确定因素。

为了全面考虑问题，我们计算了地理纬度 26°—40° **的情况**。这大体包括了对于《尧典》所载分命四人往四方观天的南北范围——也是今天历史学界已有知识所能容纳的想象范围。

定性分析

在进行具体的定量计算之前，我们先来对昏中这一特殊天象做一次定性的分析计算，看以上讨论的各个要素是怎样影响最后结果的。

首先是观测对象问题，在任何讨论之前，昏中观测的对象当然首先要确定。昏中观测的目标天体发生误差，也就会导致它们的黄经或赤经的确定有误，从（1）式或（2）式中可以很清楚地看到这样的误差会给年代的确定带来什么样的影响。具体来说：

黄经每产生一度误差，在年代的确定上产生 71.58 年的误差；

赤经每产生一度误差，在年代的确定上产生 78.06 年的误差。

其次是观测日期问题，观测日期的误差对最后结果的影响在前面第四小节已经讨论过了。在此我们不得不假定“大火”昏中的观测日期在夏至日，此时太阳的黄经和赤经都等于 90°，赤经等于黄赤交角 ε 的数值 23° 27′ 左右。从（3）式和（4）式不难得到：

（7）$\cos\alpha_s \cos\phi \cos\varepsilon = -\sin Z - \sin\varepsilon \sin\phi$

从（7）式中明显可见，α_s的确定与观测时刻（Z）和地理纬度（ϕ）有关。

利用（2）式和（7）式，我们来分析观测时刻（Z）和地理纬度（ϕ）是怎样影响年代（T）的确定的。先假定地理纬度（ϕ）是不变的常数，来分析观测时刻（Z）对年代（T）的影响。将（2）式代入（7）式，然后等式两边对 Z 求导数并整理后得到：

（8）$$\frac{dT}{dZ} = -\frac{\cos Z}{P_0\cos\phi\ \cos\varepsilon\ \cos\alpha_s}$$

（8）式右边各个量中，P_0已知。地理纬度ϕ，我们假定在北纬 35° 的中原地区。Z 的数值根据前面的讨论可取 6°、7° 和 8°，在此取折中值 7°。黄赤交角 ε 严格来讲与年代有关，但是它的变化很小，基本上是个常数。恒星赤经 α_s 的确定是比较麻烦的事，理论上这是我们要求的量，所以不可能事先知道它的数值。但是从“大火”星现在（2000.0 年）的赤经值 247° 多一点，可以推断出在从公元前 3230 年到公元 3795 年之间，α_s 从 180° 变化到 270°，也就是说，在这个年代范围里，$\cos\alpha_s$ 的取值始终是负的，因此（8）右边的取值始终是正数。所以说在前述合理的年代范围里，Z 的增加即所取观测时刻较迟，导致所求年代靠近现代；而取较小的 Z 值也即所取观测时刻较早，则导致所求年代往更早以前。取 α_s 等于 215° 代入（8）计算，得出 Z 有 1° 的变化，导致 T 有 126 年左右的变化。而 T 的这个对 Z 的变化率是与地理纬度 ø 有关的，在上面的计算中假设了 ø 等于 35°，如果 ø 取值为 26° 的话，那么求得的 T 对 Z 的变化率为 98 年 / 度左右。

如果我们假定 Z 是不变的常数，同样可以求出 T 对地理纬度 ø 的变化率。类似的我们得到：

$$（9）\frac{dT}{d\phi} = -\frac{\sin Z\sin\phi + \sin\varepsilon}{P_0\cos^2\phi\cos\varepsilon\cos\alpha_s}$$

不难肯定（9）式右边在合理的范围里取值总是正的，就是说当地理纬度 ø 增加时即观测地点往北时，导致所求年代靠近现代；而取较小的 ø 值也即观测地点向南，则导致所求年代往更早以前。如取 α_s 等于 215°，ø 等于 35°，则 T 对 ø 的变化率为 73 年/度左右；如取 ø 等于 26°，则 T 对 ø 的变化率为 58 年/度左右。

以上分析表明，在利用“大火”昏中天象确定年代时，**观测时刻和地理纬度对最后结果的影响还是比较显著的**。其中 T 对观测时刻的变化率总体上大于 T 对地理纬度的变化率。所以如果我们推测古代观测“大火”昏中的时刻误差太大的话，那么所求年代与实际情况将相去甚远。但是如果古人如我们推测的那样采用比较合常理的黄昏定义，那么因观测时刻而带来的年代误差是有限的。同样的问题也存在在对观测地点的确定上，如果观测地点确实是在 26° 左右的南方地区，那么因观测地点而造成的年代误差也是有限的。

《尧典》四仲中星

“大火”是《尧典》四仲中星之一，在利用“大火”昏中星象定年代时，对《尧典》四仲中星中的另外三颗星进行讨论是必要的。这三颗昏中星的观测日期一般分别定为春分、秋分和冬至。这样类似于对“大火”这颗夏至昏中星的定性分析，我们可以得到它们各自的 T 对 Z 和 T 对 ϕ 的变化率。

对春分昏中星，我们有：

$$(10)\quad \frac{dT}{dZ}=\frac{\cos Z}{P_0\sin\alpha_s\cos\phi}$$

和

$$(11)\quad \frac{dT}{d\phi}=\frac{\sin Z\sin\phi}{P_0\sin\alpha_s\cos^2\phi}$$

春分昏中星一般被确认为长蛇座 α，目前（历元 2000.0）的赤经是 142°左右，在相当长的时间范围（公元前 9084 年到公元 2966 年）里 $\sin\alpha_s$ 的取值为正。从而不难进一步断定（10）式和（11）式右边的取值均为正，因而对春分昏中星的观测来说，T 分别是 Z 和 ϕ 的增函数。取 ϕ 等于 35°，Z 等于 7°，α_s 在公元前 2000 年到公元前 1000 年间从 91°左右变化到 104°左右，取中间值代入（10）和（11）式求得 T 对 Z 的变化率为 94.41 年 / 度；T 对 ϕ 的变化率为 8.20 年 / 度。此计算结果说明，对利用春分昏中星象来定年而言，中星观测时刻的变化对年代的确定有比较显著的影响，而观测地点的变化对年代的确定不产生明显的影响。

对秋分昏中星，我们有：

$$(12)\quad \frac{dT}{dZ}=\frac{\cos Z}{P_0\sin\alpha_s\cos\phi}$$

和

$$(13)\quad \frac{dT}{d\phi}=\frac{\sin Z\sin\phi}{P_0\sin\alpha_s\cos^2\phi}$$

秋分昏中星一般被确认为宝瓶座 β，目前（历元 2000.0）的赤经是 323° 左右，在我们所讨论的三代这个年代范围里 $\sin\alpha_s$ 的取值一直为负。从而不难进一步断定（12）式和（13）式右边的取值均为正，因而对秋分昏中星的观测来说，T 也分别是 Z 和 ϕ 的增函数。取 ϕ 等于 35°，Z 等于 7°，α_s 在公元前 2000 年到公元前 1000 年间从 272° 左右变化到 285° 左右，取中间值代入（12）和（13）式求得 T 对 Z 的变化率为 95.64 年 / 度；T 对 ø 的变化率为 8.22 年 / 度。此计算结果同样说明，对利用秋分昏中星象来定年而言，中星观测时刻的变化对年代的确定也有比较显著的影响，而观测地点的变化对年代的确定不产生明显的影响。

对冬至昏中星，我们有：

$$(14)\quad \frac{dT}{dZ}=\frac{\cos Z}{P_0\cos\alpha_s\cos\phi\cos\varepsilon}$$

和

$$(15)\quad \frac{dT}{d\phi}=\frac{\sin Z\sin\phi-\sin\varepsilon}{P_0\cos\alpha_s\cos\varepsilon\cos^2\phi}$$

《尧典》四仲中星中的冬至昏中星“昴”，如果记载属实的话，应该没有歧义，因为“昴”在中国古代一直有固定的指称。昴星团是一个疏散星团，肉眼可见的几颗恒星中没有特别明亮的，我们取其中较亮的金牛座 17 为“昴”的代表，历元 2000.0 时 17Tau 的赤经是 56° 左右，在我们所讨论的三代这个年代范围里 $\cos\alpha_s$ 的取值一直为正。从而不难进一步断定（14）式右边的取值为正，而（15）式右边因为 Z 不会大于 ε，所以为负值。因此对冬至昏中星的观测来说，T 是 Z 的增函数，却是 ø 的减函数。取 ø 等于 35°，Z 等于 7°，通过（14）式可以得出 T 对 Z 的变化率一定大于 103 年/度；通过（15）式可以得出 T 对 ø 的变化率一定小于－41 年/度。此计算结果说明，对利用冬至昏中星象来定年而言，中星观测时刻的变化对年代的确定有很显著的影响，而观测地点的变化对年代的确定也有一定的影响，而且这种影响与春、夏、秋三种昏中星的情形相反，即观测地点的地理纬度越高，对应的年代越古老。

综上所述，根据岁差原理来确定四仲中星星象的观测年代时，除了观测对象和观测日期必须定准确外，观测时刻和观测地点的地理纬度对年代的确定也各有不同的影响，这种影响可以归纳为：

1）如果在观测时刻方面存在较大的误差，无论用四仲中星哪一颗来确定年代，对结果都会带来比较显著的影响。具体地讲，Z 每增加

（或减少）一度，定年结果向现代靠近（或远离）100年左右。

2）利用四仲中星来确定年代时，由于观测地点的不确定性而对年代的确定带来的影响程度，因观测对象的不同而不同。利用夏至昏中星“大火”定年时，观测地点的不确定性对结果的影响很显著。对于冬至昏中星，这样的影响也比较大。而对春分和秋分的昏中星来说，观测地点的不确定性对年代的确定带来的影响却很小。

4. 计算思路及结果讨论

根据本篇前面给出的（3）、（4）、（5）和（6）四式，我们编制了一套在FORTRAN环境下运行的程序，来计算昏中星象对应的历史年代。计算的大致思路如下：

1）首先太阳黄经 λ、黄赤交角 ε 和恒星赤经 α_s 都是时间T的函数。即对历史上的某一时刻T，根据已知条件和规律，我们可以求出对应于该历史时刻T的特定的太阳黄经 λ、黄赤交角 ε 和恒星赤经 α_s。再根据（4）、（5）和（6）式可以求得对应于该历史时刻T的特定的太阳赤经 α 和太阳时角t。

2）然后将求得的恒星赤经 α_s、太阳赤经 α 和太阳时角t代入（3）式，看这三个量是否满足（3）式所限制的昏中条件。当然在具体的计算中要让电脑严格地判断（3）式成立是很危险的，我们在程序中将（3）式定义的昏中条件放宽到

（16）$\alpha_s - t - \alpha < \pm 1°$

如果恒星赤经 α_s、太阳赤经 α 和太阳时角t满足（16）式，程序就自动记下时刻T和与时刻T相对应的各个物理量。

3）对不同的T，可以重复进行步骤1）和2）中的计算。在程序中我们每天计算一组数据，这样在理论上可以求出历史上每一个满足昏中天象的日期。当然具体执行计算时，我们可以调节重复计算所覆盖的时间范围，比如我们主要针对人们大致认定的三代进行计算，而不必对纪元后的年代进行计算，还可以根据计算结果改变计算范围，等等。

4）在程序中我们还设置了两个变量：昏中星象的观测时刻太阳低于地平线以下的度数（Z）和观测地点纬度（ϕ）。根据本篇前面的讨论

（Z）我们选取太阳低于地平线以下 6°、7°、8° 三种情况，在定性分析中忽略的大气折射和日面直径两项校正在定量计算中被考虑进去了。观测地点纬度（ø）我们考虑了从北纬 26° 到北纬 40° 的广大范围。

5）在记录下来的所有物理量中，最后用于分析的量有时刻 T、太阳时角 t 和太阳黄经 λ。在程序中我们用儒略日作为时间引数 T 代入计算，因此 T 可以换算成年、月、日，太阳时角 t 可以换算成对应日期（和地点）的地方时（时、分、秒）。而根据太阳黄经 λ 我们可以判断昏中天象是否发生在二分、二至日，如太阳黄经 λ 为 90° ±1° 时，我们认为该昏中天象发生在夏至日。

我们的计算范围覆盖从 −1420 年到 −1 年中的每一天[1]，来判断是否有“大火”昏中星象发生。事实上，每年只有一天才能发生严格意义上的“大火”昏中星象。但是如果要求“大火”昏中星象发生在夏至日（±1 天）的话，对每一对 ø 和 Z 而言，对应的历史年代是相对集中的。比如计算表明在 ø 等于 35°、Z 等于 7° 时，在夏至日（±1 天）发生“大火”昏中的年代在 −600±60 年左右。

考察所有的计算结果后，我们得到，在固定的日期，比如夏至日，发生的“大火”昏中星象，它们对应的年代随着地理纬度的增加而增加，这一结果与前面定性分析得出的结论一致。比如在 Z 等于 7°，ø 分别等于 26°、28°、30°、32°、34°、36° 时，夏至日发生“大火”昏中对应的年代分别为 −1120±60 年、−1020±60 年、−900±60 年、−800±60 年、−660±60 年、−540±60 年。

另外计算还表明，在同一地理纬度上夏至日发生“大火”昏中所对应的历史年代随着太阳沉下地平线的度数（Z）的增加而增加，这一结果与前面定性分析得出的结论也是一致的。比如在北纬 34° 处夏至日“大火”昏中发生的历史年代随昏中定义的变化情况为：Z 等于 6°，年代为 −780±60 年；Z 等于 7°，年代为 −660±60 年；Z 等于 8°，年代为 −580±60 年，如此等等。

---

[1] 年数字前的负号表示年份在公元元年以前，为了使得在计算中表示年的数字的连续性，我们以 0 年表示公元前 1 年，－1 年表示公元前 2 年，等等。

理论上利用“大火”昏中星象单独就可以确定历史年代了，而在《尧典》中“大火”是和其他三颗昏中星一起列出的，利用其他三颗昏中星也可以分别来定年。因此将利用四仲中星定年的结果和利用大火昏中的定年结果作一比较，显然也是必要的。

计算结果表明，利用春分昏中星（长蛇座 α）和秋分昏中星（宝瓶座 β）作出的定年结果，对地理纬度的变化很不敏感，地理纬度从26°变到40°，它们的定年结果的变化范围只有一百多年。利用夏至昏中星（天蝎座 α）和冬至昏中星（金牛座 17）作出的定年结果，对地理纬度的变化就很敏感，夏至昏中星的结果尤其敏感。地理纬度从26°变到40°，夏至昏中星的定年结果的变化范围有 900 年左右；而冬至昏中星的定年结果的变化范围有 600 多年。另外，利用冬至昏中星定年时，地理纬度的增加使得定年结果偏早，这一点与其他三颗昏中星的情形正好相反。所有这些定量计算结果都与前面几节中定性分析的结果相一致。

在同一地理纬度上，四仲中星在它们各自的分至日发生昏中时所对应的历史年代随着太阳沉下地平线的度数（Z）的增加而增加，这一结果与前面定性分析得出的结论也是一致的。

最后需要指出的是，利用四仲中星所得到的定年结果并不一致。比如在 Z 等于 7°、地理纬度等于 34°的情况下，春分昏中星的定年结果为 −1380 年左右；夏至昏中星的定年结果为 −660 年左右；秋分昏中星的定年结果为 −1180 年左右；冬至昏中星的定年结果为 −2680 年左右。因此，在观测对象即四仲中星的证认确定无疑的情况下，观测日期、观测时刻和观测地点也都相一致的时候，利用四仲中星所确定的历史年代是不能一致的。调和这种不一致性的出路虽然也有许多条，但是在合理范围内的调和也很有限。就春分、夏至和秋分昏中星而言，它们三者之间的不一致性还可以通过适当调节观测日期、观测时刻和观测地点的地理纬度等，使得它们趋于得出一致的年代。而对冬至昏中星来说，任何想使它得出与前三者相一致的年代的调节，势必都会超出合理的范围。

所以，如果承认利用《尧典》四仲中星定年结果中的不一致性，就意味着《尚书·尧典》中四仲中星的昏中星象并不是发生在同一年代，冬至“日短星昴”的昏中星象发生得最早，大约在－2680年前后；“日中星鸟”的昏中星象其次，发生在－1380年前后；“宵中星虚”的昏中星象发生在－1180年前后；“日永星火”的昏中星象发生得最近，在－660年前后，但是“日永星火”这一昏中星象的特殊性在于，随着观测地点从南到北的变化，年代从远到近，发生在夏至日的“大火”昏中星象始终存在。也就是说，在−1200年到−200年前近1000年时间里，从南到北可以依次看到夏至日的“大火”昏中星象。这一特性对春分和秋分昏中星来说是不成立的，如果观测日期严格地定在春分、秋分两日，不论观测地点怎样变化，“日中星鸟”和“宵中星虚”星象只在100多年里有效。所以“日永星火”星象存在的年代和地理范围比“日中星鸟”和“宵中星虚”星象都要广泛得多，这也许能解释为什么在古代各个历史年代的文献中都有有关“大火”的记录。

5. 结论

经过对文献的考证和释读，我们确认“大火”就是天蝎座 α，并且认定“大火”昏中的观测日期在夏至日，误差前后不超过1日。在具体计算中考虑观测时间和观测地点可能的变化范围，可将前面讨论过的各种结果汇总成下表：

“大火”昏中定年结果一览表

观测地点纬度：ø	Z = 6°	Z = 7°	Z = 8°
26°	−1220年	−1120年	−1020年
27°	−1180年	−1060年	−960年
28°	−1140年	−1020年	−920年
29°	−1060年	−960年	−860年
30°	−1020年	−900年	−800年
31°	−940年	−840年	−740年
32°	−860年	−800年	−700年
33°	−820年	−720年	−620年
34°	−780年	−660年	−580年
35°	−720年	−600年	−500年

（续表）

观测地点纬度：ø	Z = 6°	Z = 7°	Z = 8°
36°	−660 年	−540 年	−420 年
37°	−580 年	−460 年	−340 年
38°	−500 年	−400 年	−260 年
39°	−420 年	−320 年	−220 年
40°	−340 年	−220 年	−140 年

表中“Z”值为太阳落至地平线以下的度数。

从表中我们可以很容易地查到不同的观测时刻和观测地点观测到的“大火”昏中所对应的年代。表中代表年代的数字是有误差的，一般以所列数字所表示的年代为中心，前后各 60 年的时间里，都能发生同等条件下的“大火”昏中现象。

由上表可见，**如果单以“大火”昏中星象来定年，观测地点又确定在南方地区（地理纬度 26°），那么所得年代在公元前 1200 年左右**。如果又考虑到要与《尧典》中的春分、秋分昏中星定年结果相调和，那么在适当变动观测时刻、观测地点，甚至稍稍变动观测日期的情况下，亦可将“日中星鸟”、“日永星火”和“宵中星虚”这三个昏中星象的定年结果调节到处于公元前 1200 年到公元前 1000 年之间，即商代中后期和周初时期。而“日短星昴”这一昏中星象的定年结果，在现有的已知条件下还无法解释。

最后我们必须强调一点，由于在利用昏中星象定年的过程中，观测对象、观测地点、观测日期和观测时刻都存在不同程度的误差，**所以定年的结果不可能是某一个精确的年份，而只可能是一个大致的年代范围**。事实上，昏中星象之所以能在古代被当作确定季节的天象来观测和记录下来，就是因为在相当长的一个年代范围里，同一颗恒星的昏中星象在一个大致相同的观测条件下都能发生。这一点，在逻辑上就否定了利用昏中星象精确定年的可能性。

以上三个例证，所获结果令人满意的程度各不相同。

在第一个例证中，因为争议年代的范围很小，而日食天象十分罕见，又可以精确回推，所以在求解过程中几乎没有不确定因素，遂可顺利得到明确结果。

在第二个例证中，争议年代的范围达数百年，可以入选的月蚀却比日食要多得多（传世记载中参数太少之故），月蚀天象虽然也可精确回推，但求解过程中不确定因素太多，就无法得出明确的结果。

第三个例证的情形比第二个更不理想，年代范围更大，可入选天象更多（传世记载中参数不明确之故），天象虽可明确回推，但求解过程中不确定因素更多，就只能得出像“大火”昏中定年结果一览表那样的结果。

将此三个例证与武王伐纣问题相比，有一个极为重要的不同之点，那就是传世记载中关于武王伐纣时的天象甚多，可以用来定年的也有七个条件，不像上述三个例证都只有一种天象。要求解出同时满足七个条件的日程表，其实是非常冒险的做法——如果求解不出这样的日程表，意味着该方案之不可行；如果求解出了两个以上的日程表，则意味着无法再依据天文学方法来作出取舍，同样意味着该方案之不可行。只有求解出唯一的日程表，才意味着该方案的成功。也就是说，该方案要么完全成功，要么完全失败，没有中间道路可走。

非常幸运的是我们求解出了唯一的同时满足七个条件的武王伐纣日程表，这在很大程度上要归功于古人记载天象时的虔诚和准确，因为只有真实的记录才能如此完美吻合。如果其中有伪造天象、以讹传讹、传抄之误等情况[1]，就不可能让七个条件同时被满足。所以我们不止一次地感叹：古人不我欺也！

[1] 本书第五章所列16项记载中，那些不可能在武王伐纣年代争议范围内发生的天象，例如“五纬聚房”之类，就可能有这类情形。

附录一

古代彗星之证认与年代学[1]

一、引言

我们知道，由于年代久远，史料湮没，有些重要历史事件发生的年代或重要历史人物的诞辰至今无法确定，在历史学家看来这是颇为遗憾之事。所幸的是，无论是东方还是西方的古人都相信，上天与人间有某种神秘的联系，这种联系通常以特殊天象（如日月食、彗星、客星、行星的特殊位置等等）的出现来体现，重大历史事件的发生和重要人物的诞辰尤其如此。所以，古人在叙述这些事件或人物时，往往把当时的天象录于其中，有的得以保存至今。这种出于对星占的信仰而记录下来的天象给了历史学家一份意外的惊喜，借助于现代天文学知识，这些天象记事可能成为确定年代的无可替代的证据。多年前，就有学者注意到这点，如以佛经中提到的月食确定释迦牟尼之生活年代[1]，天狼星与古埃及年代，耶稣降生与伯利恒之星等[2]。同样，彗星记录也可用于解决年代学问题。当然，这些遥远的历史记录中所描述的天象是否真实一直是个有争议的问题，讨论这个问题已超出了本文的范围。本文的任务是，假定古代的天象记录是真实的，然后在此基础上进行讨论。

[1] 本文主要由卢仙文博士执笔，并已发表在《天文学报》40 卷 3 期（1999）。

二、武王伐纣时的彗星与年代

1. 问题的提出

武王伐纣的具体年代，在西汉时已经不明，以太史公搜集史料之勤，尚不能得。刘歆是试图解决这一难题的第一人，自此以后 2000 年间一直有人在做这种努力。但问题不但没有解决，反而有越来越混乱之趋势，各种不同观点已达四十多种，前后相差达一百年多年（公元前 1127—1018 年）。1978 年，张钰哲先生在研究哈雷彗星轨道的长期演化时，提出《淮南子·兵略训》所载“武王伐纣……彗星出而授殷人其柄，时有彗星，柄在东方，可以扫西人也”之彗星可能就是哈雷彗星，从而确定武王伐纣在公元前 1057 年，并以《国语》所载木星位置为旁证[3]（按:《国语》所载“岁在鹑火”的解释有分歧，我们将另拟文专述）。虽然 1981 年 K.Yeomans 和 T.Kiang 发表了他们对哈雷彗星研究的新成果，把这次回归定在公元前 1059 年[4]，张钰哲和张培瑜也认为 K.Yeomans 和 T.Kiang 的计算比自己的更精确，但并没有改变自己对武王伐纣时间的观点，他们于 1985 年再发表《殷周天象与征商年代》一文，进一步完善自己的证明[5]。

张文首次发表后，立即在学术界引起了反响。由于张文发表在绝大多数人文学者不阅读的《天文学报》上，历史学家赵光贤先生认为“此说有科学依据，远比其他旧说真实可信”，故专作《从天象上推武王伐纣之年》[6]一文加以介绍，并作补充说明，因而张说影响更加扩大（按：赵先生后来发现公元前 1057 年说与《尚书·召诰》、古本《武成》中所记年月均不合，转而据古文献、金文材料及历法推得武王克商之年为公元前 1045 年[7]）。专门研究西周年代的学者如葛真先生[8]非常相信张先生的论证。[1] 而谢元震先生为了使自己所推武王伐纣年不与张的天象推算相抵牾，在公元前 1057 年上加哈雷彗星的平均周期 76 年，并不惜把《尚书·顾命》“昔君文王，武王宣重光”之“重光”解释为

---

[1]《武王克商之年代》一书的编者把葛先生的观点单列，定于公元前 1093 年，很容易引起误解。事实上，在他的文中，公元前 1093 年只是次优解，最优解是公元前 1057 年。

彗星，显然不通[9]。关于张文在人文学者中的影响，李朝远先生的话堪称典型例证："两张与公元前1057年之说被我们认为是最科学的结论而植入我们的头脑。"[10]

即使是张说的反对者，也不得不承认其说（包括倪德卫、班大为之说）在诸家新说中"最为引人注意"[11]。同时，他们不约而同地采用了相似的方法——仅从文献考据的角度否定《淮南子》天象记录的可靠性，从而达到否定张说的目的。如周法高[11]、张闻玉[12]、周流溪[13]等。也有学者试图结合文献考据与天文推算论证张文的错误[14]，但显得很外行，没有说服力。

事实上张先生并没有说《淮南子·天文训》所载武王伐纣时的彗星一定是哈雷彗星，而是说"假使武王伐纣时所出现的彗星为哈雷星，那么武王伐纣之年便是公元前1057—1056年"[3]，不少学者显然忽视了这一点 。其实，如果某一未知年代的古代彗星记录是长周期彗星（P>200yr，除椭圆轨道彗星外，还包括抛物线、双曲线轨道彗星）的话，从动力学的角度，我们不可能以之确定其出现的年代。因为对长周期彗星来说，即使有详细的观测资料，也不可能准确预测或回推其长期运动轨道，它们中的绝大多数[15-16]将一去不复返。当然，在如下特殊情况下，可以以之确定历史年代：即我们能从其他与之不相关的史料中得到一包含准确时间的彗星记录，并且能确证这不同来源的两条彗星记录为同一彗星，如Humphreys讨论耶稣出生年时所作的那样[2]。如果我们知道某一未知年代的古代彗星记录为一已知轨道的短周期彗星的话，理论上可以用动力学方法进行推算以确定其回归年代，但在实际操作时仍会遇到许多难以解决的问题。下面，我们以《淮南子·兵略训》所录彗星为例，讨论在没有其他限制条件的情况下，以其确定历史年代的可能性。

2. 统计结果和彗星动力学上的证明

A. 几种统计结果：

（1）据日本学者Hasegawa的肉眼可见彗星表：[17]

公元1701—1900年间：

星等小于等于 6 的彗星共出现 177 次，其中：

a. 长周期彗星（周期 >200 年）140 次，占 79%；

b. 短周期彗星（周期 <200 年）37 次，占 21%（其中哈雷型 9 次，20 年 < 周期 <200 年，占 5%，木族型 28 次，周期 <20 年，占 16%）。

星等小于等于 3 的彗星共出现 69 次，其中：

a. 长周期彗星（周期 >200 年）61 次，占 88%；

b. 短周期彗星（周期 <200 年）8 次，占 12%（其中哈雷型 4 次，20 年 < 周期 <200 年，占 6%，木族型 4 次，周期 <20 年，占 6%）。

有尾巴的彗星共出现 80 次，其中：

a. 长周期彗星（周期 >200 年）69 次，占 86%；

b. 短周期彗星（周期 <200 年）11 次，占 14%（其中哈雷型占 5 次，20 年 < 周期 <200 年，占 6%；木族型 6 次，周期 <20 年，占 8%）。

星等小于等于 3 且有尾巴的彗星共出现 50 次，其中：

a. 长周期彗星（周期 >200 年）46 次，占 92%；

b. 短周期彗星（周期 <200 年）4 次，占 8%（其中哈雷型 2 次，20 年 < 周期 <200 年，占 4%；木族型 2 次，周期 <20 年，占 4%）。

以目前的理论而言，可以认为近 4000 年间彗星出现的数量是均匀的。因此，可假设上述比例适合于公元前 1130—1015 年。

（2）据古代彗星记录

首先，我们对比公元 1701—1900 年二百年间，清代的彗星记录与 Hasegawa 的肉眼可见彗星表，其中：

a. 有 34 年 H 表无而有记录（多为府、县志所录，且每年记录很少，无一为正史所录）。

b. 有 25 年 H 表有而记录无（多为 5—6 等星，但也有的星等达 1 等）。

c. 有 49 年 H 表无记录亦无，92 年记录 H 表均有（特别是亮与尾长的彗星记录众多，正史多记录）。

而 92 年 H 表有的彗星记录中，有详细时间和方位的正史中出现 10 次，其中记录与星历表相符的有 7 次，基本相符的 2 次，不符合的 1 次；地方志有 23 次，其中记录与星历表相符的有 2 次，基本相符的 5 次，不符合的 13 次，方位相符而时间有误的 2 次，把两颗彗星出现混为一的 1 次。从中可得出结论：正史记录可靠，而地方志所录不可靠[18]。

既然正史所录可靠，我们可统计正史中彗星的分布情况[19]。公元 1—1500 年间，正史中共记录了 345 次（按：多处记录，但从时间和方位上判断，是同一颗彗星同一次出现，则只计为一次）。其中，目前已证认的短周期彗星 22 次，约占 6%（均为哈雷型，其中哈雷彗星 19 次）。

我们前面已说过，除非在特殊情况下，不可能由未知年代的长周期彗星记录确定历史年代。而以上述方式统计所得，《淮南子·兵略训》所录武王伐纣时的彗星为长周期彗星的可能分别高达 79%、88%、86%、92%、94%，并且这条彗星记录是孤证，所以也不满足前面所说的"特殊情况"，不能以之确定历史年代。

B. 短周期彗星的长期运动

如果武王伐纣时所录彗星为短周期彗星的话，理论上可以用动力学方法进行推算以确定其回归年代。但是，已发现的短周期彗星就有 180 多颗，武王伐纣时所录究竟为哪颗不得而知（如果不在已知之列，就无法推算）。由于下面将要说到的理由，我们先不考虑木族型彗星，把范围限定在哈雷型之内，其结果又如何呢？目前已发现哈雷型彗星 23 颗，其中 6 颗周期大于 100 年，也就是说如果回推的话，至少有 17 颗在−1100 至−1000 年内出现，确定为哪颗的可能性小于 1/17，与前面统计所得哈雷型彗星所占比例 4—6% 相乘，约为 0.24—0.35%。如果条件再严格一点，把星等限定在 7 等以下（一般说来，彗星的亮度逐渐变低，现在肉眼看不见的彗星，三千年前可能看见），满足条件的有 10 个，同样与前面统计所得哈雷型彗星所占比例 4—6% 相乘，约为 0.4—0.6%。这即是确定《淮南子·兵略训》所录武王伐纣时的彗星为某一哈雷型彗星的概率。退一步讲，即使我们知道此彗星具体为哪一颗哈雷型彗星，也很难确定它在−1100 至−1000 间出现的精确时间。下面，我们从动力学的角度来讨论这个问题。

彗星运动方程一般写为：

$$d^2r/d^2t=-k^2r/r^3+f_p+f_n+f_r$$

其中 r 为日−彗向径矢量，k 为高斯引力常数 。右边第一项代表太阳对彗星的引力，f_p 代表行星引力摄动，f_n 代表与彗星本身性质相关的非引力效应，f_r 代表相对论效应。在具体计算时，前两项比较容易确定，相对论效应则经常忽略不计，最难把握的是非引力效应，它只是一个经验项，现在广泛采用的是 Marsden, Sekanina 和 Yeomans 给出的模型[20]：

$$f_n=(A_1r+A_2T)\{a(r/r_0)^{-m}[1+(r/r_0)^n]^{-l}\}$$

其中 r 为日-彗向径单位矢量，T 为垂直于 r，沿彗星运动方向的单位矢量，归化常数 a=0.111262，m=2.15，n=5.092，l=4.6142，r_0=2.808AU，A_1，A_2 为非引力参数，不同彗星有不同的值。对那些只出现过一次的彗星来说，A_1，A_2 的值无法确定，出现过两次以上的彗星原则上可得到其值。但 A_1，A_2 的值在不同周期不断变化，这给我们的计算带来很大困难。现在，人们一般用数值积分方法推算彗星的轨道，因此，运动方程确定以后，下一步面临的是积分器的选择问题。Papp 等人曾比较过五种积分器，发现 DVDQ, RK 精度最高，但速度慢，而 RADAU 精度和速度上都比较适中[21]。故后来多数研究者采用了 RADAU 积分器。但我们认为，由于计算机技术的高速发展，对于彗星轨道的积分来说，速度已不成问题 (除非是大规模的数值模拟)，所以采用 DVDQ 或 RK 也是可行的。运动方程和积分器二者确定后，剩下的就是具体计算和分析了，理论上我们可以得到任何时刻的彗星位置。但随着积分时间的增加，所得结果越来越不可靠，其原因主要有三个：一是积分初始位置不可能定得绝对准确，二是数值积分方法本身有误差，三是彗星物理性质的不稳定性。目前三方面的问题都不可能完全解决。第一个是观测精度问题；第二个不但与算法有关，还与彗星的周期、偏心率 e 等关系密切，随着 e 的增大，误差呈几何级数增长，而短周期彗星偏心率普遍大，特别是当彗星非常靠近某一大行星时，对其轨道影响尤其明显；第三个目前仅笼统地以经验的非引力效应公式代替，实际情形要复杂得多。这里我们还没有考虑彗星分裂的情况。正因为如此，天文学家们用轨道积分方法研究短周期彗星的长期运动时，虽然能得到单个彗星的轨道根数，但他们只进行定性和统计结果讨论，因为计算所得的长期演化的具体结果并不可靠，讨论它们意义不大。事实上，由于误差的积累，长期积分会不可避免地进入混沌状态[22]。由于木族彗星周期很短，又靠近木星，因此，比之哈雷型彗星，其运动更为不稳定，在积分过程中更易进入混沌。这也是我们在分析武王伐纣之彗星时首先排除用它们来推算的原因。

以上简单介绍了用数值方法研究短周期彗星长期运动的基本情况，对年代学来说，结论很不好。但我们还有一线希望，因为，如果在积分过程中能找到观测记录进行修正的话，能得到相对可靠的结果，比如，前面已提到过的哈雷彗星、Swift-Tuttle 彗星[23]等，就在中国古代记录中找到了相应的记录。所以，如果记录足够详细的话，通过推算，我们可基本确定它为哪一类甚至哪一颗彗星，这样我们可能把前面统计所得比例变为 100%（当然也可能完全否定）。可惜武王伐纣时所录彗星过于简单，使得我们无法做到这一点。

退一步讲，即使我们知道武王伐纣时所录彗星具体为哪一颗哈雷型彗星，并且在积分过程中不断有观测记录进行修正，也很难确定它在公元前 1100—1000 年间出现的精确时间（除非记录足够详细且不间断）。我们知道，哈雷彗星的回归虽然有 30 多次被证实，但回推它在−1100 至−1000 间回归时过近日点的精确时间不同学者所得相差达 2 年（其他彗星没有这么多可靠记录，误差只能更大），不可能同时与同一观测记录相符合，从彗星星历表可知（见附哈雷彗星星历表），张钰哲先生所推与武王伐纣时彗星记载相符，而 Yeomans.K 和 Kiang.T 所推与武王伐纣时彗星记载不相符，但我们有充足的理由相信后者的结果更为可靠，张先生也承认这一点。因此，我们的初步结论是，据现存的彗星记录，无法确定武王伐纣的年代，用其他方法确定其年代时，也不用考虑彗星的影响。

三、结束语

在论述耶稣出生时间时，学者们往往先以其他史料为基础，把耶稣出生时间限定在比较小的范围，然后再以天象记录（发生时间已知或可推知，且为独立于西方之中国古代记录）为据，得出更为准确的时间（精确到年或月）。而对于武王伐纣，由于史料缺乏，很难预先把它发生的时间限定在足够小的范围之内，所用彗星记录不详，时间也不知道（即使假设为短周期彗星，推算所得结果可靠性也不大），因此无法以之断代。总之，单凭天象记录确定遥远历史事件的发生年代，其结论的可信度很大程度上取决于所据天象记录种类与详略，在没有充分证据以前很难下最后的结论，相对日、月、行星来说，彗星的可信度最低。当然，在同等条件下，得出同一历史事件发生年代的多种不同结论，如果其中某种正好与单纯用彗星所得相吻合，也许更多的人愿意相信它。

附

哈雷彗星星历表（赤经、赤纬单位：度；距离单位：天文单位）

表 1：据张钰哲所推轨道根数[3]计算

年（公元前）	月	日	彗星赤经	太阳赤经	彗星赤纬	彗地距离	彗日距离
1057	2	10	317.6	314.0	–14.5	1.8	.8
1057	2	15	316.3	319.0	–13.9	1.7	.8
1057	2	20	315.0	323.8	–13.2	1.7	.7
1057	2	25	313.6	328.6	–12.4	1.6	.6
1057	3	1	312.2	333.3	–11.5	1.4	.6
1057	3	6	310.9	337.9	–10.5	1.3	.6
1057	3	11	309.8	342.5	–9.2	1.1	.6
1057	3	16	309.3	347.0	–7.3	1.0	.6
1057	3	21	309.4	351.5	–4.7	.8	.7
1057	3	26	310.8	355.9	–.3	.6	.7
1057	3	31	314.7	.3	8.1	.4	.8
1057	4	5	326.9	4.7	28.4	.2	.9
1057	4	10	31.3	9.1	60.9	.2	.9
1057	4	15	93.4	13.5	46.6	.3	1.0
1057	4	20	105.8	18.0	35.6	.5	1.1
1057	4	25	110.5	22.4	30.1	.7	1.2
1057	4	30	5.5	27.0	.3	2.1	1.2

表 2： 据 Yeomans.K 和 Kiang.T 所推轨道根数[4]计算

年（公元前）	月	日	彗星赤经	太阳赤经	彗星赤纬	彗地距离	彗日距离
1059	10	8	178.0	184.6	3.9	2.2	1.3
1059	10	13	295.1	189.2	−31.3	.5	1.2
1059	10	18	281.5	193.9	−28.3	.6	1.1
1059	10	23	273.0	198.6	−25.5	.7	1.0
1059	10	28	267.4	203.4	−23.3	.9	1.0
1059	11	2	263.4	208.2	−21.6	1.0	.9
1059	11	7	260.3	213.1	−20.2	1.1	.8
1059	11	12	257.6	218.1	−19.0	1.2	.8
1059	11	17	255.1	223.2	−18.0	1.3	.7
1059	11	22	252.7	228.3	−17.1	1.4	.7
1059	11	27	250.4	233.5	−16.3	1.5	.6
1059	12	2	248.0	238.8	−15.6	1.6	.6
1059	12	7	245.6	244.2	−15.0	1.6	.6
1059	12	12	243.2	249.6	−14.5	1.6	.6
1059	12	17	241.0	255.1	−14.1	1.6	.7
1059	12	22	238.7	260.6	−13.7	1.5	.7
1059	12	27	236.5	266.2	−13.3	1.5	.8
1060	1	1	234.2	271.7	−13.0	1.4	.9

参考文献

1. 江晓原，《星占学与传统文化》，上海古籍出版社，1992，p53—55

2. Humphreys,C.J., Q.J. R.A.S., 32(1991)，389—407

3. 张钰哲，《天文学报》，19(1978)，109—118

4. Yeomans,K., Kiang,T., MNRAS，197(1981)，633—646

5. 张钰哲，张培瑜，载《武王克商之年研究》，北京师范大学国学研究所编，北京师范大学出版社，(1997)，p.327—334

6. 赵光贤，《历史研究》，10(1979)，p.56—61

7. 赵光贤，见《武王克商之年研究》p.488—499

8. 葛真，见《武王克商之年研究》p.234—251

9. 谢元震，见《武王克商之年研究》p.1—14

10. 李朝远，1998.1.10 致江晓原私人信件

11. 周法高，见《武王克商之年研究》p.454—487

12. 张闻玉，见《武王克商之年研究》p.170—181

13. 周流溪，见《武王克商之年研究》p.565—574

14. 周文康，见《武王克商之年研究》p.533—539

15. Stagg, C. R., Bailey,M.E., MNRAS, 241(1989)，507—541

16. Fernardez, J.A., Galard ,T. C., A.Ap., 281(1994)，911—922

17. Hasegawa.I., *Vistas in Astronomy*，24(1980)，59—102

18. 卢仙文，博士论文，"古代彗星记录研究"，1998，43

19. 庄威凤，王立兴等，《中国古代天象记录总集》，江苏科学技术出版社 ,(1988)

20. Marsden,B.G.,Sekanina,Z.,Yeomans, D.K.,.AJ,78(1973)，211—255

21. Papp,K.A.,Innanen,K.A., Patrick,A.T., CelestMech Dyn.Astron.,18(1977)，277—286

22. Milani A., Nobili A.M. In: Carusi A.,Valsecchi G.B.eds. Dynamics of Comets:Their Origin and Evolution. Proc.of IAU Colloq. No.83, Rome,Italy,1983, Dordrecht: D.Reidel Publishing Company,1985，215—226

23. Yau K.,Yeomans D.,Weissman P., MNRAS，266 (1994)，305—316

附录二

公元前720—公元前480年日食一览表

在天象的回推计算中，日食是最为复杂、也是精度要求最高的一种，因而曾被看得很神秘。尽管国内有些人至今仍在有意无意地“帮助”公众培育这种神秘感，但是实际上到了今天的计算机时代，这种神秘实在已成往事。

天文学家 Fred Espenak，早已计算了五千年间（公元前 2000 年—公元 3000 年）所有曾经发生和将要发生的日食与月食。全部数据都已公布在美国国家宇航局（NASA）的网站上，任何人皆可免费查阅。网址是：

http:// sunearth.gsfc.nasa.gov/eclipse

这里我们选取了公元前 720—公元前 480 年间的全部日食数据，以见一斑——《春秋》所记载的日食中确实发生者都已包括在内，能够确定孔子诞辰的那次日食自然也在其中。

说明：

1. 表中左起第 1 栏的“−719”表示公元前 720 年，其余类推，即：

公元前年份＝表中年份之绝对值 ＋ 1

2. 表中左起第 5 栏“日食类型”，A 表示环食，T 表示全食，H 表示混合型食（在日食带的不同地方可以见到环食和全食），P 表示偏食。

3. 表中左起第 9 栏中的字母 N 表示北纬，S 表示南纬；第 10 栏中的字母 W 表示西经，E 表示东经。

4. 底色为灰色的那些行，即为《春秋》中所记载而又确实发生的日食。

公元前 720—公元前 480 年日食一览表

年	月	日	食甚时刻（U.T）	日食类型	沙罗周期	GAMMA值	最大食分	能见最大食分之地点		食甚时见食带宽度（公里）	食甚时见食带宽度（公里）	中心食延续时间
								纬度	经度	（仅对 A、T、H 三型）		
−719	Feb	22	0:21	T	38	0.49	1.062	15.7N	172.0E	61	231	05m32s
−719	Aug	17	14:46	A	43	−0.654	0.94	24.0S	49.3W	49	293	07m31s
−718	Feb	11	16:09	T	48	−0.215	1.035	28.6S	54.7W	77	119	03m09s
−718	Aug	6	19:05	A	53	0.11	0.991	25.5N	104.4W	84	33	01m01s
−717	Feb	1	3:09	A	58	−0.973	0.965	79.4S	95.4W	13	584	02m07s
−717	Jul	27	6:47	T	63	0.842	1.04	78.2N	99.6E	32	250	02m25s
−717	Dec	22	12:00	P	30	1.303	0.446	65.0N	20.7E	0		
−716	Jun	16	16:17	T	35	−0.976	1.06	53.4S	47.4W	12	948	04m17s
−716	Jul	15	23:12	Ph	73	1.527	0.003	67.0N	9.1E	0		
−716	Dec	10	11:52	A	40	0.609	0.935	14.1N	9.4E	52	303	08m23s
−715	Jun	6	7:18	T	45	−0.242	1.031	8.3N	72.2E	76	108	03m10s
−715	Nov	29	18:01	A	50	−0.109	0.99	26.8S	94.2W	84	35	00m59s
−714	May	26	16:00	A	55	0.555	0.974	50.8N	79.2W	56	109	02m14s
−714	Nov	19	6:52	T	60	−0.778	1.03	62.4S	36.8E	39	163	01m56s
−713	Apr	16	3:04	Pe	27	−1.513	0.083	60.9S	148.6W	0		
−713	May	15	18:05	P	65	1.343	0.376	62.1N	142.1E	0		
−713	Oct	10	11:40	P	32	1.266	0.507	60.7N	85.9E	0		
−713	Nov	8	22:32	P	70	−1.423	0.212	61.8S	79.3E	0		
−712	Apr	4	6:25	A	37	−0.721	0.98	36.7S	111.1E	44	100	01m47s
−712	Sep	28	22:59	A	42	0.611	0.976	32.8N	145.2W	52	107	02m11s
−711	Mar	24	16:49	T	47	0.065	1.038	1.8N	71.8W	86	128	03m21s
−711	Sep	18	3:08	A	52	−0.101	0.936	0.1S	129.4E	84	238	07m15s
−710	Mar	14	8:30	T	57	0.784	1.062	38.9N	26.8E	38	319	04m27s
−710	Sep	7	2:47	A	62	−0.812	0.927	38.3S	109.6E	35	457	07m30s
−709	Feb	2	14:57	P	29	−1.151	0.719	62.5S	91.4E	0		

（续表）

年	月	日	食甚时刻（U.T）	日食类型	沙罗周期	GAMMA值	最大食分	能见最大食分之地点		食甚时见食带宽度（公里）	食甚时见食带宽度（公里）	中心食延续时间
								纬度	经度	（仅对A、T、H三型）		
−709	Mar	4	1:01	P	67	1.499	0.067	61.3N	96.1E	0		
−709	Jul	28	17:03	P	34	1.268	0.504	63.4N	65.1E	0		
−709	Aug	27	5:22	P	72	−1.489	0.116	61.5S	35.6E	0		
−708	Jan	22	23:52	A	39	−0.473	0.958	48.2S	162.3W	62	175	03m56s
−708	Jul	17	6:34	T	44	0.479	1.06	50.7N	91.1E	61	225	04m24s
−707	Jan	11	1:29	A	49	0.231	0.923	10.0S	157.8E	77	299	10m41s
−707	Jul	6	23:33	T	54	−0.257	1.075	8.9N	175.9W	75	253	07m00s
−707	Dec	31	0:52	A	59	0.91	0.923	41.7N	160.1E	24	704	08m36s
−706	Jun	26	15:19	P	64	−1.025	0.959	66.0S	60.1W	0		
−706	Nov	20	15:48	P	31	−1.282	0.478	69.2S	149.2E	0		
−706	Dec	20	5:23	P	69	1.542	0.022	66.4N	94.7E	0		
−705	May	17	12:48	A	36	0.886	0.957	75.9N	57.3W	27	342	03m08s
−705	Nov	10	5:55	T	41	−0.578	1.041	49.6S	76.9E	54	169	03m04s
−704	May	5	13:49	A	46	0.129	0.949	21.4N	30.8W	82	189	06m22s
−704	Oct	29	21:34	T	51	0.09	1.036	6.7S	145.0W	85	121	03m26s
−703	Apr	24	16:07	A	56	−0.634	0.974	27.7S	51.2W	50	119	02m51s
−703	Oct	19	10:01	A	61	0.808	0.981	43.8N	46.2E	36	111	01m39s
−702	Mar	15	16:14	P	28	1.259	0.521	71.5N	135.1W	0		
−702	Apr	14	1:10	P	66	−1.349	0.353	71.5S	126.6W	0		
−702	Sep	8	22:16	P	33	−1.412	0.261	71.3S	142.5E	0		
−702	Oct	8	15:39	Pb	71	1.564	0.001	71.6N	23.5E	0		
−701	Mar	5	8:32	T	38	0.532	1.064	21.9N	46.7E	58	247	05m32s
−701	Aug	28	22:02	A	43	−0.702	0.938	30.7S	162.0W	45	321	07m18s
−700	Feb	23	0:20	T	48	−0.181	1.035	23.0S	177.7W	79	121	03m17s
−700	Aug	17	2:37	A	53	0.057	0.991	19.5N	142.2E	87	32	01m00s
−699	Feb	11	11:06	A	58	−0.946	0.966	78.4S	96.1E	18	387	02m11s
−699	Aug	6	14:35	T	63	0.785	1.041	69.7N	17.9W	38	223	02m39s
−698	Jan	1	19:58	P	30	1.314	0.427	66.1N	109.3W	0		
−698	Jun	27	23:50	P	35	−1.048	0.928	65.4S	162.3W	0		
−698	Jul	27	7:01	P	73	1.47	0.115	68.0N	119.1W	0		
−698	Dec	21	20:09	A	40	0.612	0.938	13.8N	116.3W	52	289	08m04s
—697	Dec	11	2:43	A	50	-0.108	0.993	28.8S	136.8E	84	23	00m39s

（续表）

年	月	日	食甚时刻（U.T）	日食类型	沙罗周期	GAMMA值	最大食分	能见最大食分之地点		食甚时见食带宽度（公里）	食甚时见食带宽度（公里）	中心食延续时间
								纬度	经度	（仅对A、T、H三型）		
—697	Jun	17	14:29	T	45	—0.321	1.026	4.8N	35.4W	71	94	02m47s
—697	Jun	5	22:41	A	55	0.472	0.972	48.7N	173.4W	62	113	02m35s
−696	Jun	5	22:41	A	55	0.472	0.972	48.7N	173.4W	62	113	02m35s
−696	Nov	29	15:50	T	60	−0.776	1.032	66.6S	95.1W	39	171	02m00s
−695	May	26	0:29	P	65	1.255	0.525	62.7N	37.0E	0		
−695	Oct	20	20:22	P	32	1.279	0.483	61.0N	53.1W	0		
−695	Nov	19	7:30	P	70	−1.423	0.213	62.5S	64.1W	0		
−694	Apr	15	13:29	A	37	−0.789	0.984	38.2S	6.2E	38	88	01m24s
−694	Oct	10	7:12	A	42	0.63	0.97	29.9N	90.6E	51	135	02m48s
−693	Apr	5	0:26	T	47	0.004	1.044	3.0N	174.6E	90	147	03m49s
−693	Sep	29	10:51	A	52	−0.073	0.932	3.1S	13.7E	86	255	07m43s
−692	Mar	24	16:25	T	57	0.729	1.067	38.6N	91.2W	43	311	04m43s
−692	Sep	17	10:18	A	62	−0.776	0.925	38.6S	3.8W	39	430	07m28s
−691	Feb	12	23:09	P	29	−1.184	0.658	61.9S	40.8W	0		
−691	Mar	14	8:59	P	67	1.456	0.148	61.0N	31.6W	0		
−691	Aug	8	0:37	P	34	1.318	0.413	62.6N	57.7W	0		
−691	Sep	6	13:06	P	72	−1.447	0.19	61.0S	89.2W	0		
−690	Feb	2	7:48	A	39	−0.501	0.957	46.6S	82.4E	60	179	03m54s
−690	Jul	28	14.20	T	44	0.537	1.059	51.8N	19.9W	57	229	04m11s
−689	Jan	22	9:17	A	49	0.209	0.925	9.8S	41.3E	78	289	10m04s
−689	Jul	18	7:15	T	54	−0.192	1.072	12.0N	68.9E	79	240	06m35s
−688	Jan	11	8:53	A	59	0.895	0.927	39.6N	35.8E	26	611	08m06s
−688	Jul	6	22:40	T	64	−0.958	1.024	49.5S	173.0W	16	287	01m56s
−688	Dec	1	0:37	P	31	−1.278	0.486	68.2S	5.1E	0		
−688	Dec	30	13:53	P	69	1.532	0.037	65.3N	43.3W	0		
−687	May	27	19:21	A	36	0.974	0.951	79.6N	111.8E	12	841	03m04s
−687	Nov	20	14:55	T	41	−0.577	1.041	53.4S	55.3W	54	170	03m01s
−686	May	16	20:16	A	46	0.216	0.95	29.7N	128.7W	77	187	05m58s
−686	Nov	10	6:27	T	51	0.087	1.033	10.6S	81.6E	85	111	03m11s
−685	May	5	22:56	A	56	−0.554	0.979	18.9S	157.6W	56	88	02m23s
−685	Oct	30	18:32	A	61	0.805	0.977	40.0N	85.0W	36	138	02m11s
−684	Mar	26	0:02	P	28	1.308	0.427	71.6N	93.9E	0		
−684	Apr	24	8:31	P	66	−1.277	0.487	71.0S	109.6E	0		

（续表）

年	月	日	食甚时刻（U.T）	日食类型	沙罗周期	GAMMA值	最大食分	能见最大食分之地点		食甚时见食带宽度（公里）	食甚时见食带宽度（公里）	中心食延续时间
								纬度	经度	（仅对A、T、H三型）		
−684	Sep	19	5:46	P	33	−1.447	0.204	71.7S	15.9E	0		
−684	Oct	18	23:40	P	71	1.554	0.021	71.3N	110.9W	0		
−683	Mar	15	16:35	T	38	0.579	1.066	28.9N	77.1W	54	265	05m27s
−683	Sep	8	5:30	A	43	−0.741	0.936	37.2S	82.2E	42	351	07m01s
−682	Mar	5	8:21	T	48	−0.139	1.036	16.6S	60.9E	82	121	03m23s
−682	Aug	28	10:20	A	53	0.013	0.991	13.5N	25.5E	89	31	00m58s
−681	Feb	22	18:53	A	58	−0.912	0.968	72.3S	49.4W	24	288	02m15s
−681	Aug	17	22:32	T	63	0.735	1.042	61.8N	138.2W	42	206	02m50s
−680	Jan	13	3:51	P	30	1.33	0.4	67.2N	121.9E	0		
−680	Jul	8	7:26	P	35	−1.117	0.795	66.4S	73.3E	0		
−680	Aug	6	14:56	P	73	1.418	0.214	69.0N	110.3E	0		
−679	Jan	1	4:20	A	40	0.62	0.942	14.6N	119.1E	52	272	07m32s
−679	Jun	27	21:42	T	45	−0.397	1.021	0.5N	143.8W	67	77	02m16s
−679	Dec	21	11:23	A	50	−0.105	0.998	29.8S	8.7E	84	8	00m14s
−678	Jun	17	5:22	A	55	0.389	0.969	45.7N	91.6E	67	120	03m02s
−678	Dec	11	0:47	T	60	−0.774	1.034	70.3S	136.3E	39	181	02m06s
−677	Jun	6	6:52	P	65	1.167	0.676	63.5N	68.2W	0		
−677	Nov	1	5:08	P	32	1.287	0.469	61.4N	166.6E	0		
−677	Nov	30	16:29	P	70	−1.425	0.21	63.3S	151.9E	0		
−676	Apr	25	20:29	A	37	−0.862	0.988	41.6S	96.7W	30	83	01m04s
−676	Oct	20	15:32	A	42	0.643	0.965	27.0N	35.8W	50	162	03m26s
−675	Apr	15	7:57	Tm	47	−0.062	1.049	3.9N	62.4E	86	164	04m17s
−675	Oct	9	18:42	A	52	−0.052	0.928	6.5S	104.1W	87	270	08m13s
−674	Apr	5	0:14	T	57	0.67	1.071	38.7N	152.8E	48	304	04m59s
−674	Sep	28	17:58	A	62	−0.747	0.924	40.2S	119.7W	41	416	07m23s
−673	Feb	24	7:14	P	29	−1.223	0.586	61.3S	170.8W	0		
−673	Mar	25	16:49	P	67	1.408	0.238	60.8N	158.1W	0		
−673	Aug	19	8:19	P	34	1.362	0.332	62.0N	177.8E	0		
−673	Sep	17	20:59	P	72	−1.411	0.253	60.8S	143.9E	0		
−672	Feb	13	15:36	A	39	−0.535	0.957	44.7S	31.6W	57	182	03m53s
−672	Aug	7	22:13	T	44	0.59	1.057	51.7N	133.0W	54	232	03m58s
−671	Feb	1	16:54	A	49	0.18	0.927	9.2S	72.7W	80	278	09m24s
−671	Jul	28	15:03	T	54	−0.133	1.069	13.8N	47.5W	82	226	06m07s
−670	Jan	21	16:48	A	59	0.874	0.932	37.4N	86.1W	29	513	07m28s

（续表）

年	月	日	食甚时刻（U.T）	日食类型	沙罗周期	GAMMA值	最大食分	能见最大食分之地点		食甚时见食带宽度（公里）	食甚时见食带宽度（公里）	中心食延续时间
								纬度	经度	（仅对A、T、H三型）		
−670	Jul	18	6:07	T	64	−0.896	1.021	39.7S	73.3E	26	161	01m51s
−670	Dec	12	9:24	P	31	−1.275	0.49	67.1S	138.0W	0		
−669	Jan	10	22:18	P	69	1.517	0.061	64.3N	179.5W	0		
−669	Jun	8	1:54	P	36	1.061	0.862	67.7N	21.1W	0		
−669	Dec	1	23:54	T	41	−0.577	1.042	56.4S	174.0E	54	173	03m01s
−668	May	27	2:40	A	46	0.306	0.951	37.7N	134.9E	72	189	05m34s
−668	Nov	20	15:21	T	51	0.087	1.03	13.8S	52.0W	85	103	02m58s
−667	May	16	5:44	A	56	−0.47	0.984	10.4S	97.2E	62	64	01m54s
−667	Nov	10	3:07	A	61	0.804	0.973	37.0N	143.2E	36	163	02m41s
−666	Apr	6	7:43	P	28	1.364	0.32	71.5N	35.3W	0		
−666	May	5	15:49	P	66	−1.202	0.628	70.4S	13.2W	0		
−666	Sep	30	13:27	P	33	−1.473	0.161	71.8S	113.4W	0		
−666	Oct	30	7:48	P	71	1.548	0.033	70.8N	113.6E	0		
−665	Mar	27	0:30	T	38	0.634	1.068	36.7N	160.4E	50	285	05m17s
−665	Sep	19	13:07	A	43	−0.773	0.934	43.5S	36.3W	39	382	06m44s
−664	Mar	15	16:14	Tm	48	−0.091	1.036	9.7S	58.8W	85	121	03m28s
−664	Sep	7	18:14	A	53	−0.023	0.991	7.5N	94.0W	89	31	00m57s
−663	Mar	5	2:29	A	58	−0.87	0.969	64.5S	178.2W	29	227	02m21s
−663	Aug	28	6:37	T	63	0.693	1.042	54.5N	98.6E	46	192	02m59s
−662	Jan	23	11:37	P	30	1.351	0.366	68.2N	5.9W	0		
−662	Jul	19	15:06	P	35	−1.181	0.67	67.4S	52.5W	0		
−662	Aug	17	22:58	P	73	1.372	0.303	69.9N	22.5W	0		
−661	Jan	12	12:28	A	40	0.631	0.947	16.4N	4.7W	51	254	06m51s
−661	Jul	9	4:56	H	45	−0.47	1.015	4.5S	106.5E	62	57	01m38s
−660	Jan	1	20:00	H	50	−0.099	1.002	29.5S	118.6W	84	8	00m14s
−660	Jun	27	12:04	A	55	0.307	0.966	41.7N	4.7W	72	130	03m35s
−660	Dec	21	9:42	T	60	−0.77	1.036	72.8S	13.0E	39	193	02m15s
−659	Jun	16	13:18	P	65	1.081	0.824	64.4N	174.3W	0		
−659	Nov	11	13:56	P	32	1.293	0.457	61.9N	25.6E	0		
−659	Dec	11	1:25	P	70	−1.425	0.21	64.2S	8.2E	0		
−658	May	7	3:28	A	37	−0.936	0.99	47.8S	161.9E	20	100	00m51s
−658	Oct	31	23:56	A	42	0.652	0.96	24.3N	163.4W	49	186	04m05s
−657	Apr	26	15:25	T	47	−0.132	1.054	4.1N	48.8W	82	180	04m44s

（续表）

年	月	日	食甚时刻（U.T）	日食类型	沙罗周期	GAMMA值	最大食分	能见最大食分之地点		食甚时见食带宽度（公里）	食甚时见食带宽度（公里）	中心食延续时间
								纬度	经度	（仅对A、T、H三型）		
−657	Oct	21	2:38	A	52	−0.037	0.925	10.1S	136.8E	88	283	08m43s
−656	Apr	15	7:57	T	57	0.605	1.074	39.1N	39.0E	53	298	05m13s
−656	Oct	9	1:49	A	62	−0.724	0.923	42.8S	122.0E	43	408	07m16s
−655	Mar	6	15:06	P	29	−1.271	0.497	61.0S	62.3E	0		
−655	Apr	5	0:30	P	67	1.352	0.344	60.9N	77.9E	0		
−655	Aug	29	16:12	P	34	1.398	0.266	61.5N	50.4E	0		
−655	Sep	28	5:03	P	72	−1.383	0.302	60.6S	14.2E	0		
−654	Feb	23	23:12	A	39	−0.577	0.957	42.9S	143.1W	55	188	03m52s
−654	Aug	19	6:14	T	44	0.637	1.055	50.5N	110.8E	50	234	03m46s
−653	Feb	13	0:24	A	49	0.144	0.93	8.3S	175.5E	82	266	08m43s
−653	Aug	8	22:57	T	54	−0.078	1.065	14.4N	165.1W	86	212	05m37s
−652	Feb	2	0:36	A	59	0.846	0.938	35.5N	154.4E	32	424	06m43s
−652	Jul	28	13:37	T	64	−0.837	1.017	33.7S	40.9W	33	104	01m32s
−652	Dec	22	18:10	P	31	−1.274	0.493	66.1S	79.6E	0		
−651	Jan	21	6:38	P	69	1.498	0.093	63.4N	45.8E	0		
−651	Jun	18	8:27	P	36	1.147	0.713	66.7N	130.1W	0		
−651	Dec	12	8:53	T	41	−0.578	1.043	58.4S	45.1E	54	177	03m03s
−650	Jun	7	9:07	A	46	0.393	0.951	45.3N	39.3E	67	195	05m11s
−650	Dec	2	0:17	Tm	51	0.088	1.028	16.3S	174.6E	85	96	02m47s
−649	May	27	12:33	A	56	−0.386	0.988	2.7S	7.4W	67	44	01m25s
−649	Nov	21	11:42	A	61	0.806	0.969	34.5N	11.0E	36	187	03m10s
−648	Apr	16	15:20	P	28	1.423	0.206	71.2N	163.4W	0		
−648	May	15	23:07	P	66	−1.124	0.774	69.6S	135.3W	0		
−648	Oct	10	21:15	P	33	−1.493	0.129	71.7S	115.4E	0		
−648	Nov	9	15:58	P	71	1.545	0.039	70.0N	22.0W	0		
−647	Apr	6	8:18	T	38	0.693	1.069	45.1N	38.9E	46	310	05m02s
−647	Sep	29	20:54	A	43	−0.796	0.933	49.5S	157.5W	37	409	06m25s
−646	Mar	26	23:58	T	48	−0.036	1.036	2.4S	176.7W	88	120	03m29s
−646	Sep	19	2:17	A	53	−0.052	0.992	1.7N	144.0E	87	30	00m55s
−645	Mar	16	9:54	A	58	−0.821	0.97	56.0S	60.9E	35	187	02m29s
−645	Sep	8	14:52	T	63	0.657	1.041	47.6N	27.0W	49	182	03m06s
−644	Feb	3	19:13	P	30	1.379	0.317	69.2N	131.7W	0		
−644	Jul	29	22:51	P	35	−1.241	0.555	68.4S	179.9E	0		

（续表）

年	月	日	食甚时刻（U.T）	日食类型	沙罗周期	GAMMA值	最大食分	能见最大食分之地点		食甚时见食带宽度（公里）	食甚时见食带宽度（公里）	中心食延续时间
								纬度	经度	（仅对A、T、H三型）		
−644	Aug	28	7:08	P	73	1.333	0.379	70.6N	157.9W	0		
−643	Jan	22	20:29	A	40	0.649	0.951	19.4N	127.0W	49	234	06m02s
−643	Jul	19	12:15	H	45	−0.539	1.008	10.2S	4.8W	57	33	00m54s
−642	Jan	12	4:32	H	50	−0.087	1.007	28.0S	115.2E	85	26	00m45s
−642	Jul	8	18:48	A	55	0.229	0.962	36.9N	103.1W	77	142	04m15s
−641	Jan	1	18:34	T	60	−0.763	1.039	73.5S	105.7W	40	206	02m27s
−641	Jun	27	19:46	An	65	0.995	0.934	69.0N	81.7E	4	–	03m53s
−641	Nov	22	22:47	P	32	1.297	0.451	62.6N	116.2W	0		
−641	Dec	22	10:20	P	70	−1.426	0.21	65.1S	135.5W	0		
−640	May	17	10:25	P	37	−1.012	0.966	62.3S	74.6E	0		
−640	Nov	11	8:23	A	42	0.657	0.956	21.9N	67.8E	49	207	04m42s
−639	May	6	22:50	T	47	−0.206	1.058	3.7N	159.2W	78	195	05m10s
−639	Oct	31	10:41	A	52	−0.026	0.922	13.7S	16.2E	88	294	09m13s
−638	Apr	26	15:36	T	57	0.537	1.077	39.5N	73.2W	57	292	05m27s
−638	Oct	20	9:45	A	62	−0.707	0.923	46.0S	2.3E	45	402	07m09s
−637	Mar	17	22:51	P	29	−1.325	0.399	60.7S	62.6W	0		
−637	Apr	16	8:06	P	67	1.293	0.456	61.0N	44.8W	0		
−637	Sep	10	0:14	P	34	1.428	0.211	61.1N	78.9W	0		
−637	Oct	9	13:15	P	72	−1.361	0.341	60.7S	117.5W	0		
−636	Mar	6	6:38	A	39	−0.628	0.957	41.5S	107.6E	51	197	03m53s
−636	Aug	29	14:24	T	44	0.677	1.053	48.5N	8.8W	47	234	03m36s
−635	Feb	23	7:43	A	49	0.099	0.933	7.2S	66.2E	84	253	08m04s
−635	Aug	19	6:58	T	54	−0.031	1.06	13.9N	75.4E	88	197	05m07s
−634	Feb	12	8:15	A	59	0.811	0.944	33.9N	37.9E	36	345	05m55s
−634	Aug	8	21:14	T	64	−0.784	1.012	30.2S	156.6W	38	64	01m06s
−633	Jan	3	2:52	P	31	−1.278	0.486	65.0S	61.2W	0		
−633	Feb	1	14:52	P	69	1.471	0.138	62.6N	86.9W	0		
−633	Jun	29	15:01	P	36	1.231	0.568	65.7N	120.8E	0		
−633	Dec	23	17:49	T	41	−0.581	1.045	59.4S	82.2W	54	184	03m07s
−632	Jun	17	15:35	A	46	0.48	0.951	52.2N	54.7W	61	206	04m52s
−632	Dec	12	9:10	T	51	0.087	1.027	18.0S	41.9E	85	91	02m39s
−631	Jun	6	19:23	A	56	−0.303	0.992	4.4N	111.6W	72	30	00m59s
−631	Dec	1	20:19	A	61	0.808	0.966	32.7N	121.2W	36	207	03m35s

（续表）

年	月	日	食甚时刻（U.T）	日食类型	沙罗周期	GAMMA值	最大食分	能见最大食分之地点		食甚时见食带宽度（公里）	食甚时见食带宽度（公里）	中心食延续时间
								纬度	经度	（仅对A、T、H三型）		
−630	Apr	27	22:53	Pe	28	1.487	0.083	70.7N	70.0E	0		
−630	May	27	6:25	P	66	−1.046	0.923	68.7S	103.2E	0		
−630	Oct	22	5:09	P	33	−1.507	0.106	71.3S	17.2W	0		
−630	Nov	21	0:10	P	71	1.545	0.042	69.1N	157.7W	0		
−629	Apr	17	16:00	T	38	0.758	1.069	54.1N	82.2W	40	343	04m41s
−629	Oct	11	4:51	A	43	-0.813	0.932	55.1S	79.5E	35	432	06m07s
−628	Apr	6	7:32	T	48	0.026	1.035	5.2N	67.5E	88	118	03m27s
−628	Sep	29	10:31	A	53	−0.074	0.992	4.0S	19.5E	86	29	00m53s
−627	Mar	26	17:10	A	58	−0.764	0.971	47.2S	55.1W	40	160	02m38s
−627	Sep	18	23:15	T	63	0.628	1.041	41.2N	154.9W	51	173	03m11s
−626	Feb	14	2:41	P	30	1.414	0.258	70.1N	103.7E	0		
−626	Mar	15	19:38	Pb	68	−1.537	0.048	71.6S	7.0W	0		
−626	Aug	10	6:42	P	35	−1.295	0.452	69.3S	50.2E	0		
−626	Sep	8	15:26	P	73	1.301	0.441	71.2N	64.3E	0		
−625	Feb	3	4:24	A	40	0.672	0.957	23.3N	111.6E	48	213	05m09s
−625	Jul	30	19:37	H	45	−0.603	1.001	16.4S	117.7W	53	5	00m07s
−624	Jan	23	12:59	H	50	−0.072	1.013	25.3S	10.3W	86	45	01m18s
−624	Jul	19	1:37	A	55	0.155	0.958	31.5N	156.3E	81	156	04m59s
−623	Jan	12	3:20	T	60	−0.752	1.043	71.8S	136.4E	41	219	02m42s
−623	Jul	8	2:20	A	65	0.914	0.938	88.0N	53.7E	23	583	04m18s
−623	Dec	3	7:37	P	32	1.3	0.445	63.5N	102.0E	0		
−622	Jan	1	19:10	P	70	−1.422	0.216	66.2S	81.8E	0		
−622	May	28	17:24	P	37	−1.088	0.832	63.0S	39.5W	0		
−622	Nov	22	16:50	A	42	0.662	0.953	20.1N	60.9W	48	225	05m19s
−621	May	18	6:14	T	47	−0.281	1.061	2.5N	90.3E	74	209	05m34s
−621	Nov	11	18:47	A	52	−0.019	0.92	17.1S	105.0W	89	302	09m41s
−620	May	6	23:10	T	57	0.465	1.079	39.5N	176.4E	62	286	05m40s
−620	Oct	30	17:50	A	62	−0.696	0.923	49.8S	118.9W	46	398	06m59s
−619	Mar	28	6:25	P	29	−1.386	0.287	60.7S	175.3E	0		
−619	Apr	26	15:34	P	67	1.228	0.578	61.4N	165.6W	0		
−619	Sep	20	8:27	P	34	1.45	0.171	60.9N	149.1E	0		
−619	Oct	19	21:36	P	72	−1.345	0.368	60.9S	108.6E	0		
−618	Mar	17	13:52	A	39	−0.686	0.957	40.7S	0.9E	46	212	03m56s
−618	Sep	9	22:43	T	44	0.709	1.05	46.1N	132.2W	45	233	03m27s

（续表）

年	月	日	食甚时刻（U.T）	日食类型	沙罗周期	GAMMA值	最大食分	能见最大食分之地点		食甚时见食带宽度（公里）	食甚时见食带宽度（公里）	中心食延续时间
								纬度	经度	（仅对A、T、H三型）		
−617	Mar	6	14:53	Am	49	0.047	0.936	5.9S	40.6W	87	240	07m30s
−617	Aug	30	15:06	Tm	54	0.011	1.055	12.4N	46.0W	89	182	04m39s
−616	Feb	23	15:48	A	59	0.769	0.95	32.7N	76.2W	40	277	05m06s
−616	Aug	19	4:57	H	64	−0.737	1.006	28.3S	86.5E	42	32	00m35s
−615	Jan	13	11:30	P	31	-1.285	0.472	64.1S	159.5E	0		
−615	Feb	11	22:58	P	69	1.439	0.194	61.9N	142.4E	0		
−615	Jul	9	21:39	P	36	1.311	0.43	64.7N	11.3E	0		
−615	Aug	8	12:20	Pb	74	−1.537	0.038	62.5S	54.4W	0		
−614	Jan	3	2:42	T	41	−0.587	1.047	59.1S	151.6E	54	192	03m13s
−614	Jun	28	22:07	A	46	0.564	0.95	58.1N	147.2W	55	222	04m37s
−614	Dec	23	18:01	T	51	0.085	1.026	19.0S	89.8W	85	88	02m33s
−613	Jun	18	2:17	A	56	−0.221	0.995	10.5N	144.1E	77	18	00m36s
−613	Dec	13	4:52	A	61	0.81	0.964	31.4N	107.2E	36	222	03m55s
−612	Jun	6	13:44	T	66	−0.968	1.038	54.0S	21.7W	14	527	02m55s
−612	Nov	1	13:09	P	33	−1.517	0.091	70.7S	150.7W	0		
−612	Dec	1	8:22	P	71	1.544	0.044	68.1N	67.5E	0		
−611	Apr	27	23:37	T	38	0.827	1.068	63.8N	155.2E	34	393	04m15s
−611	Oct	21	12:55	A	43	−0.824	0.932	60.4S	44.8W	34	448	05m49s
−610	Apr	17	14:59	T	48	0.092	1.034	13.1N	46.5W	85	114	03m18s
−610	Oct	10	18:53	A	53	−0.089	0.992	9.3S	106.9W	85	27	00m48s
−609	Apr	7	0:16	A	58	−0.7	0.972	38.3S	167.3W	45	141	02m49s
−609	Sep	30	7:47	T	63	0.606	1.04	35.4N	75.1E	52	167	03m16s
−608	Feb	25	10:00	P	30	1.456	0.186	70.8N	18.9W	0		
−608	Mar	26	2:31	P	68	−1.474	0.152	71.8S	124.2W	0		
−608	Aug	20	14:40	P	35	−1.342	0.363	70.2S	81.9W	0		
−608	Sep	18	23:53	P	73	1.275	0.489	71.6N	76.2W	0		
−607	Feb	13	12:10	A	40	0.703	0.962	28.4N	7.9W	45	193	04m15s
−607	Aug	10	3:06	A	45	−0.661	0.994	22.9S	127.1E	48	28	00m39s
−606	Feb	2	21:19	T	50	−0.05	1.019	21.5S	134.7W	87	65	01m53s
−606	Jul	30	8:31	Am	55	0.086	0.953	25.6N	53.5E	85	172	05m47s
−605	Jan	23	12:01	T	60	−0.736	1.047	68.2S	15.4E	42	231	03m00s
−605	Jul	19	8:58	A	65	0.837	0.938	79.5N	55.6E	33	422	04m41s
−605	Dec	14	16:26	P	32	1.305	0.437	64.4N	39.9W	0		

（续表）

年	月	日	食甚时刻（U.T）	日食类型	沙罗周期	GAMMA值	最大食分	能见最大食分之地点		食甚时见食带宽度（公里）	食甚时见食带宽度（公里）	中心食延续时间
								纬度	经度	（仅对A、T、H三型）		
−604	Jan	13	3:55	P	70	−1.415	0.228	67.2S	60.2W	0		
−604	Jun	8	0:23	P	37	−1.163	0.695	63.8S	153.9W	0		
−604	Jul	7	11:41	Pb	75	1.545	0.014	66.4N	170.2W	0		
−604	Dec	3	1:18	A	42	0.665	0.95	18.8N	170.1E	48	241	05m51s
−603	May	28	13:39	T	47	−0.356	1.064	0.4N	20.4W	69	222	05m54s
−603	Nov	22	2:54	Am	52	−0.014	0.919	20.0S	133.7E	89	308	10m06s
−602	May	18	6:43	T	57	0.391	1.08	39.1N	66.6E	67	279	05m53s
−602	Nov	11	1:59	A	62	−0.688	0.924	53.8S	119.4E	46	393	06m48s
−601	Apr	8	13:51	P	29	−1.453	0.166	60.8S	55.0E	0		
−601	May	7	22:57	P	67	1.16	0.707	61.8N	74.6E	0		
−601	Oct	1	16:48	P	34	1.467	0.141	60.8N	15.2E	0		
−601	Oct	31	6:04	P	72	−1.333	0.389	61.3S	27.0W	0		
−600	Mar	27	20:58	A	39	−0.751	0.956	40.9S	103.5W	41	236	04m01s
−600	Sep	20	7:10	T	44	0.735	1.048	43.5N	101.1E	42	230	03m20s
−599	Mar	16	21:52	A	49	−0.013	0.939	4.8S	144.8W	89	227	07M01S
−599	Sep	9	23:23	T	54	0.045	1.05	10.1N	169.8W	87	166	04m12s
−598	Mar	5	23:12	A	59	0.719	0.957	32.0N	172.4E	44	221	04m19s
−598	Aug	30	12:46	H	64	−0.697	1.001	27.9S	31.8W	46	3	00m03s
−597	Jan	24	20:01	P	31	−1.299	0.446	63.2S	22.2E	0		
−597	Feb	23	6:57	P	69	1.4	0.264	61.4N	13.7E	0		
−597	Jul	21	4:22	P	36	1.386	0.302	63.8N	99.1W	0		
−597	Aug	19	19:35	P	74	−1.487	0.126	61.9S	172.1W	0		
−596	Jan	14	11:28	T	41	−0.599	1.049	57.9S	26.4E	53	203	03m20s
−596	Jul	9	4:44	A	46	0.643	0.949	62.7N	122.4E	50	245	04m26s
−595	Jan	3	2:46	T	51	0.078	1.025	19.2S	139.8E	86	86	02m28s
−595	Jun	28	9:16	A	56	−0.143	0.997	15.7N	39.3E	82	9	00m18s
−595	Dec	23	13:22	A	61	0.808	0.962	30.3N	23.4W	36	232	04m09s
−594	Jun	17	21:05	T	66	−0.891	1.044	40.1S	138.6W	27	327	03m45s
−594	Nov	12	21:14	P	33	−1.523	0.082	69.8S	75.2E	0		
−594	Dec	12	16:34	P	71	1.543	0.046	67.1N	66.6W	0		
−593	May	9	7:09	T	38	0.9	1.065	74.2N	23.6E	25	494	03m44s
−593	Nov	1	21:07	A	43	−0.83	0.932	65.4S	169.6W	34	454	05m32s
−592	Apr	27	22:19	T	48	0.164	1.032	21.0N	158.5W	80	109	03m05s

（续表）

年	月	日	食甚时刻（U.T）	日食类型	沙罗周期	GAMMA值	最大食分	能见最大食分之地点		食甚时见食带宽度（公里）	食甚时见食带宽度（公里）	中心食延续时间
								纬度	经度	（仅对A、T、H三型）		
−592	Oct	21	3:23	A	53	−0.098	0.993	14.2S	125.0E	84	24	00m42s
−591	Apr	17	7:14	A	58	−0.629	0.972	29.5S	83.5E	51	129	03m03s
−591	Oct	10	16:26	T	63	0.59	1.039	30.1N	56.8W	54	162	03m20s
−590	Mar	7	17:11	P	30	1.504	0.104	71.4N	140.2W	0		
−590	Apr	6	9:17	P	68	−1.407	0.266	71.7S	120.2E	0		
−590	Aug	31	22:45	P	35	−1.384	0.285	70.9S	143.9E	0		
−590	Sep	30	8:25	P	73	1.255	0.527	71.7N	141.6E	0		
−589	Feb	24	19:50	A	40	0.739	0.967	34.4N	126.8W	42	173	03m23s
−589	Aug	21	10:40	A	45	−0.713	0.987	29.7S	9.9E	44	66	01m22s
−588	Feb	14	5:32	T	50	−0.021	1.025	16.6S	102.0E	89	85	02m29s
−588	Aug	9	15:31	A	55	0.023	0.948	19.5N	51.8W	89	190	06m34s
−587	Feb	2	20:33	T	60	−0.714	1.051	63.1S	108.5W	44	241	03m21s
−587	Jul	29	15:46	A	65	0.766	0.938	70.2N	41.6W	40	359	05m07s
−587	Dec	25	1:10	P	32	1.313	0.423	65.4N	179.3E	0		
−586	Jan	23	12:31	P	70	−1.403	0.252	68.2S	159.3E	0		
−586	Jun	19	7:29	P	37	−1.235	0.565	64.7S	90.0E	0		
−586	Jul	18	18:43	P	75	1.473	0.142	67.4N	73.4E	0		
−586	Dec	14	9:43	A	42	0.669	0.948	18.3N	41.9E	48	254	06m18s
−585	Jun	8	21:03	T	47	−0.431	1.065	2.6S	131.7W	64	235	06m09s
−585	Dec	3	11:02	A	52	−0.009	0.918	22.1S	12.7E	89	311	10m27s
−584	May	28	14:13	T	57	0.316	1.08	37.9N	42.4W	71	271	06m05s
−584	Nov	21	10:12	A	62	−0.683	0.925	57.8S	1.8W	47	386	06m35s
−583	Apr	18	21:08	Pe	29	−1.526	0.033	61.1S	63.0W	0		
−583	May	18	6:16	P	67	1.089	0.84	62.4N	44.1W	0		
−583	Oct	12	1:19	P	34	1.476	0.124	61.0N	121.1W	0		
−583	Nov	10	14:37	P	72	−1.326	0.401	61.9S	164.2W	0		
−582	Apr	8	3:54	A	39	−0.823	0.955	42.6S	155.1E	34	283	04m09s
−582	Oct	1	15:44	T	44	0.755	1.045	40.8N	28.5W	41	226	03m15s
−581	Mar	28	4:44	A	49	−0.08	0.942	3.9S	113.1E	85	216	06m37s
−581	Sep	21	7:47	T	54	0.072	1.045	7.2N	64.4E	86	150	03m48s
−580	Mar	16	6:28	A	59	0.662	0.963	31.6N	63.7E	48	173	03m34s
−580	Sep	9	20:43	A	64	−0.663	0.995	28.8S	151.9W	48	25	00m29s
−579	Feb	4	4:27	P	31	−1.318	0.411	62.5S	113.3W	0		

（续表）

年	月	日	食甚时刻（U.T）	日食类型	沙罗周期	GAMMA值	最大食分	能见最大食分之地点		食甚时见食带宽度（公里）	食甚时见食带宽度（公里）	中心食延续时间
								纬度	经度	（仅对A、T、H三型）		
−579	Mar	5	14:49	P	69	1.354	0.345	61.0N	113.1W	0		
−579	Jul	31	11:11	P	36	1.455	0.185	63.0N	149.3E	0		
−579	Aug	30	2:56	P	74	−1.443	0.203	61.4S	68.5E	0		
−578	Jan	24	20:08	T	41	−0.615	1.051	56.0S	98.4W	52	215	03m28s
−578	Jul	20	11:29	A	46	0.717	0.947	65.4N	33.0E	44	277	04m19s
−577	Jan	14	11:26	T	51	0.068	1.025	18.8S	10.7E	86	85	02m24s
−577	Jul	9	16:20	A	56	−0.068	0.999	19.7N	66.1W	86	3	00m05s
−576	Jan	3	21:46	A	61	0.803	0.961	29.5N	152.5W	36	235	04m17s
−576	Jun	28	4:31	T	66	−0.817	1.048	31.1S	106.3E	35	276	04m19s
−576	Nov	23	5:19	P	33	−1.527	0.075	68.9S	58.5W	0		
−576	Dec	23	0:40	P	71	1.538	0.055	66.0N	161.2E	0		
−575	May	19	14:39	T	38	0.973	1.06	78.9N	161.8W	12	921	03m04s
−575	Jun	17	21:14	Pb	76	−1.516	0.022	66.7S	141.4W	0		
−575	Nov	12	5:23	A	43	−0.833	0.934	70.1S	66.6E	33	451	05m14s
−574	May	9	5:35	T	48	0.239	1.029	29.0N	91.2E	76	102	02m46s
−574	Nov	1	11:58	A	53	−0.104	0.995	18.6S	4.0W	84	19	00m33s
−573	Apr	28	14:04	A	58	−0.554	0.971	20.8S	23.1W	56	122	03m19s
−573	Oct	22	1:12	T	63	0.58	1.039	25.3N	169.7E	54	158	03m24s
−572	Mar	18	0:11	Pe	30	1.56	0.006	71.7N	100.9E	0		
−572	Apr	16	15:54	P	68	−1.332	0.394	71.4S	7.2E	0		
−572	Sep	11	6:58	P	35	−1.419	0.222	71.4S	7.0E	0		
−572	Oct	10	17:05	P	73	1.243	0.551	71.6N	2.6W	0		
−571	Mar	7	3:22	A	40	0.784	0.973	41.5N	115.6E	38	156	02m37s
−571	Aug	31	18:22	A	45	−0.757	0.98	36.4S	109.8W	41	110	02m00s
−570	Feb	24	13:37	T	50	0.015	1.031	11.0S	20.0W	89	106	03m04s
−570	Aug	20	22:39	A	55	−0.033	0.944	13.1N	159.7W	88	208	07m19s
−569	Feb	14	4:59	T	60	−0.686	1.055	57.1S	126.1E	46	250	03m46s
−569	Aug	9	22:41	A	65	0.701	0.937	61.7N	144.8W	45	326	05m35s
−568	Jan	5	9:50	P	32	1.323	0.405	66.5N	38.8E	0		
−568	Feb	3	21:01	P	70	−1.386	0.284	69.2S	20.0E	0		
−568	Jun	29	14:38	P	37	−1.304	0.439	65.7S	27.4W	0		
−568	Jul	29	1:53	P	75	1.404	0.262	68.4N	45.3W	0		
−568	Dec	24	18:04	A	42	0.676	0.947	18.7N	85.3W	47	264	06m36s

（续表）

年	月	日	食甚时刻（U.T）	日食类型	沙罗周期	GAMMA值	最大食分	能见最大食分之地点		食甚时见食带宽度（公里）	食甚时见食带宽度（公里）	中心食延续时间
								纬度	经度	（仅对A、T、H三型）		
−567	Jun	19	4:31	T	47	−0.503	1.066	6.5S	115.7E	60	248	06m17s
−567	Dec	13	19:09	A	52	−0.005	0.918	23.5S	107.8W	90	311	10m43s
−566	Jun	8	21:43	T	57	0.242	1.079	36.0N	151.8W	76	263	06m15s
−566	Dec	2	18:26	A	62	−0.678	0.927	61.3S	121.3W	47	375	06m21s
−565	May	29	13:32	P	67	1.017	0.975	63.1N	162.4W	0		
−565	Oct	23	9:55	P	34	1.482	0.114	61.2N	101.0E	0		
−565	Nov	21	23:13	P	72	−1.321	0.411	62.6S	57.7E	0		
−564	Apr	18	10:41	A	39	−0.901	0.952	46.6S	57.2E	25	391	04m16s
−564	Oct	12	0:26	T	44	0.77	1.043	38.1N	160.7W	39	222	03m12s
−563	Apr	7	11:29	A	49	−0.153	0.944	3.4S	12.9E	81	207	06m20s
−563	Oct	1	16:17	T	54	0.094	1.04	3.8N	63.3W	85	135	03m25s
−562	Mar	27	13:38	A	59	0.598	0.97	31.6N	42.8W	53	134	02m53s
−562	Sep	21	4:47	A	64	−0.636	0.989	30.8S	86.1E	50	50	01m00s
−561	Feb	15	12:44	P	31	−1.344	0.361	61.9S	113.4E	0		
−561	Mar	16	22:34	P	69	1.301	0.442	60.8N	122.1E	0		
−561	Aug	11	18:07	Pe	36	1.518	0.079	62.3N	36.2E	0		
−561	Sep	10	10:26	P	74	−1.407	0.267	61.0S	52.7W	0		
−560	Feb	5	4:40	T	41	−0.639	1.054	53.7S	137.7E	50	229	03m36s
−560	Jul	30	18:22	A	46	0.784	0.946	66.3N	57.3W	38	323	04m16s
−559	Jan	24	19:57	T	51	0.051	1.025	17.9S	116.1W	87	85	02m22s
−559	Jul	19	23:33	H	56	0.001	1.001	22.5N	173.0W	90	2	00m04s
−558	Jan	14	6:03	A	61	0.793	0.961	28.9N	80.2E	37	232	04m18s
−558	Jul	9	12:02	T	66	−0.746	1.05	24.4S	8.7W	42	250	04m40s
−558	Dec	4	13:27	P	33	−1.531	0.07	67.9S	168.1E	0		
−557	Jan	3	8:42	P	71	1.53	0.068	65.0N	30.4E	0		
−557	May	30	22:06	P	38	1.049	0.927	68.4N	43.7E	0		
−557	Jun	29	4:48	P	76	−1.447	0.156	65.7S	94.5E	0		
−557	Nov	23	13:43	A	43	−0.833	0.935	74.3S	54.4W	33	439	04m57s
−556	May	19	12:44	T	48	0.318	1.026	36.8N	17.0W	71	93	02m22s
−556	Nov	11	20:39	A	53	−0.105	0.996	22.4S	133.9W	84	12	00m22s
−555	May	8	20:49	A	58	−0.475	0.971	12.5S	127.8W	62	120	03m37s
−555	Nov	1	10:03	T	63	0.573	1.038	21.2N	35.1E	55	157	03m30s
−554	Apr	27	22:27	P	68	−1.253	0.528	70.9S	104.6W	0		

（续表）

年	月	日	食甚时刻（U.T）	日食类型	沙罗周期	GAMMA值	最大食分	能见最大食分之地点		食甚时见食带宽度（公里）	食甚时见食带宽度（公里）	中心食延续时间
								纬度	经度	（仅对A、T、H三型）		
−554	Sep	22	15:17	P	35	−1.447	0.171	71.7S	131.9W	0		
−554	Oct	22	1:50	P	73	1.235	0.566	71.2N	147.9W	0		
−553	Mar	18	10:47	A	40	0.834	0.978	49.5N	2.2W	33	142	01m56s
−553	Sep	12	2:11	A	45	−0.795	0.973	43.1S	128.3E	37	161	02m33s
−552	Mar	6	21:35	Tm	50	0.058	1.037	4.6S	140.9W	87	126	03m38s
−552	Aug	31	5:56	A	55	−0.08	0.939	6.8N	89.9E	85	227	07m59s
−551	Feb	24	13:16	T	60	−0.651	1.059	50.4S	0.9E	49	257	04m14s
−551	Aug	20	5:47	A	65	0.644	0.937	53.8N	108.1E	50	308	06m04s
−550	Jan	15	18:22	P	32	1.338	0.377	67.6N	100.2W	0		
−550	Feb	14	5:22	P	70	−1.362	0.328	70.1S	117.6W	0		
−550	Jul	10	21:53	P	37	−1.368	0.321	66.7S	146.8W	0		
−550	Aug	9	9:13	P	75	1.343	0.371	69.4N	167.0W	0		
−549	Jan	5	2:19	A	42	0.687	0.946	20.1N	148.9E	46	274	06m46s
−549	Jun	30	12:02	T	47	−0.574	1.066	11.2S	1.7E	55	262	06m15s
−549	Dec	25	3:12	A	52	0.003	0.919	23.7S	132.9E	90	308	10m50s
−548	Jun	19	5:13	T	57	0.167	1.077	33.1N	98.3E	80	254	06m22s
−548	Dec	13	2:40	A	62	−0.673	0.929	63.9S	121.5E	47	360	06m06s
−547	Jun	8	20:47	T	67	0.944	1.027	76.6N	123.3E	19	284	01m29s
−547	Nov	2	18:38	P	34	1.483	0.111	61.7N	38.5W	0		
−547	Dec	2	7:51	P	72	−1.316	0.419	63.4S	81.1W	0		
−546	Apr	29	17:22	As	39	−0.983	0.948	56.0S	31.1W	10	—	04m18s
−546	Oct	23	9:15	T	44	0.779	1.042	35.6N	64.7E	39	217	03m11s
−545	Apr	18	18:06	A	49	−0.232	0.947	3.5S	85.4W	77	199	06m07s
−545	Oct	13	0:54	T	54	0.109	1.036	0.2N	167.1E	84	120	03m04s
−544	Apr	6	20:42	A	59	0.529	0.976	31.8N	147.3W	58	100	02m15s
−544	Oct	1	12:58	A	64	−0.616	0.983	33.6S	37.5W	52	74	01m29s
−543	Feb	25	20:54	P	31	−1.377	0.298	61.4S	18.0W	0		
−543	Mar	27	6:12	P	69	1.243	0.55	60.7N	1.2W	0		
−543	Sep	20	18:04	P	74	−1.376	0.32	60.7S	175.8W	0		
−542	Feb	15	13:06	T	41	−0.668	1.056	51.2S	14.3E	48	245	03m44s
−542	Aug	11	1:23	A	46	0.846	0.943	65.8N	150.3W	32	390	04m16s
−541	Feb	5	4:21	T	51	0.028	1.025	16.4S	118.6E	88	85	02m20s
−541	Jul	31	6:54	H	56	0.065	1.001	24.0N	78.5E	86	5	00m09s

（续表）

年	月	日	食甚时刻（U.T）	日食类型	沙罗周期	GAMMA值	最大食分	能见最大食分之地点		食甚时见食带宽度（公里）	食甚时见食带宽度（公里）	中心食延续时间
								纬度	经度	（仅对A、T、H三型）		
−540	Jan	25	14:11	A	61	0.777	0.961	28.4N	44.4W	39	223	04m15s
−540	Jul	19	19:39	T	66	−0.68	1.052	19.5S	124.6W	47	233	04m49s
−540	Dec	14	21:31	P	33	−1.536	0.06	66.8S	35.9E	0		
−539	Jan	13	16:37	P	71	1.515	0.091	64.0N	97.9W	0		
−539	Jun	10	5:35	P	38	1.123	0.783	67.4N	79.6W	0		
−539	Jul	9	12:27	P	76	−1.383	0.282	64.8S	30.4W	0		
−539	Dec	3	22:03	A	43	−0.834	0.938	78.0S	169.1W	33	423	04m38s
−538	May	30	19:53	T	48	0.397	1.022	44.2N	123.6W	66	81	01m55s
−538	Nov	23	5:22	Am	53	−0.105	0.999	25.5S	96.1E	84	4	00m07s
−537	May	20	3:28	A	58	−0.391	0.969	4.4S	129.8E	67	120	03m58s
−537	Nov	12	18:58	T	63	0.571	1.039	17.8N	100.5W	55	157	03m36s
−536	May	8	4:54	P	68	−1.169	0.673	70.2S	145.7E	0		
−536	Oct	2	23:45	P	35	−1.469	0.133	71.7S	87.0E	0		
−536	Nov	1	10:41	P	73	1.232	0.572	70.6N	65.9E	0		
−535	Mar	28	18:05	A	40	0.891	0.982	58.8N	121.7W	27	139	01m23s
−535	Sep	22	10:08	A	45	−0.825	0.966	49.5S	4.0E	34	216	03m00s
−534	Mar	18	5:26	T	50	0.106	1.043	2.3N	99.5E	84	145	04m08s
−534	Sep	11	13:20	A	55	−0.122	0.935	0.4N	22.5W	83	245	08m34s
−533	Mar	7	21:26	T	60	−0.61	1.064	43.3S	123.6W	52	262	04m45s
−533	Aug	31	13:01	A	65	0.594	0.935	46.3N	2.0W	53	298	06m35s
−532	Jan	27	2:47	P	32	1.359	0.339	68.6N	122.1E	0		
−532	Feb	25	13:33	P	70	−1.332	0.384	70.8S	106.5E	0		
−532	Jul	21	5:15	P	37	−1.428	0.211	67.7S	91.7E	0		
−532	Aug	19	16:42	P	75	1.288	0.468	70.2N	68.3E	0		
−531	Jan	15	10:27	A	42	0.703	0.945	22.5N	24.5E	45	283	06m46s
−531	Jul	10	19:38	T	47	−0.64	1.065	16.6S	114.3W	50	276	06m04s
−530	Jan	4	11:10	A	52	0.015	0.92	22.7S	14.8E	89	302	10m51s
−530	Jun	30	12:47	T	57	0.096	1.075	29.4N	13.1W	84	244	06m25s
−530	Dec	24	10:52	A	62	−0.666	0.932	65.2S	7.0E	48	340	05m50s
−529	Jun	20	4:00	T	67	0.872	1.025	79.9N	63.7E	29	178	01m31s
−529	Nov	14	3:25	P	34	1.482	0.113	62.2N	179.2W	0		
−529	Dec	13	16:29	P	72	−1.311	0.428	64.4S	139.9E	0		
−528	May	9	23:58	P	39	−1.068	0.849	61.8S	123.0W	0		

（续表）

年	月	日	食甚时刻（U.T）	日食类型	沙罗周期	GAMMA值	最大食分	能见最大食分之地点		食甚时见食带宽度（公里）	食甚时见食带宽度（公里）	中心食延续时间
								纬度	经度	（仅对A、T、H三型）		
−528	Nov	2	18:07	T	44	0.785	1.04	33.3N	71.1W	38	214	03m12s
−527	Apr	29	0:38	A	49	−0.315	0.949	4.3S	177.3E	72	195	06m01s
−527	Oct	23	9:37	T	54	0.119	1.031	3.5S	36.1E	83	106	02m46s
−526	Apr	18	3:41	A	59	0.455	0.982	32.0N	109.9E	63	72	01m42s
−526	Oct	12	21:15	A	64	−0.601	0.978	37.1S	162.3W	53	97	01m56s
−525	Mar	9	4:55	P	31	−1.416	0.222	61.1S	147.3W	0		
−525	Apr	7	13:44	P	69	1.178	0.671	60.8N	122.9W	0		
−525	Oct	2	1:49	P	74	−1.353	0.36	60.7S	59.2E	0		
−524	Feb	26	21:21	T	41	−0.706	1.058	49.1S	107.0W	45	266	03m52s
−524	Aug	21	8:35	A	46	0.898	0.941	64.4N	111.8E	26	494	04m20s
−523	Feb	15	12:35	T	51	−0.002	1.025	14.8S	4.2W	90	86	02m19s
−523	Aug	10	14:24	H	56	0.121	1.002	24.3N	32.3W	83	7	00m11s
−522	Feb	4	22:10	A	61	0.754	0.961	28.0N	166.3W	41	210	04m08s
−522	Jul	31	3:23	T	66	−0.619	1.053	16.3S	118.3E	52	220	04m49s
−522	Dec	26	5:34	P	33	−1.542	0.049	65.7S	95.4W	0		
−521	Jan	25	0:24	P	71	1.497	0.122	63.1N	135.7E	0		
−521	Jun	21	13:02	P	38	1.198	0.638	66.4N	157.8E	0		
−521	Jul	20	20:09	P	76	−1.321	0.402	63.9S	155.7W	0		
−521	Dec	15	6:24	A	43	−0.833	0.941	80.0S	85.5E	33	401	04m19s
−520	Jun	10	2:58	T	48	0.477	1.017	51.3N	132.1E	61	66	01m26s
−520	Dec	3	14:08	H	53	−0.104	1.002	27.9S	33.9W	84	6	00m11s
−519	May	30	10:05	A	58	−0.307	0.967	3.0N	28.6E	72	124	04m19s
−519	Nov	23	3:56	T	63	0.57	1.039	15.0N	123.5E	55	160	03m44s
−518	May	19	11:19	P	68	−1.083	0.82	69.3S	36.9E	0		
−518	Oct	14	8:17	P	35	−1.486	0.103	71.5S	55.2W	0		
−518	Nov	12	19:35	P	73	1.231	0.573	69.8N	80.3W	0		
−517	Apr	9	1:18	A	40	0.952	0.986	68.8N	108.2E	17	169	00m59s
−517	Oct	3	18:11	A	45	−0.849	0.96	55.7S	122.2W	32	276	03m22s
−516	Mar	28	13:10	T	50	0.162	1.049	9.6N	18.6W	81	164	04m34s
−516	Sep	21	20:54	A	55	−0.155	0.93	5.7S	137.2W	81	263	09m04s
−515	Mar	18	5:27	T	60	−0.562	1.067	35.9S	113.2E	56	265	05m16s
−515	Sep	10	20:26	A	65	0.552	0.934	39.2N	115.0W	56	292	07m04s
−514	Feb	6	11:02	P	32	1.387	0.288	69.6N	13.8W	0		

（续表）

年	月	日	食甚时刻（U.T）	日食类型	沙罗周期	GAMMA值	最大食分	能见最大食分之地点		食甚时见食带宽度（公里）	食甚时见食带宽度（公里）	中心食延续时间
								纬度	经度	（仅对A、T、H三型）		
−514	Mar	7	21:35	P	70	−1.294	0.454	71.3S	27.5W	0		
−514	Aug	1	12:46	P	37	−1.48	0.113	68.6S	32.5W	0		
−514	Aug	31	0:22	P	75	1.241	0.551	71.0N	59.8W	0		
−513	Jan	26	18:25	A	42	0.725	0.945	26.2N	97.9W	43	293	06m37s
−513	Jul	22	3:19	T	47	−0.703	1.063	22.7S	127.7E	45	290	05m43s
−512	Jan	15	19:01	A	52	0.033	0.922	20.5S	102.0W	88	294	10m42s
−512	Jul	10	20:24	Tm	57	0.028	1.071	25.0N	126.1W	88	232	06m21s
−511	Jan	3	19:00	A	62	−0.654	0.936	64.6S	105.8W	49	315	05m32s
−511	Jun	30	11:16	T	67	0.801	1.022	76.6N	7.1W	36	129	01m26s
−511	Nov	24	12:15	P	34	1.478	0.119	63.0N	39.0E	0		
−511	Dec	24	1:06	P	72	−1.304	0.439	65.4S	0.7E	0		
−510	May	21	6:28	P	39	−1.156	0.697	62.5S	130.2E	0		
−510	Nov	14	3:04	T	44	0.787	1.04	31.2N	151.7E	38	212	03m15s
−509	May	10	7:07	A	49	−0.401	0.951	6.1S	80.8E	66	194	05m58s
−509	Nov	3	18:25	T	54	0.125	1.027	7.1S	96.1W	83	94	02m29s
−508	Apr	28	10:37	A	59	0.377	0.987	31.9N	8.4E	68	48	01m11s
−508	Oct	23	5:37	A	64	−0.591	0.973	41.0S	71.6E	54	119	02m20s
−507	Mar	19	12:51	P	31	−1.461	0.135	60.9S	84.9E	0		
−507	Apr	17	21:13	P	69	1.11	0.8	61.0N	116.1E	0		
−507	Oct	12	9:41	P	74	−1.335	0.391	60.8S	67.4W	0		
−506	Mar	9	5:30	T	41	−0.749	1.059	47.5S	132.7E	41	290	03m58s
−506	Sep	1	15:57	A	46	0.943	0.938	62.8N	10.0E	19	688	04m24s
−505	Feb	26	20:40	T	51	−0.039	1.025	12.9S	124.8W	88	87	02m18s
−505	Aug	21	22:03	Hm	56	0.171	1.002	23.5N	145.7W	80	8	00m13s
−504	Feb	16	5:59	A	61	0.723	0.962	27.7N	74.9E	44	196	03m58s
−504	Aug	10	11:15	T	66	−0.565	1.053	14.6S	0.6W	56	209	04m43s
−503	Jan	5	13:31	Pe	33	−1.555	0.028	64.7S	135.5E	0		
−503	Feb	4	8:01	P	71	1.468	0.168	62.3N	12.3E	0		
−503	Jul	1	20:33	P	38	1.269	0.502	65.4N	34.8E	0		
−503	Jul	31	3:59	P	76	−1.265	0.51	63.0S	77.4E	0		
−503	Dec	25	14:43	A	43	−0.837	0.944	79.8S	14.0W	33	378	03m59s
−502	Jun	21	10:04	H	48	0.556	1.012	57.6N	30.3E	56	48	00m55s
−502	Dec	14	22:52	H	53	−0.105	1.005	29.4S	163.3W	84	19	00m32s

（续表）

年	月	日	食甚时刻（U.T）	日食类型	沙罗周期	GAMMA值	最大食分	能见最大食分之地点		食甚时见食带宽度（公里）	食甚时见食带宽度（公里）	中心食延续时间
								纬度	经度	（仅对A、T、H三型）		
−501	Jun	10	16:39	A	58	−0.221	0.965	9.8N	71.2W	77	131	04m39s
−501	Dec	4	12:54	T	63	0.569	1.04	12.9N	12.7W	55	164	03m54s
−500	May	29	17:42	As	68	−0.994	0.937	64.0S	73.5W	5	−	05m38s
−500	Oct	24	16:56	P	35	−1.497	0.085	71.0S	161.3E	0		
−500	Nov	23	4:31	P	73	1.233	0.57	68.8N	133.4E	0		
−499	Apr	19	8:26	P	40	1.018	0.955	71.2N	64.6W	0		
−499	Oct	14	2:20	A	45	−0.867	0.954	61.5S	109.8E	30	337	03m40s
−498	Apr	8	20:48	T	50	0.222	1.054	17.3N	135.5W	77	183	04m54s
−498	Oct	3	4:35	A	55	−0.181	0.927	11.6S	106.2E	80	280	09m29s
−497	Mar	29	13:21	T	60	−0.508	1.071	28.2S	8.3W	59	266	05m48s
−497	Sep	22	4:01	A	65	0.518	0.933	32.6N	129.4E	59	290	07m33s
−496	Feb	17	19:09	P	32	1.421	0.226	70.4N	148.2W	0		
−496	Mar	18	5:29	P	70	−1.251	0.536	71.6S	159.7W	0		
−496	Aug	11	20:25	Pe	37	−1.527	0.027	69.5S	159.5W	0		
−496	Sep	10	8:12	P	75	1.201	0.621	71.5N	169.1E	0		
−495	Feb	6	2:15	A	42	0.754	0.945	31.0N	141.4E	41	307	06m21s
−495	Aug	1	11:08	T	47	−0.759	1.061	29.3S	7.0E	40	305	05m16s
−494	Jan	26	2:46	A	52	0.055	0.925	17.2S	142.3E	87	285	10m25s
−494	Jul	22	4:05	T	57	−0.036	1.067	20.0N	119.1E	88	220	06m11s
−493	Jan	15	3:03	A	62	−0.639	0.941	62.2S	141.2E	50	287	05m13s
−493	Jul	11	18:34	T	67	0.734	1.018	70.7N	99.5W	42	93	01m16s
−493	Dec	5	21:05	P	34	1.475	0.124	63.8N	103.0W	0		
−492	Jan	4	9:38	P	72	−1.294	0.458	66.5S	137.7W	0		
−492	May	31	12:57	P	39	−1.244	0.545	63.3S	23.7E	0		
−492	Nov	24	12:02	T	44	0.788	1.039	29.7N	14.2E	38	212	03m20s
−491	May	20	13:35	A	49	−0.488	0.952	8.9S	15.9W	61	198	05m58s
−491	Nov	14	3:14	T	54	0.129	1.024	10.3S	131.5E	83	83	02m15s
−490	May	9	17:31	A	59	0.296	0.992	31.4N	92.5W	73	28	00m43s
−490	Nov	3	14:04	A	64	−0.587	0.968	45.2S	54.9W	54	139	02m42s
−489	Mar	30	20:39	Pe	31	−1.513	0.034	60.9S	40.8W	0		
−489	Apr	29	4:37	P	69	1.036	0.94	61.4N	3.6W	0		
−489	Oct	23	17:40	P	74	−1.323	0.412	61.1S	164.1E	0		
−488	Mar	19	13:29	T	41	−0.8	1.06	46.8S	15.0E	37	323	04m02s
−488	Sep	11	23:31	An	46	0.98	0.936	61.7N	93.7W	11	−	04m29s

（续表）

年	月	日	食甚时刻（U.T）	日食类型	沙罗周期	GAMMA值	最大食分	能见最大食分之地点		食甚时见食带宽度（公里）	食甚时见食带宽度（公里）	中心食延续时间
								纬度	经度	（仅对A、T、H三型）		
−487	Mar	9	4:35	T	51	−0.084	1.025	11.1S	117.2E	85	87	02m17s
−487	Sep	1	5:53	H	56	0.212	1.002	21.7N	97.8E	78	8	00m13s
−486	Feb	26	13:38	A	61	0.685	0.963	27.8N	40.8W	47	181	03m48s
−486	Aug	21	19:15	T	66	−0.516	1.052	14.0S	121.0W	59	200	04m33s
−485	Jan	16	21:23	Pe	0	−1.57	0.001	63.7S	7.8E	0		
−485	Feb	15	15:30	P	71	1.435	0.224	61.7N	109.1W	0		
−485	Jul	13	4:05	P	38	1.339	0.369	64.5N	88.3W	0		
−485	Aug	11	11:53	P	76	−1.213	0.609	62.3S	50.5W	0		
−484	Jan	5	22:58	A	43	−0.844	0.949	77.5S	119.0W	32	354	03m38s
−484	Jul	1	17:10	H	48	0.634	1.005	62.8N	68.4W	50	25	00m25s
−484	Dec	25	7:35	H	53	−0.108	1.009	30.1S	68.0E	84	33	00m55s
−483	Jun	20	23:15	A	58	−0.137	0.962	15.8N	170.5W	82	140	04m58s
−483	Dec	14	21:51	T	63	0.567	1.042	11.4N	148.4W	55	170	04m03s
−482	Jun	10	0:07	A	68	−0.906	0.942	42.8S	179.0E	25	514	06m27s
−482	Nov	5	1:38	P	35	−1.505	0.072	70.4S	17.4E	0		
−482	Dec	4	13:26	P	73	1.235	0.566	67.8N	12.1W	0		
−481	Apr	30	15:32	P	40	1.087	0.832	70.6N	175.9E	0		
−481	Oct	25	10:35	A	45	−0.88	0.949	67.0S	19.3W	28	396	03m54s
−480	Apr	19	4:22	T	50	0.287	1.058	25.2N	108.9E	73	201	05m06s
−480	Oct	13	12:24	A	55	−0.201	0.923	17.2S	12.0W	78	295	09m49s
−479	Apr	8	21:09	T	60	−0.448	1.074	20.4S	128.2W	63	266	06m17s
−479	Oct	2	11:46	A	65	0.492	0.932	26.6N	11.3E	60	288	07m58s

附录三

古今“五星聚”一览表
（公元前2883年—公元2932年）

五星聚的定义为：

（1）五大行星聚在黄道上黄经 60 度的范围内；

（2）五大行星在太阳一侧；

（3）各行星到太阳的距角大到足够使它能被肉眼观测到，具体为：木星、金星去日 11 度以上，土星、水星、火星去日 15 度以上。

下表中每次五星聚给出两组数据，第一组数据对应该次五星聚会开始时的时间和位置；第二组数据对应该次五星聚会结束时的时间和位置，两组数据之间的时间差就是该次聚会的持续时间。如果该次聚会时间短暂，持续时间只有一天，那么两组数据重复。

表中左起第 1 栏的“−2882”表示公元前 2883 年，其余类推，即：

公元前年份＝表中年份之绝对值 +1。

序号	儒略日	年	月	日	干支	水黄经	金黄经	火黄经	木黄经	土黄经	日黄经
1	668563	−2882	6	5	丙申	66.67	85.82	104.14	125.03	88.24	48.25
	668592	−2882	7	4	乙丑	102.30	119.29	122.77	129.20	91.53	76.08
2	674949	−2865	11	29	壬戌	239.97	253.45	242.16	297.66	285.44	224.45
	674960	−2865	12	10	癸酉	253.76	266.98	250.82	299.34	286.43	235.64
3	688955	−2826	4	4	戊子	1.13	16.07	20.26	29.49	48.03	349.67
	688993	−2826	5	12	丙寅	42.75	61.43	44.33	37.52	52.04	25.84
4	696208	−2806	2	11	辛巳	272.01	253.81	259.47	277.21	284.33	299.55
	696231	−2806	3	6	甲辰	306.15	276.29	277.13	282.29	287.06	321.96
5	703677	−2786	7	25	庚戌	117.04	143.00	147.64	162.31	175.13	97.20
	703713	−2786	8	30	丙戌	148.25	163.38	173.46	168.73	177.77	132.77
6	710223	−2768	6	26	丙辰	54.54	24.02	42.90	13.50	47.67	69.72
	710238	−2768	7	11	辛未	68.63	38.48	52.42	15.88	49.46	84.20
7	726398	−2724	10	8	辛卯	191.21	216.40	195.00	250.64	213.62	173.08
	726419	−2724	10	29	壬子	209.79	240.54	211.26	253.84	215.86	194.52
8	732939	−2706	9	5	壬辰	120.95	127.00	79.49	97.67	93.36	139.36
	732948	−2706	9	14	辛丑	133.16	123.98	84.63	99.32	94.20	148.40
9	747648	−2666	12	13	辛丑	215.81	198.45	205.96	228.64	212.92	240.35
	747681	−2665	1	15	甲戌	258.06	237.98	230.94	236.00	216.09	273.60
10	761517	−2628	12	2	庚戌	248.46	267.08	249.36	293.42	307.29	229.93
	761525	−2628	12	10	戊午	253.62	268.78	255.65	294.80	307.81	238.07
11	768058	−2610	10	30	辛亥	177.39	150.19	121.13	135.99	180.31	195.83
	768061	−2610	11	2	甲寅	181.65	153.58	122.75	136.45	180.65	198.90
12	768336	−2609	8	4	己丑	127.05	128.76	186.59	142.36	181.57	108.06
	768365	−2609	9	2	戊午	159.53	164.64	207.15	148.48	183.75	136.80
13	775522	−2589	4	7	乙亥	11.23	32.75	26.23	26.32	69.70	354.11
	775550	−2589	5	5	癸卯	40.01	32.71	43.90	32.38	71.87	20.77
14	777065	−2585	6	28	戊午	87.82	84.94	102.62	143.44	122.31	72.30
	777065	−2585	6	28	戊午	87.82	84.94	102.62	143.44	122.31	72.30
15	777848	−2583	8	19	辛酉	146.37	167.20	151.42	205.53	148.38	123.55
	777859	−2583	8	30	壬申	159.15	173.90	159.28	206.89	149.62	134.49
16	784385	−2565	7	13	戊午	71.45	41.00	41.39	54.78	12.10	86.94
	784387	−2565	7	15	庚申	71.98	42.91	42.64	55.19	12.22	88.88
17	791075	−2547	11	5	戊子	220.70	213.85	246.20	231.13	222.34	202.66
	791077	−2547	11	7	庚寅	220.82	216.36	247.76	231.57	222.57	204.70
18	799105	−2525	10	31	戊寅	175.96	171.45	167.86	186.12	148.19	197.19

（续表）

序号	儒略日	年	月	日	干支	水黄经	金黄经	火黄经	木黄经	土黄经	日黄经
	799123	–2525	11	18	丙申	200.55	194.01	180.68	190.09	149.63	215.60
19	819493	–2469	8	26	丙寅	115.59	94.30	77.95	92.40	111.46	130.84
	819508	–2469	9	10	辛巳	130.46	112.49	86.76	95.16	113.16	145.83
20	819792	–2468	6	20	乙丑	90.15	102.71	148.63	102.59	114.69	66.23
	819824	–2468	7	22	丁酉	112.82	140.04	169.00	109.21	118.05	97.13
21	826172	–2451	12	8	乙酉	254.00	262.90	283.60	269.67	313.99	237.03
	826184	–2451	12	20	丁酉	264.60	277.72	292.52	272.38	314.82	249.21
22	842493	–2406	8	15	丙戌	136.18	141.14	176.02	181.16	153.29	120.64
	842512	–2406	9	3	乙巳	162.79	164.71	189.93	184.51	155.37	139.52
23	849672	–2386	4	11	乙丑	6.46	41.37	17.30	65.19	32.92	359.71
	849672	–2386	4	11	乙丑	6.46	41.37	17.30	65.19	32.92	359.71
24	849680	–2386	4	19	癸酉	22.66	45.78	22.53	66.39	33.88	7.34
	849680	–2386	4	19	癸酉	22.66	45.78	22.53	66.39	33.88	7.34
25	854907	–2372	8	10	庚辰	140.24	163.02	196.47	140.78	199.74	116.46
	854915	–2372	8	18	戊子	149.73	170.25	202.00	142.48	200.12	124.35
26	856947	–2366	3	12	庚辰	310.90	312.41	268.42	319.58	273.24	331.06
	856953	–2366	3	18	丙戌	321.45	319.73	272.89	320.99	273.72	336.85
27	862896	–2350	6	25	己丑	94.14	82.60	92.56	90.01	118.50	71.45
	862906	–2350	7	5	己亥	107.65	94.97	98.98	92.16	119.49	81.07
28	863608	–2348	6	6	辛巳	80.61	94.14	93.33	137.56	139.14	53.77
	863625	–2348	6	23	戊戌	85.81	113.41	104.08	139.53	140.01	70.03
29	870945	–2328	7	8	戊戌	69.59	63.59	43.04	50.81	32.71	84.62
	870960	–2328	7	23	癸丑	84.10	82.05	52.42	53.74	34.04	99.17
30	877612	–2310	10	9	乙巳	191.69	215.92	229.61	221.94	236.65	176.52
	877638	–2310	11	4	辛未	219.26	246.77	249.69	227.45	239.05	203.04
31	893654	–2266	9	10	丁卯	131.54	111.57	73.19	130.86	78.18	147.55
	893661	–2266	9	17	甲戌	135.91	120.09	76.81	132.35	78.63	154.58
32	900330	–2248	12	20	癸未	265.96	276.57	276.79	314.16	278.00	250.90
	900343	–2247	1	2	丙申	280.69	292.60	286.81	316.46	279.55	264.05
33	914339	–2209	4	29	壬子	33.57	42.42	51.82	46.80	39.43	17.98
	914346	–2209	5	6	己未	45.71	50.89	56.17	48.28	40.32	24.64
34	921568	–2189	2	12	辛巳	289.69	271.35	277.97	289.88	274.84	304.82
	921612	–2189	3	28	乙丑	332.21	301.60	311.64	299.55	278.94	347.57

（续表）

序号	儒略日	年	月	日	干支	水黄经	金黄经	火黄经	木黄经	土黄经	日黄经
35	929052	−2169	8	10	乙丑	132.30	163.92	176.81	177.38	168.84	117.23
	929092	−2169	9	19	乙巳	174.35	198.24	206.21	184.98	172.92	157.04
36	935605	−2151	7	19	戊寅	80.92	51.72	73.15	30.31	37.96	96.37
	935616	−2151	7	30	己丑	90.29	61.15	80.09	31.82	38.87	107.07
37	949446	−2113	6	11	己未	75.02	100.32	87.69	84.74	134.19	59.64
	949464	−2113	6	29	丁丑	102.84	120.66	99.12	88.56	135.42	76.87
38	973019	−2049	12	25	壬子	240.29	211.40	232.43	244.05	206.04	256.63
	973052	−2048	1	27	乙酉	267.33	249.61	258.03	251.42	208.26	289.78
39	979417	−2031	7	1	庚寅	61.45	34.08	21.35	65.14	64.10	79.90
	979423	−2031	7	7	丙申	70.44	39.93	25.14	66.44	64.85	85.67
40	979707	−2030	4	17	庚辰	30.49	24.68	83.79	75.35	67.50	8.16
	979729	−2030	5	9	壬寅	45.10	51.49	95.72	78.83	69.63	29.11
41	980501	−2028	6	19	甲午	84.20	86.70	135.56	136.62	97.94	68.65
	980506	−2028	6	24	己亥	92.71	84.50	138.67	137.33	98.51	73.44
42	986891	−2011	12	17	甲子	264.64	294.33	278.60	309.93	295.27	249.29
	986905	−2011	12	31	戊寅	279.22	303.58	289.39	312.51	296.77	263.47
43	993418	−1993	10	31	辛亥	185.57	154.79	140.15	149.16	172.17	200.94
	993446	−1993	11	28	己卯	211.94	183.32	156.69	153.27	174.87	229.55
44	1000900	−1972	4	25	癸巳	32.27	60.17	54.08	43.48	57.43	16.72
	1000921	−1972	5	16	甲寅	62.21	71.78	67.08	48.05	59.87	36.70
45	1008134	−1952	2	14	丁卯	286.23	277.94	283.64	286.90	292.66	308.30
	1008173	−1952	3	24	丙午	330.97	325.31	313.54	295.26	297.00	346.25
46	1022166	−1914	7	16	己未	79.22	70.43	75.26	26.37	56.93	95.02
	1022175	−1914	7	25	戊辰	86.14	81.45	80.97	27.57	57.90	103.75
47	1037529	−1872	8	7	壬戌	141.12	139.21	155.89	193.43	197.31	117.24
	1037556	−1872	9	3	己丑	159.70	172.53	175.00	197.52	199.08	143.92
48	1044873	−1852	9	15	丙戌	140.86	116.66	107.19	109.45	101.79	156.08
	1044891	−1852	10	3	甲辰	158.99	138.39	117.98	112.44	103.20	174.22
49	1051550	−1834	12	27	癸卯	275.47	282.25	315.95	287.14	302.18	260.44
	1051564	−1833	1	10	丁巳	290.34	299.57	325.74	290.39	303.74	274.57
50	1059579	−1812	12	20	壬辰	238.95	238.74	233.42	239.60	222.50	254.01
	1059597	−1811	1	7	庚戌	245.83	261.22	247.37	243.68	224.28	272.22
51	1066268	−1793	4	14	辛酉	28.96	51.57	87.17	71.53	87.50	6.89

（续表）

序号	儒略日	年	月	日	干支	水黄经	金黄经	火黄经	木黄经	土黄经	日黄经
	1066289	−1793	5	5	壬午	42.35	71.71	98.10	74.95	88.87	26.91
52	1079984	−1756	11	1	丁酉	184.36	181.91	145.78	146.30	189.25	204.41
	1080005	−1756	11	22	戊午	208.23	208.29	158.44	149.20	191.55	225.87
53	1088978	−1731	6	17	辛卯	93.81	104.71	116.47	152.26	129.37	68.80
	1089007	−1731	7	16	庚申	112.86	138.57	135.10	156.01	132.06	96.65
54	1102997	−1693	11	4	庚午	222.38	244.47	268.88	240.06	230.91	207.15
	1103006	−1693	11	13	己卯	235.31	255.36	275.63	242.04	231.93	216.35
55	1109372	−1675	4	18	乙酉	33.63	37.08	34.64	57.13	92.24	12.10
	1109396	−1675	5	12	己酉	50.92	65.96	50.10	61.91	93.87	34.96
56	1124107	−1635	8	21	庚申	157.35	177.56	169.78	191.54	216.44	132.54
	1124117	−1635	8	31	庚午	157.99	184.87	176.90	193.26	216.92	142.44
57	1138111	−1597	12	24	甲申	274.15	305.61	318.35	282.27	322.77	258.84
	1138125	−1596	1	7	戊戌	288.64	318.08	328.07	285.55	324.02	273.01
58	1140435	−1590	5	5	戊辰	53.17	73.89	84.98	112.87	53.59	28.73
	1140436	−1590	5	6	己巳	54.18	74.86	85.56	112.97	53.71	29.68
59	1140439	−1590	5	9	壬申	56.85	77.72	87.32	113.26	54.08	32.53
	1140445	−1590	5	15	戊寅	60.48	83.23	90.86	113.92	54.84	38.24
60	1146951	−1572	3	7	甲辰	317.45	309.31	313.85	307.77	268.73	332.67
	1146971	−1572	3	27	甲子	325.68	312.65	328.94	312.17	269.94	352.04
61	1154436	−1552	9	3	己丑	161.32	192.63	214.17	194.03	164.17	146.29
	1154439	−1552	9	6	壬辰	165.82	195.87	216.35	194.59	164.52	149.27
62	1168071	−1514	1	2	甲辰	247.18	227.05	222.79	257.68	253.48	269.06
	1168084	−1514	1	15	丁巳	266.80	242.45	232.33	260.70	254.96	282.16
63	1174827	−1496	7	2	庚辰	100.56	123.91	117.38	101.20	127.64	85.22
	1174833	−1496	7	8	丙戌	110.57	130.92	121.23	102.49	128.25	90.99
64	1188764	−1458	8	29	丁酉	166.65	163.42	204.48	171.58	222.36	141.53
	1188776	−1458	9	10	己酉	169.05	178.29	213.26	174.10	223.02	153.47
65	1204788	−1414	7	13	辛丑	80.94	52.46	46.39	79.51	55.22	95.96
	1204803	−1414	7	28	丙辰	95.24	64.71	55.78	82.70	56.76	110.48
66	1218798	−1376	11	20	辛未	211.03	183.53	170.86	164.71	167.33	226.54
	1218820	−1376	12	12	癸巳	226.84	202.34	184.87	167.55	168.73	248.99
67	1233511	−1335	3	3	甲申	315.04	296.27	314.88	303.27	286.05	330.32
	1233549	−1335	4	10	壬戌	348.19	342.00	343.41	311.14	289.01	7.08

（续表）

序号	儒略日	年	月	日	干支	水黄经	金黄经	火黄经	木黄经	土黄经	日黄经
68	1240192	−1317	6	18	乙巳	94.44	103.64	148.99	127.04	153.45	72.50
	1240227	−1317	7	23	庚辰	122.54	145.28	170.85	133.58	155.88	106.12
69	1253905	−1279	1	2	戊寅	255.89	228.59	210.71	201.49	249.51	271.01
	1253923	−1279	1	20	丙申	262.21	249.91	223.00	203.61	251.45	289.15
70	1262899	−1255	8	18	壬申	149.95	148.50	180.59	207.74	190.70	132.45
	1262936	−1255	9	24	己酉	185.52	194.46	207.51	213.78	194.23	169.23
71	1284177	−1197	11	20	庚戌	208.11	196.51	211.86	194.23	192.12	227.05
	1284186	−1197	11	29	己未	221.11	198.80	218.58	196.04	193.01	236.25
72	1284971	−1194	1	22	甲子	265.58	275.43	276.51	259.45	217.72	291.52
	1284971	−1194	1	22	甲子	265.58	275.43	276.51	259.45	217.72	291.52
73	1291349	−1177	7	10	壬午	79.12	68.81	48.71	76.43	72.96	94.67
	1291364	−1177	7	25	丁酉	93.92	87.10	58.22	79.61	74.76	109.15
74	1291654	−1176	5	10	丁亥	61.79	81.42	120.73	88.74	77.71	37.20
	1291673	−1176	5	29	丙午	71.39	100.64	130.69	92.23	79.89	55.27
75	1298027	−1159	10	21	庚子	217.58	234.87	239.75	250.10	276.63	197.23
	1298043	−1159	11	6	丙辰	228.95	254.14	252.20	253.26	277.64	213.53
76	1305359	−1139	11	17	壬子	209.46	197.67	173.25	161.61	183.16	221.91
	1305379	−1139	12	7	壬申	223.32	222.67	186.15	164.15	184.91	245.34
77	1314352	−1114	7	2	乙巳	108.88	119.54	142.73	167.17	120.50	87.71
	1314373	−1114	7	23	丙寅	135.07	144.67	156.32	169.93	122.95	107.93
78	1319305	−1100	1	23	戊寅	277.71	250.37	272.13	236.44	276.95	292.71
	1319305	−1100	1	23	戊寅	277.71	250.37	272.13	236.44	276.95	292.71
79	1320739	−1097	12	27	壬申	283.21	287.75	283.09	342.84	318.24	265.48
	1320748	−1096	1	5	辛巳	290.53	298.92	290.15	344.08	319.12	274.60
80	1334743	−1058	4	30	丙申	43.38	47.67	58.21	72.61	79.67	28.11
	1334781	−1058	6	7	甲戌	79.51	93.71	82.18	80.36	83.92	64.28
81	1341989	−1038	3	2	壬午	303.72	299.73	293.36	319.66	316.13	331.33
	1342016	−1038	3	29	己酉	342.10	313.27	314.12	325.90	319.27	357.58
82	1349459	−1018	8	14	壬子	147.67	175.47	182.02	203.95	206.92	130.08
	1349497	−1018	9	21	庚寅	183.93	213.86	209.42	210.23	209.81	167.72
83	1356009	−1000	7	20	壬戌	90.63	68.33	79.61	57.04	79.02	106.40
	1356023	−1000	8	3	丙子	104.86	76.38	88.46	59.44	80.63	119.97
84	1363492	−979	1	14	乙巳	300.50	331.62	352.48	300.60	312.23	285.30

（续表）

序号	儒略日	年	月	日	干支	水黄经	金黄经	火黄经	木黄经	土黄经	日黄经
	1363497	−979	1	19	庚戌	308.02	336.74	355.67	301.79	312.82	290.33
85	1372190	−956	11	7	癸卯	236.03	254.71	237.23	295.83	246.54	216.27
	1372203	−956	11	20	丙辰	245.07	270.33	247.37	297.65	247.99	229.54
86	1393441	−897	1	13	甲寅	258.23	238.98	248.78	273.22	245.84	284.39
	1393467	−897	2	8	庚辰	295.13	268.75	268.63	279.18	248.14	310.43
87	1400129	−879	5	6	壬午	53.36	51.81	99.33	103.94	110.77	35.47
	1400131	−879	5	8	甲申	53.39	54.25	100.46	104.22	110.89	37.37
88	1400911	−877	6	27	甲申	104.71	116.74	143.93	163.38	138.13	84.54
	1400929	−877	7	15	壬寅	129.09	113.47	155.32	165.70	139.87	101.81
89	1407298	−860	12	21	辛亥	279.05	308.79	283.25	337.49	338.41	261.86
	1407309	−859	1	1	壬戌	288.89	318.92	291.89	339.10	339.15	273.03
90	1413838	−842	11	17	辛亥	206.02	181.13	154.51	176.89	211.58	226.79
	1413847	−842	11	26	庚申	218.22	189.37	159.42	178.42	212.59	235.98
91	1414136	−841	9	11	己酉	182.54	175.24	234.33	186.93	214.31	158.80
	1414156	−841	10	1	己巳	194.85	200.16	248.87	191.24	216.15	178.82
92	1421304	−821	4	27	丁丑	42.07	72.03	60.43	68.65	99.91	26.86
	1421340	−821	6	2	癸丑	77.22	98.88	83.05	76.12	103.00	61.15
93	1428575	−801	3	24	戊子	337.29	328.17	314.54	320.59	338.64	354.33
	1428577	−801	3	26	庚寅	340.92	330.59	316.07	321.03	338.89	356.26
94	1442581	−763	7	28	甲寅	98.79	89.14	88.74	54.47	100.19	115.73
	1442584	−763	7	31	丁巳	103.55	92.79	90.64	54.94	100.56	118.64
95	1444898	−757	12	1	辛卯	221.32	209.75	210.03	229.72	180.18	241.44
	1444910	−757	12	13	癸卯	238.56	224.63	218.68	232.42	181.00	253.69
96	1465278	−701	9	18	辛未	150.97	124.18	114.01	134.19	142.64	166.83
	1465294	−701	10	4	丁亥	167.76	142.94	123.40	137.25	144.40	182.87
97	1465578	−700	7	14	辛未	127.16	132.72	185.94	144.38	145.91	102.94
	1465609	−700	8	14	壬寅	148.69	170.03	205.87	150.63	149.32	133.00
98	1471955	−683	12	29	戊子	286.89	288.41	319.18	312.80	345.72	271.01
	1471968	−682	1	11	辛丑	299.97	304.60	328.76	315.62	346.67	284.18
99	1479998	−660	1	6	辛卯	253.04	262.30	247.62	267.65	262.82	278.79
	1480020	−660	1	28	癸丑	281.32	289.72	264.41	272.70	265.25	300.95
100	1485963	−644	5	6	丙辰	53.04	53.24	90.24	48.56	107.14	37.55
	1485963	−644	5	6	丙辰	53.04	53.24	90.24	48.56	107.14	37.55

（续表）

序号	儒略日	年	月	日	干支	水黄经	金黄经	火黄经	木黄经	土黄经	日黄经
101	1488279	−638	9	8	壬辰	172.84	170.20	213.54	223.49	185.22	157.59
	1488293	−638	9	22	丙午	192.86	187.68	223.85	225.79	186.79	171.54
102	1493236	−624	4	4	己巳	351.67	327.84	351.97	297.69	346.26	7.04
	1493236	−624	4	4	己巳	351.67	327.84	351.97	297.69	346.26	7.04
103	1494023	−622	5	31	丙子	40.18	47.75	45.80	7.29	17.60	61.05
	1494031	−622	6	8	甲申	48.42	57.53	51.15	8.71	18.43	68.67
104	1494684	−620	3	22	丁丑	6.07	.02	11.48	46.83	34.11	354.49
	1494689	−620	3	27	壬午	3.92	6.18	14.98	47.74	34.68	359.34
105	1495464	−618	5	11	丁丑	57.14	87.23	58.06	108.55	65.31	42.04
	1495467	−618	5	14	庚辰	62.65	90.01	60.00	108.98	65.68	44.90
106	1500691	−604	9	1	甲申	174.11	196.55	233.16	181.85	231.87	151.41
	1500707	−604	9	17	庚子	191.38	214.03	244.35	185.22	232.80	167.30
107	1509399	−580	7	5	壬辰	121.13	130.80	133.13	180.16	171.02	95.24
	1509411	−580	7	17	甲辰	122.00	144.98	140.79	181.46	171.77	106.77
108	1516731	−560	8	1	甲辰	105.63	92.94	79.88	93.28	64.61	121.42
	1516744	−560	8	14	丁巳	118.71	108.78	87.98	95.90	65.68	134.08
109	1523399	−542	11	3	壬子	229.86	247.46	268.38	264.97	269.59	214.67
	1523423	−542	11	27	丙子	254.38	276.78	286.90	269.95	271.92	239.15
110	1530739	−522	12	8	壬申	235.09	219.83	204.52	176.93	177.49	250.54
	1530750	−522	12	19	癸未	237.64	233.47	212.06	178.15	178.05	261.75
111	1537413	−503	3	17	丙戌	.67	21.19	55.56	2.77	24.36	350.28
	1537423	−503	3	27	丙申	18.79	33.17	61.28	5.13	25.57	359.99
112	1546115	−479	1	12	戊子	302.02	304.59	313.85	358.31	311.16	286.92
	1546125	−479	1	22	戊戌	314.83	317.02	321.52	359.85	312.36	297.00
113	1552146	−463	7	18	己未	135.17	141.20	193.60	142.27	164.44	108.40
	1552156	−463	7	28	己巳	144.76	141.18	199.71	144.28	165.32	118.05
114	1560123	−441	5	21	丙辰	68.03	69.14	87.24	88.72	71.68	52.72
	1560127	−441	5	25	庚申	75.26	74.03	89.72	89.52	72.18	56.52
115	1567366	−421	3	20	己亥	327.54	340.95	325.06	336.14	309.44	353.34
	1567392	−421	4	15	乙丑	359.38	340.26	344.83	342.03	311.70	18.48
116	1574839	−401	9	4	壬申	170.62	198.96	215.06	219.51	201.58	155.17
	1574874	−401	10	9	丁未	209.96	237.32	240.97	225.89	205.26	190.11
117	1581233	−383	3	7	丙午	.47	17.99	4.97	40.86	52.60	341.42

（续表）

序号	儒略日	年	月	日	干支	水黄经	金黄经	火黄经	木黄经	土黄经	日黄经
	1581251	−383	3	25	甲子	.18	38.97	17.66	44.09	54.08	358.97
118	1581390	−383	8	11	癸未	116.76	103.13	109.23	73.39	70.34	132.26
	1581403	−383	8	24	丙申	129.59	106.20	117.43	75.35	71.31	144.97
119	1588565	−363	4	3	戊午	348.75	340.70	289.18	302.31	300.97	7.85
	1588580	−363	4	18	癸酉	356.86	358.86	299.61	304.48	301.87	22.30
120	1595231	−345	7	4	甲子	110.96	129.95	123.72	126.16	166.41	95.41
	1595257	−345	7	30	庚寅	147.60	160.60	140.33	131.59	168.45	120.42
121	1609959	−305	10	30	壬辰	227.55	244.15	269.76	260.81	286.58	212.07
	1609976	−305	11	16	己酉	249.73	240.86	282.81	264.28	287.78	229.38
122	1616503	−287	9	29	丙申	162.91	137.11	149.31	112.23	166.21	181.41
	1616511	−287	10	7	甲辰	172.69	146.24	154.40	113.23	167.14	189.45
123	1618811	−280	1	24	甲子	275.48	253.11	274.82	288.18	239.41	299.72
	1618835	−280	2	17	戊子	299.88	278.40	293.53	293.72	240.85	323.70
124	1625205	−263	7	27	戊戌	101.93	76.99	59.77	107.60	96.74	118.64
	1625207	−263	7	29	庚子	105.14	78.23	61.02	108.03	96.98	120.57
125	1625504	−262	5	22	丁酉	79.34	67.12	126.22	119.08	100.74	55.31
	1625516	−262	6	3	己酉	82.44	81.82	132.92	120.95	102.03	66.73
126	1626286	−260	7	12	己亥	120.06	146.69	171.92	178.16	130.15	104.46
	1626298	−260	7	24	辛亥	139.10	153.02	179.55	179.79	131.59	116.01
127	1632676	−242	1	9	己巳	300.69	331.68	315.71	354.11	328.26	285.36
	1632690	−242	1	23	癸未	314.80	345.98	326.44	356.43	329.79	299.49
128	1639202	−225	11	22	乙卯	221.07	204.45	175.77	190.33	204.61	236.09
	1639236	−225	12	26	己丑	254.42	224.77	195.96	195.61	207.70	270.77
129	1646684	−204	5	17	丁酉	66.79	96.22	89.53	85.62	89.34	51.49
	1646711	−204	6	13	甲子	102.77	121.80	106.23	91.31	92.58	77.19
130	1653916	−184	3	5	己巳	323.09	303.29	318.37	329.50	325.17	341.21
	1653954	−184	4	12	丁未	359.88	348.70	347.50	338.14	329.39	18.15
131	1667951	−146	8	8	甲子	115.17	98.85	111.37	69.90	88.71	130.93
	1667964	−146	8	21	丁丑	128.33	114.57	119.59	71.81	90.02	143.60
132	1674337	−128	2	1	庚寅	284.43	267.86	231.52	231.74	290.46	308.87
	1674342	−128	2	6	乙未	291.46	273.77	234.64	232.31	291.03	313.88
133	1676662	−122	6	14	乙亥	62.54	36.48	24.52	66.62	13.36	78.31
	1676662	−122	6	14	乙亥	62.54	36.48	24.52	66.62	13.36	78.31

（续表）

序号	儒略日	年	月	日	干支	水黄经	金黄经	火黄经	木黄经	土黄经	日黄经
134	1683322	−104	9	7	乙亥	186.15	177.09	197.98	236.97	230.01	161.13
	1683341	−104	9	26	甲午	195.05	200.72	211.63	239.77	231.45	180.02
135	1684123	−102	11	17	丙申	247.58	258.79	266.68	306.52	256.79	232.13
	1684133	−102	11	27	丙午	261.65	255.96	274.52	308.02	257.93	242.33
136	1690658	−84	10	8	辛卯	176.22	147.44	143.31	151.13	133.20	192.21
	1690675	−84	10	25	戊申	193.09	167.01	153.53	154.13	134.43	209.38
137	1697335	−65	1	19	戊申	311.62	310.18	352.95	330.83	334.52	296.50
	1697345	−65	1	29	戊午	324.37	322.64	359.87	333.07	335.64	306.57
138	1698128	−63	3	22	辛酉	1.89	32.64	49.53	40.74	5.71	358.51
	1698129	−63	3	23	壬戌	4.02	32.85	50.15	40.94	5.84	359.48
139	1705369	−43	1	17	壬寅	273.18	272.93	274.27	283.43	255.42	295.15
	1705405	−43	2	22	戊寅	312.77	317.60	302.38	291.52	258.33	331.17
140	1712052	−25	5	6	乙丑	64.06	82.32	122.75	114.02	118.36	41.68
	1712076	−25	5	30	己丑	79.81	108.79	135.28	117.57	120.13	64.56
141	1725765	12	11	20	戊戌	218.99	205.25	179.59	187.34	220.87	236.53
	1725795	12	12	20	戊辰	250.69	242.59	197.79	191.85	224.07	267.14
142	1734768	37	7	15	辛丑	136.06	139.61	155.79	194.98	161.02	109.42
	1734793	37	8	9	丙寅	148.64	169.64	172.04	198.01	163.55	133.56
143	1748783	75	11	28	丙子	259.42	274.60	307.06	283.28	263.34	244.38
	1748787	75	12	2	庚辰	265.46	279.54	310.03	284.14	263.80	248.46
144	1755156	93	5	10	己丑	68.57	63.89	70.25	99.72	122.80	46.90
	1755182	93	6	5	乙卯	88.45	95.56	86.91	104.57	124.77	71.67
145	1763219	115	6	7	壬子	54.39	62.09	23.97	61.57	33.87	73.28
	1763219	115	6	7	壬子	54.39	62.09	23.97	61.57	33.87	73.28
146	1769887	133	9	8	庚申	189.15	209.62	202.82	233.17	248.15	163.67
	1769901	133	9	22	甲戌	193.96	224.48	212.83	235.36	248.87	177.56
147	1777219	153	10	5	壬申	174.82	177.02	145.72	147.51	152.35	190.71
	1777229	153	10	15	壬午	182.29	189.58	151.82	149.29	153.36	200.76
148	1783896	172	1	16	己丑	310.28	339.63	355.43	325.88	354.73	294.95
	1783902	172	1	22	乙未	318.96	346.31	359.55	327.24	355.26	301.02
149	1806597	234	3	12	庚戌	.62	20.84	25.40	54.92	40.17	350.75
	1806624	234	4	8	丁丑	32.44	53.08	43.75	59.69	43.21	17.04
150	1813865	254	2	3	戊午	295.84	268.85	266.35	302.77	287.15	314.19

（续表）

序号	儒略日	年	月	日	干支	水黄经	金黄经	火黄经	木黄经	土黄经	日黄经
	1813870	254	2	8	癸亥	303.90	274.44	270.06	303.95	287.69	319.20
151	1820612	272	7	25	乙酉	136.38	153.16	153.54	142.88	159.04	121.13
	1820626	272	8	8	己亥	158.07	169.97	162.61	145.85	160.57	134.65
152	1821326	274	7	9	己卯	131.22	143.16	156.24	190.61	179.85	105.30
	1821352	274	8	4	乙巳	147.51	142.60	172.88	193.78	181.76	130.31
153	1827856	292	5	25	己巳	47.86	17.30	42.23	35.86	38.98	63.02
	1827882	292	6	20	乙未	72.24	43.80	60.06	41.30	41.96	87.78
154	1834552	310	9	24	乙巳	204.16	195.14	243.81	213.72	254.87	180.63
	1834560	310	10	2	癸丑	204.93	205.12	249.71	215.38	255.37	188.62
155	1835343	312	11	23	丙辰	256.93	281.44	308.81	278.37	280.73	241.76
	1835364	312	12	14	丁丑	278.33	284.19	324.27	283.05	283.02	263.19
156	1841737	330	5	27	庚寅	85.46	109.65	85.22	99.41	144.67	64.75
	1841743	330	6	2	丙申	85.67	114.69	89.05	100.63	145.00	70.46
157	1841877	330	10	14	庚戌	185.66	154.46	174.94	127.02	159.32	200.81
	1841881	330	10	18	甲寅	186.42	158.72	177.56	127.49	159.72	204.84
158	1850574	354	8	6	丁未	117.16	107.90	83.47	121.68	87.18	132.87
	1850587	354	8	19	庚申	130.00	109.13	91.56	124.47	88.44	145.50
159	1864582	392	12	12	乙亥	246.69	247.58	206.64	206.19	199.30	261.74
	1864603	393	1	2	丙申	259.60	246.76	220.15	209.28	200.55	283.13
160	1879300	433	3	30	癸巳	351.29	330.43	354.97	347.60	319.62	10.10
	1879306	433	4	5	己亥	352.25	337.44	359.51	348.98	320.16	15.92
161	1885975	451	7	9	戊申	127.21	129.63	184.33	168.28	185.37	106.45
	1886013	451	8	16	丙戌	158.29	175.80	208.23	175.03	188.20	143.09
162	1893159	471	3	10	壬辰	1.24	24.21	28.23	50.80	60.74	350.34
	1893178	471	3	29	辛亥	27.98	21.12	41.16	54.20	62.33	8.93
163	1899690	489	1	25	癸未	291.52	260.77	247.52	243.49	282.71	307.13
	1899715	489	2	19	戊申	305.73	288.59	264.83	246.68	285.29	332.18
164	1907173	509	7	22	丙寅	135.49	150.36	155.71	139.60	176.75	119.86
	1907184	509	8	2	丁丑	152.95	148.93	162.77	141.94	177.73	130.46
165	1908697	513	9	23	庚寅	203.61	192.59	226.66	251.91	224.51	181.42
	1908721	513	10	17	甲寅	220.82	222.58	244.47	255.87	227.02	205.44
166	1914431	529	6	5	甲子	53.34	57.89	53.94	34.76	59.57	75.14
	1914443	529	6	17	丙子	70.90	72.53	62.13	37.14	61.08	86.56

（续表）

序号	儒略日	年	月	日	干支	水黄经	金黄经	火黄经	木黄经	土黄经	日黄经
167	1937134	591	8	2	丁亥	115.35	97.42	85.18	118.33	105.49	130.62
	1937148	591	8	16	辛丑	128.71	114.22	94.02	121.32	107.13	144.18
168	1937438	592	6	1	辛卯	97.16	111.65	156.49	130.49	110.03	72.06
	1937459	592	6	22	壬子	108.73	135.31	167.55	134.10	112.49	92.06
169	1943810	609	11	11	癸卯	250.48	261.40	275.44	292.78	309.73	231.46
	1943827	609	11	28	庚申	264.46	282.34	288.70	295.93	310.84	248.77
170	1951143	629	12	9	丙辰	245.10	225.14	209.04	202.96	215.74	260.15
	1951169	630	1	4	壬午	265.25	257.22	225.96	206.50	217.85	286.64
171	1957815	648	3	16	戊辰	6.26	24.27	59.80	28.58	65.70	358.31
	1957816	648	3	17	己巳	8.31	25.49	60.39	28.80	65.77	359.29
172	1957823	648	3	24	丙子	21.85	33.99	64.59	30.37	66.34	6.14
	1957840	648	4	10	癸巳	41.43	54.48	74.86	34.27	67.98	22.67
173	1960141	654	7	29	甲寅	150.63	152.94	181.63	209.45	153.34	127.50
	1960153	654	8	10	丙寅	165.93	167.56	189.45	210.85	154.77	139.08
174	1965087	668	2	12	庚辰	308.36	279.36	306.94	278.31	309.91	325.78
	1965090	668	2	15	癸未	313.27	282.53	309.30	278.89	310.26	328.77
175	1972549	688	7	18	壬寅	144.41	160.60	195.13	167.41	203.11	117.68
	1972573	688	8	11	丙寅	156.79	170.71	210.17	171.91	204.47	140.81
176	1980527	710	5	22	庚子	78.03	74.35	93.82	114.69	111.74	62.98
	1980567	710	7	1	庚辰	116.67	123.28	118.97	122.45	116.32	101.11
177	1986260	726	1	31	癸酉	289.59	298.54	256.17	241.32	299.67	314.67
	1986261	726	2	1	甲戌	290.10	299.79	256.87	241.45	299.79	315.68
178	1988589	732	6	17	壬戌	67.87	71.33	49.15	76.87	21.87	88.41
	1988597	732	6	25	庚午	76.60	81.10	54.67	78.66	22.43	96.04
179	1995247	750	9	9	庚申	187.54	210.30	220.86	246.76	239.68	169.13
	1995282	750	10	14	乙未	219.29	250.21	246.41	252.28	242.56	203.94
180	2001799	768	8	17	壬申	129.33	135.97	119.03	100.83	111.65	147.26
	2001807	768	8	25	庚辰	139.65	132.82	124.07	102.27	112.53	155.06
181	2002599	770	10	26	壬辰	200.05	198.87	175.10	164.06	142.70	216.19
	2002601	770	10	28	甲午	200.29	201.38	176.36	164.39	142.82	218.21
182	2015662	806	8	1	乙亥	158.90	168.02	147.48	156.74	206.86	131.58
	2015664	806	8	3	丁丑	160.63	170.39	148.75	157.16	206.97	133.51
183	2039235	871	2	14	戊辰	304.72	282.95	292.74	318.47	279.34	329.54

（续表）

序号	儒略日	年	月	日	干支	水黄经	金黄经	火黄经	木黄经	土黄经	日黄经
	2039252	871	3	3	乙酉	330.87	300.57	305.83	322.46	280.69	346.46
184	2044389	885	3	26	壬戌	28.43	46.82	70.28	27.47	86.42	9.67
	2044398	885	4	4	辛未	37.79	48.82	75.65	29.57	87.01	18.44
185	2046700	891	7	24	癸巳	146.80	168.84	182.78	205.90	170.11	124.32
	2046735	891	8	28	戊辰	173.23	184.32	205.78	210.80	173.97	158.20
186	2053241	909	6	20	甲午	76.78	47.14	76.24	55.00	27.78	92.44
	2053256	909	7	5	己酉	87.71	61.21	86.21	57.99	28.79	106.75
187	2059619	926	12	6	壬子	236.93	234.20	188.60	217.86	243.45	259.00
	2059633	926	12	20	丙寅	254.94	236.15	196.30	220.41	245.02	273.28
188	2059940	927	10	23	癸酉	230.60	226.94	285.74	232.67	248.39	214.07
	2059941	927	10	24	甲戌	230.16	228.19	286.48	232.89	248.49	215.08
189	2067088	947	5	19	辛巳	76.76	104.32	96.07	111.23	130.84	61.76
	2067127	947	6	27	庚申	114.35	144.29	120.50	118.92	134.45	98.94
190	2088360	1005	8	14	癸丑	127.91	110.71	121.21	96.94	130.62	145.96
	2088368	1005	8	22	辛酉	138.38	120.24	126.27	98.35	131.61	153.73
191	2104541	1049	12	2	甲午	276.07	288.33	280.02	335.88	297.22	256.07
	2104548	1049	12	9	辛丑	279.07	288.37	285.50	336.81	297.94	263.21
192	2111062	1067	10	10	乙亥	186.51	155.70	149.67	175.73	173.84	202.07
	2111080	1067	10	28	癸巳	205.10	175.16	160.22	179.28	175.77	220.16
193	2111367	1068	8	10	庚辰	168.19	166.04	225.41	186.82	177.65	142.82
	2111389	1068	9	1	壬寅	185.87	192.97	239.66	191.12	180.15	164.22
194	2118544	1088	4	4	丁巳	35.88	58.80	62.61	68.86	49.96	20.25
	2118561	1088	4	21	甲戌	56.84	61.63	73.58	72.20	52.06	36.72
195	2125071	1106	2	16	甲辰	318.33	286.96	281.98	259.98	276.67	333.54
	2125085	1106	3	2	戊午	320.35	301.33	292.32	261.58	277.68	347.49
196	2125792	1108	2	7	乙巳	298.52	301.59	291.56	312.83	296.45	324.03
	2125813	1108	2	28	丙寅	329.91	327.62	307.75	317.72	298.61	345.02
197	2139810	1146	6	25	癸未	78.44	78.20	83.65	51.82	49.79	98.86
	2139823	1146	7	8	丙申	95.90	94.03	92.26	54.23	51.00	111.26
198	2141249	1150	6	3	壬午	93.68	121.03	94.41	150.97	96.77	77.92
	2141253	1150	6	7	丙戌	100.85	125.40	96.99	151.47	97.28	81.74
199	2146479	1164	9	27	壬辰	213.37	231.16	272.94	224.12	264.26	190.59
	2146500	1164	10	18	癸丑	229.40	255.68	287.81	228.56	265.76	211.57

（续表）

序号	儒略日	年	月	日	干支	水黄经	金黄经	火黄经	木黄经	土黄经	日黄经
200	2162516	1208	8	24	己酉	141.68	121.84	116.26	135.49	96.20	157.51
	2162529	1208	9	6	壬戌	155.13	137.40	124.33	138.17	97.17	170.21
201	2169186	1226	11	28	己未	268.40	278.56	307.40	308.76	302.62	253.04
	2169207	1226	12	19	庚辰	289.92	304.60	323.57	312.95	304.74	274.45
202	2183202	1265	4	13	乙未	45.21	54.54	94.19	47.26	57.32	30.12
	2183210	1265	4	21	癸卯	58.30	64.25	98.75	49.11	58.31	37.86
203	2197631	1304	10	14	甲子	190.16	191.99	156.96	173.72	193.08	208.61
	2197640	1304	10	23	癸酉	202.62	203.27	162.30	175.44	194.13	217.65
204	2197932	1305	8	11	乙丑	172.09	190.67	231.35	183.94	196.52	145.41
	2197951	1305	8	30	甲申	184.19	204.38	243.35	187.74	198.39	163.87
205	2211635	1343	2	16	戊子	315.06	314.17	286.34	256.08	294.43	335.06
	2211636	1343	2	17	己丑	314.93	315.41	287.08	256.20	294.52	336.06
206	2220625	1367	9	28	戊寅	207.47	230.61	252.91	262.07	234.29	192.39
	2220655	1367	10	28	戊申	244.20	266.03	275.24	267.21	237.51	222.39
207	2227009	1385	3	21	壬寅	25.28	36.08	35.46	83.11	84.47	8.60
	2227026	1385	4	7	己未	41.01	56.64	47.45	85.55	85.72	25.22
208	2241016	1423	7	27	己巳	147.00	158.79	159.93	167.63	198.70	131.41
	2241049	1423	8	29	壬寅	189.20	198.62	181.17	174.42	201.58	163.32
209	2248287	1443	6	23	庚辰	83.98	53.57	65.85	67.77	83.78	99.08
	2248287	1443	6	23	庚辰	83.98	53.57	65.85	67.77	83.78	99.08
210	2255745	1463	11	23	戊戌	264.52	295.73	308.08	303.98	320.04	249.44
	2255768	1463	12	16	辛酉	288.43	311.76	325.70	308.62	321.86	272.87
211	2262284	1481	10	18	丁酉	196.27	167.33	183.06	153.82	198.33	213.70
	2262300	1481	11	3	癸丑	214.52	183.37	193.29	156.04	200.17	229.81
212	2269764	1502	4	11	丁丑	45.63	73.52	97.70	43.52	76.22	29.78
	2269767	1502	4	14	庚辰	50.79	75.71	99.37	44.22	76.53	32.69
213	2271791	1507	10	29	甲子	205.32	208.24	152.01	211.46	160.75	224.46
	2271795	1507	11	2	戊辰	210.05	213.26	154.12	212.32	161.05	228.49
214	2272075	1508	8	8	戊申	162.61	190.41	211.06	220.44	163.16	144.36
	2272079	1508	8	12	壬子	168.86	194.28	213.63	220.93	163.64	148.22
215	2285004	1544	1	1	丁丑	266.53	278.07	222.48	234.87	239.12	289.77
	2285023	1544	1	20	丙申	292.78	275.35	233.74	237.75	240.60	309.08
216	2292468	1564	6	8	辛丑	101.47	127.07	125.16	127.58	121.80	86.46

（续表）

序号	儒略日	年	月	日	干支	水黄经	金黄经	火黄经	木黄经	土黄经	日黄经
	2292492	1564	7	2	乙丑	136.09	153.67	139.96	132.39	124.69	109.34
217	2299724	1584	4	30	丁酉	13.60	.17	13.32	18.46	1.33	39.63
	2299742	1584	5	18	乙卯	41.77	21.28	26.90	22.54	3.11	56.98
218	2306405	1602	8	15	戊午	167.59	166.79	204.27	198.19	225.97	141.72
	2306416	1602	8	26	己巳	168.35	180.20	211.35	200.06	226.52	152.34
219	2313736	1622	9	10	己巳	151.23	128.24	147.65	112.93	121.17	167.07
	2313749	1622	9	23	壬午	164.77	143.58	155.87	115.01	122.42	179.79
220	2320116	1640	2	28	己丑	312.44	292.86	264.74	273.33	323.16	339.04
	2320131	1640	3	14	甲辰	333.15	309.39	274.26	275.37	324.88	354.00
221	2327584	1660	8	9	丁巳	157.63	175.81	166.55	166.18	216.10	136.90
	2327608	1660	9	2	辛巳	186.57	177.80	181.95	171.18	217.69	160.07
222	2329121	1664	10	24	甲午	231.79	222.57	244.86	281.75	263.95	211.33
	2329125	1664	10	28	戊戌	231.06	227.57	247.79	282.34	264.30	215.33
223	2336442	1684	11	9	乙未	211.79	181.09	179.01	192.39	165.22	227.55
	2336458	1684	11	25	辛亥	225.95	197.20	188.65	195.37	166.31	243.72
224	2343138	1703	3	12	辛未	1.32	.59	42.36	18.72	9.76	350.73
	2343140	1703	3	14	癸酉	.20	3.08	43.71	19.17	10.00	352.72
225	2351162	1725	2	28	乙卯	312.61	311.23	317.76	328.35	289.14	339.42
	2351191	1725	3	29	甲申	350.31	346.94	340.47	335.05	291.22	8.25
226	2357836	1743	6	8	己巳	99.25	111.04	158.51	156.33	150.04	76.67
	2357862	1743	7	4	乙未	117.45	141.37	172.12	159.75	152.11	101.47
227	2371548	1780	12	22	辛丑	254.83	232.08	214.80	228.62	253.26	270.87
	2371584	1781	1	27	丁丑	292.04	276.13	236.80	234.41	256.99	307.53
228	2378247	1799	4	26	庚辰	51.07	63.79	82.52	60.97	110.47	35.72
	2378247	1799	4	26	庚辰	51.07	63.79	82.52	60.97	110.47	35.72
229	2380562	1805	8	28	乙卯	181.22	179.14	197.97	238.21	193.82	154.18
	2380578	1805	9	13	辛未	184.89	198.66	208.54	240.09	195.56	169.71
230	2400949	1861	6	22	壬寅	115.67	101.69	111.78	143.59	154.62	90.50
	2400968	1861	7	11	辛酉	126.00	124.98	123.89	147.01	156.29	108.61
231	2414957	1899	10	29	庚午	232.21	226.47	236.24	227.39	260.57	215.36
	2414958	1899	10	30	辛未	233.66	227.72	236.95	227.61	260.67	216.36
232	2415669	1901	10	11	壬戌	221.83	237.89	237.49	275.78	280.35	196.98
	2415686	1901	10	28	己卯	229.53	257.68	249.74	278.15	281.29	213.88

（续表）

序号	儒略日	年	月	日	干支	水黄经	金黄经	火黄经	木黄经	土黄经	日黄经
233	2423003	1921	11	9	丙子	210.43	203.92	181.43	189.18	183.68	226.06
	2423023	1921	11	29	丙申	230.86	228.93	193.62	192.79	185.52	246.24
234	2429694	1940	3	5	丁未	0.13	25.74	41.44	12.86	28.31	344.28
	2429697	1940	3	8	庚戌	0.01	29.22	43.46	13.55	28.62	347.28
235	2445714	1984	1	14	丁未	270.98	255.64	211.48	268.80	224.94	293.01
	2445714	1984	1	14	丁未	270.98	255.64	211.48	268.80	224.94	293.01
236	2445716	1984	1	16	己酉	271.97	258.07	212.49	269.23	225.07	295.04
	2445716	1984	1	16	己酉	271.97	258.07	212.49	269.23	225.07	295.04
237	2452387	2002	4	22	庚申	47.07	55.45	65.64	99.58	72.50	31.70
	2452411	2002	5	16	甲申	69.99	84.54	81.75	103.51	75.33	54.97
238	2466397	2040	8	30	庚寅	172.27	181.84	189.89	184.63	190.49	157.25
	2466418	2040	9	20	辛亥	202.79	207.46	203.65	189.03	192.91	177.66
239	2467117	2042	8	20	庚寅	174.31	192.56	196.41	233.66	211.71	147.15
	2467138	2042	9	10	辛亥	183.49	208.10	210.04	236.08	213.49	167.44
240	2473643	2060	7	2	丙子	85.50	60.18	80.42	80.00	71.32	100.91
	2473666	2060	7	25	己亥	107.19	77.43	96.07	84.97	73.85	122.85
241	2481129	2080	12	30	壬戌	294.24	326.35	347.27	321.96	313.66	279.19
	2481147	2081	1	17	庚辰	313.96	342.32	360.39	325.87	315.67	297.53
242	2487514	2098	6	24	丁亥	118.03	136.20	116.52	140.42	175.41	93.11
	2487529	2098	7	9	壬寅	123.35	152.29	126.05	143.23	176.28	107.41
243	2487662	2098	11	19	乙卯	221.17	193.03	211.38	169.64	190.80	237.20
	2487674	2098	12	1	丁卯	230.05	203.08	219.31	171.12	191.89	249.34
244	2501513	2136	10	22	丙午	224.20	251.20	234.63	222.64	278.09	208.95
	2501516	2136	10	25	己酉	228.64	254.69	236.75	223.29	278.29	211.93
245	2531766	2219	8	22	己未	172.18	165.23	224.65	211.02	217.65	148.31
	2531798	2219	9	23	辛卯	194.51	204.54	245.22	216.56	220.34	179.30
246	2538948	2239	4	21	辛丑	45.64	75.01	67.83	95.15	93.42	30.37
	2538970	2239	5	13	癸亥	67.34	88.64	82.58	98.89	95.50	51.77
247	2545475	2257	3	4	戊子	327.52	298.91	284.57	285.96	315.98	343.40
	2545506	2257	4	4	己未	349.62	328.02	306.35	290.29	319.03	14.29
248	2546216	2259	3	15	己酉	338.75	331.56	309.37	342.83	338.05	353.93
	2546216	2259	3	15	己酉	338.75	331.56	309.37	342.83	338.05	353.93
249	2552958	2277	8	29	辛未	171.46	200.91	192.08	181.17	208.94	156.00

（续表）

序号	儒略日	年	月	日	干支	水黄经	金黄经	火黄经	木黄经	土黄经	日黄经
	2552976	2277	9	16	己丑	198.21	213.44	203.76	184.94	210.68	173.43
250	2560212	2297	7	9	乙丑	86.45	81.36	87.97	77.48	91.98	107.34
	2560227	2297	7	24	庚辰	105.87	99.49	98.17	80.64	93.85	121.65
251	2574223	2335	11	19	丙申	219.82	209.70	213.48	166.06	208.90	235.72
	2574233	2335	11	29	丙午	226.53	222.14	220.09	167.26	210.00	245.80
252	2582925	2359	9	16	戊戌	154.67	134.03	125.60	161.42	138.82	172.62
	2582933	2359	9	24	丙午	165.32	143.42	130.60	163.13	139.72	180.41
253	2583223	2360	7	10	丙申	133.74	141.37	192.93	172.44	142.57	108.08
	2583245	2360	8	1	戊午	146.01	167.29	204.63	175.98	145.21	129.07
254	2589594	2377	12	19	丁未	284.86	288.69	312.16	336.38	343.21	266.88
	2589611	2378	1	5	甲子	300.10	309.88	325.43	339.27	344.37	284.19
255	2596928	2398	1	17	辛酉	280.47	255.01	245.69	244.63	248.58	296.57
	2596959	2398	2	17	壬辰	307.76	292.38	266.07	249.12	250.86	328.07
256	2603607	2416	5	1	庚辰	56.84	61.18	100.59	73.59	99.22	41.26
	2603631	2416	5	25	甲辰	80.17	90.43	114.97	78.94	101.66	64.50
257	2610869	2436	3	19	壬午	339.32	316.15	341.97	320.50	343.30	359.01
	2610876	2436	3	26	己丑	350.80	321.33	347.47	321.95	344.12	365.99
258	2618331	2456	8	23	甲辰	176.66	196.53	230.21	208.44	235.61	150.92
	2618358	2456	9	19	辛未	193.16	222.08	247.19	213.24	237.23	177.03
259	2626341	2478	7	29	甲戌	152.18	137.96	148.38	161.97	147.69	126.68
	2626348	2478	8	5	辛巳	154.51	146.57	152.79	163.36	148.56	133.37
260	2632043	2494	3	9	丙子	324.83	324.34	291.88	283.38	333.12	348.95
	2632059	2494	3	25	壬辰	337.99	344.14	303.23	285.53	334.94	364.94
261	2641038	2518	10	25	辛未	231.59	247.41	262.19	290.39	273.15	211.39
	2641066	2518	11	22	己亥	255.25	280.88	282.90	294.61	275.66	239.36
262	2655059	2557	3	15	壬子	8.22	30.56	64.65	27.25	18.44	354.68
	2655072	2557	3	28	乙丑	25.48	46.05	72.67	30.21	20.01	367.65
263	2661442	2574	9	5	乙亥	189.69	191.12	180.63	197.16	239.21	162.94
	2661450	2574	9	13	癸未	197.46	200.82	185.75	198.75	239.69	170.68
264	2685030	2639	4	6	癸未	355.22	332.12	337.83	364.30	313.36	15.72
	2685037	2639	4	13	庚寅	366.90	337.56	343.24	365.97	313.85	22.64
265	2690171	2653	5	3	甲子	60.58	88.46	105.13	70.47	118.44	42.86
	2690191	2653	5	23	甲申	77.51	105.03	116.95	75.01	119.95	62.28

（续表）

序号	儒略日	年	月	日	干支	水黄经	金黄经	火黄经	木黄经	土黄经	日黄经
266	2692490	2659	9	8	癸卯	189.76	211.12	222.57	248.64	202.95	165.31
	2692516	2659	10	4	己巳	210.76	235.80	239.84	252.00	205.91	190.58
267	2699027	2677	8	1	庚子	114.06	93.21	113.58	98.75	60.68	129.48
	2699038	2677	8	12	辛亥	120.62	98.42	120.85	101.04	61.38	139.99
268	2706202	2697	3	24	乙亥	341.59	339.29	282.33	325.90	303.52	363.74
	2706205	2697	3	27	戊寅	342.13	342.99	284.14	326.53	303.74	366.73
269	2712873	2715	6	30	丙戌	113.51	134.93	132.50	153.73	162.64	97.81
	2712913	2715	8	9	丙寅	151.61	180.19	157.48	161.21	166.56	136.00
270	2720137	2735	5	20	庚寅	36.33	17.27	23.05	46.61	42.91	58.58
	2720146	2735	5	29	己亥	51.84	27.66	29.94	48.73	44.01	67.27
271	2734140	2773	9	20	癸丑	161.40	135.11	154.49	138.98	161.83	177.36
	2734153	2773	10	3	丙寅	175.01	149.98	162.70	141.43	163.42	190.01
272	2740828	2792	1	12	辛巳	309.16	311.93	367.23	312.97	368.24	290.83
	2740830	2792	1	14	癸未	309.56	314.43	368.62	313.43	368.35	292.86
273	2756846	2835	11	20	己卯	222.25	194.49	185.49	217.17	205.49	237.51
	2756866	2835	12	10	己亥	242.47	211.12	197.21	221.22	207.55	257.65
274	2764328	2856	5	15	辛酉	70.91	100.92	98.69	112.37	82.06	55.40
	2764341	2856	5	28	甲戌	89.81	112.34	107.01	114.68	83.66	67.99
275	2770857	2874	3	31	庚戌	354.34	330.56	320.04	303.18	309.42	370.81
	2770878	2874	4	21	辛未	364.01	345.91	335.72	305.80	310.71	31.60
276	2771587	2876	3	30	庚申	348.09	342.46	336.65	358.79	330.44	370.33
	2771598	2876	4	10	辛未	365.92	355.98	345.18	361.40	331.49	21.25
277	2778340	2894	9	25	癸巳	198.14	229.09	223.36	198.69	200.70	182.93
	2778343	2894	9	28	丙申	202.91	231.92	225.35	199.32	201.06	185.85
278	2785597	2914	8	9	庚寅	117.01	109.12	121.64	96.25	82.16	136.88
	2785607	2914	8	19	庚子	130.96	121.18	128.22	98.22	83.02	146.45
279	2791981	2932	1	31	甲寅	292.54	273.16	237.17	258.93	295.00	310.21
	2791985	2932	2	4	戊午	298.44	278.03	239.41	259.62	295.46	314.28
280	2792269	2932	11	14	壬寅	255.06	266.99	314.46	267.16	297.10	231.99
	2792283	2932	11	28	丙辰	265.25	283.93	324.38	270.10	298.21	246.03

附录四

关于本书所涉及的天文学软件[1]

早期情况简介

应用现代天文学方法回推古代天象（如日月行星彗星位置等）以确定其年代时，日月及行星星历表为必需之物。

而天文学前沿研究所用的星历表，其时间跨度通常只有几百年，对本书的课题而言是不够的（本书的课题需要 3000 年以上）。

早在 1963 年，斯塔曼（Stahlman et al）就已经用分析方法求出太阳和行星 4000 年（公元前 2000 年—公元 2000 年）位置表，以供天文学史研究之用。但此表精度仍不够高，更重要的是它使用不方便。所以有些学者干脆自己用天体力学方法回推，并且都号称自己的最精确。他们只对外提供执行程序，而源程序则秘不示人，这就使得使用者无从比较其优劣。在处理古代天象和编排朔望表时产生不必要的纷争。

美国著名的喷气推进实验室（JPL）之斯坦迪士（M. Standish）等人长期致力于行星和月球历表的研究工作，他们用数值积分方法，结合最新的理论模型和观测结果，研制出了与各个时期的科学水平相适应的系列星历表，提供给全世界学者使用。绝大多数 JPL 星历表时间跨度较短，目的是供天文学前沿、航天等领域应用。多年以来，JPL 的 DE 系列星历表已成为国际天文学界最主流的星历表，是目前世界上最

[1] 本附录的前两节主要由卢仙文博士执笔。

权威、使用范围最为广泛的历表。

进入 20 世纪 80 年代以来，斯坦迪士和他的同事们制作了长时间跨度的行星历表 DE102（公元前 1411 年—公元 3002 年），在国际上得到广泛使用。但不知何故，国内天文史专家却不使用[1]。

长时段日月行星星历表数据库 DE404

DE404 是继 DE102 后 JPL 推出的又一长时段星历表，时段长达 6000 年（公元前 3000 年—公元 3000 年）。比之前面的历表，它不但吸收了雷达、射电天文学（对可见光波段之外的电磁辐射进行观测的天文学手段）、甚长基线干涉（VLBI）、宇宙飞船、激光测月等等最先进技术所获得的最新观测数据，而且在力学模型上有所改进，保证了积分初始值的精确性和理论的先进性。而且，在积分过程中，不但与历史上的观测记录进行了比较，估计每个世纪行星的误差在百分之一角秒量级，月球误差在一个角秒的量级；还同时对比了纯粹用分析方法所得的结果。这就保证了该历表极高的稳定性和可靠性

我们通过国际互联网与斯坦迪士本人联系，他得知我们的研究工作之后，就将全套 DE404 星历表及相关软件无偿提供给我们使用。对这种“科学无国界”、“学术为天下之公器”的精神，我们在此深表谢忱。

我们利用 DE404 检验了纯粹用分析方法所得的结果，发现二者之间存在一定的差别（见下表）。向前逆推二千多年，行星位置差至多不过 1°有余，由于行星本身移动不快，因此，用分析方法的行星历表分析古代有关行星的天象时，多数情形下不会有误。而月球位置差则可达到 7°以上，由于月球运动较快（每天约 13.4°），因此在计算古代日月食和编制朔望表时，用分析方法和 DE404 就会产生明显的差别[2]。

---

[1] 顺便一提，有一个在当时可算非常有名而且先进的软件《红移二号》(REDSHIFT II)，就是在 DE102 的基础上编写的。该软件虽然主要是供天文爱好者使用的，但精度也已经相当高了。

[2] 计算该表所用之分析方法数据系刘次沅所提供。

分析方法误差表

（归算到公元 2000.0 历元）　　（单位：度）

儒略日	水星	金星	火星	木星	土星	月亮	太阳
1730000.0	0.34	0.25	0.14	0.17	0.67	1.59	0.22
1700000.0	0.30	0.27	0.20	0.20	−0.22	1.22	0.24
1670000.0	0.12	0.33	0.22	0.24	0.13	1.95	0.26
1640000.0	−0.03	0.33	0.19	0.26	0.21	2.51	0.29
1610000.0	0.20	0.34	0.16	0.22	0.13	2.15	0.31
1580000.0	0.39	0.36	0.18	0.13	0.16	2.23	0.34
1550000.0	0.49	0.36	0.26	0.15	0.52	2.82	0.34
1520000.0	0.57	0.30	0.34	0.31	0.70	3.03	0.36
1490000.0	0.66	0.46	0.32	0.45	0.42	2.99	0.40
1460000.0	0.73	0.51	−0.06	0.57	−0.25	3.23	0.44
1430000.0	0.72	0.55	0.36	0.61	−0.69	4.03	0.48
1400000.0	0.57	0.58	0.10	0.49	−0.32	4.35	0.61
1370000.0	0.24	0.07	0.40	0.45	0.04	3.99	0.54
1340000.0	−0.06	0.60	0.11	0.40	0.06	4.30	0.55
1310000.0	0.20	0.60	0.39	0.38	−0.22	5.36	0.57
1280000.0	0.67	0.57	0.48	0.29	0.37	5.75	0.59
1250000.0	0.91	0.74	0.53	0.24	1.39	5.21	0.65
1220000.0	0.99	0.74	0.55	0.31	1.31	5.44	0.69
1190000.0	1.02	0.81	0.46	0.51	0.53	6.09	0.75
1160000.0	1.0	0.89	0.50	0.69	−0.39	7.12	0.78
1130000.0	0.97	0.12	0.41	1.08	−0.46	6.33	0.81
1100000.0	0.82	0.92	0.64	1.31	0.05	6.88	0.82
1070000.0	0.41	0.91	0.58	1.21	−0.12	7.59	0.83
1040000.0	0.20	0.99	0.70	1.08	−0.95	7.50	0.88
1010000.0	0.85	1.08	0.29	0.91	−o.79	7.34	0.95

从上表可以清楚看到，月球运动的误差是最为明显、绝对无法忽略的。年代越往前，误差积累越明显。

当然，要自如使用 DE404 也不是一件很容易的事。DE404 实际上是一个巨大的数据库，如何从该数据库中调出数据，使之为自己的目的服务，还需要一些辅助程序，并用适当的计算机语言编程。

还有一个问题也可以顺便在这里一提：

国内有些颇负盛名的天文学史研究者，迄今仍在使用纽康太阳历表和 ILE 月亮历表，而这两种表在国际天文学前沿领域早已被淘汰。纽康太阳历表在 19 世纪末就已经问世，ILE 月亮历表也是 40 年前的旧物，国内有些天文学史研究者之所以坚持使用它们，是因为他们多年来已经习惯如此，并且未能掌握使用新历表及相关软件的方法。

而目前在国际天文学界得到普遍使用的则是 DE 系列星历表。

因此，在“天再旦”之类涉及交蚀计算的课题中，计算某次日食发生的时间和可见地点时，仍旧使用落后的纽康太阳历表和 ILE 月亮历表，就可能带来相当大的误差——大到可能危及结论的成立。故在现今的天文学史研究中，无疑应该尽量使用最先进的历表。

《天图》（SkyMap）

另一个比较重要的软件是美国的《天图》（SkyMap）3.2，这是一个非常先进的天象演示软件，能够在给定观测时间、观测地点之经纬度后，立即演示出此时此地的实际星空，包括恒星、太阳、月亮、各行星、彗星乃至河外星云等几乎所有天体的精确位置。我们用 DE404 检验了该软件的精度，发现在前推 3000 余年时，其误差仍仅在角秒量级，这对本专题的研究来说已经绰绰有余[1]。本书中的实际天象图，皆由该软件生成。

该软件系美国的黄秀莲女士帮助我们购买，在此深表谢意。

[1] DE404 软件给出的结果是历书时，考虑到地球自转速度的长期变化，为在准确时间上重现历史天象还需要做一个修正，在距今 3000 年时，这一修正的结果是一个将近 8 小时的量。我们在本书中给出的结果已经考虑了这项修正。《天图》在其给出的结果中也已经考虑了这项修正。

应用举例：所谓“行星大十字”

上述两软件皆在本书所依据的研究过程中被大量使用。但我们在此处不妨再提供一个极具特色的应用例证。

在本书写作后期，所谓象征世界末日的“行星大十字”正被媒体炒得沸沸扬扬——有许多报道表面上也是批判伪科学、论证世界末日之无稽等，但实际上是迎合读者的猎奇心理。论证此说之荒唐无稽，有各种途径，其中特别有说服力的一种，是计算出“行星大十字”的历次出现，以说明它根本没什么神秘，历次出现也未给人类带来过什么“末日”。下面就是计算的结果：

计算的时间跨度：公元前 2901 年—公元 2950 年。这将近 6000 年的时间跨度，几乎包括了 DE404 的全部时段。

所取“十字”之定义：

一、在地心坐标系中，日、月和其他八颗行星分成四组，每组 2—3 个天体，它们的黄经要求很接近，相差不超过 30°。

二、每组天体的黄经相差在 90°左右。允许有一定范围的误差，但不能太大。要保证“十字”的两条连线基本上垂直。

说明：

所谓的“十字”中如不包括月亮，则入选次数将大大增加。但在欧洲，至少从中世纪以来的星占学术语中，“行星”本来就包括日、月和金、木、水、火、土五大行星。后来又发现天王星、海王星和冥王星，自然加入行星的序列，而“行星”中包括日、月的旧传统，则在此后的星占学中仍然保持。

计算的结果见下表。在所计算的时间跨度中，严格符合定义者共 19 次。其中公元前 6 次，公元后 13 次（包括 1999 年的这次）。时间上分布的不均匀未必能说明什么问题，一者此种天象迄今尚未发现有什么周期性，二者也可以猜测在更长得多的时段中或许存在着某种周期。

古今“行星大十字”表

儒略日	年	月	日	水	金	火	木	土	天	海	冥	月	日
723929	2731	1	4	249.4	273.5	334.7	59.0	149.4	148.0	343.5	94.1	339.3	262.4
919437	2196	4	13	16.8	347.6	259.5	102.0	209.0	285.8	81.1	205.4	259.9	3.3
1015552	1933	6	6	50.6	52.3	140.5	168.1	183.9	333.1	301.4	242.3	231.6	57.0
1129990	1620	9	29	186.5	185.0	90.1	331.8	73.5	242.9	266.1	331.7	76.5	171.6
1134671	1607	7	24	107.0	100.9	30.8	18.2	211.4	296.9	296.7	345.9	189.8	105.1
1160672	1536	9	30	171.4	178.7	246.6	11.7	10.2	244.1	96.5	57.7	76.2	173.2
1830397	299	5	10	41.5	43.3	307.9	234.8	124.4	207.3	163.8	291.3	313.4	48.1
1867812	401	10	16	223.5	211.9	122.1	123.5	285.9	285.0	30.4	43.4	106.5	203.6
1930195	572	8	2	114.7	114.3	60.9	239.0	222.7	300.5	48.0	329.2	210.1	131.2
2104832	1050	9	19	173.9	176.2	129.0	16.8	305.2	195.5	17.7	312.6	181.5	181.3
2105149	1051	8	2	128.7	129.6	207.8	53.8	320.9	197.5	20.9	315.0	44.8	134.2
2214072	1349	10	19	203.7	220.7	143.7	109.0	7.0	34.2	312.4	16.3	297.5	213.7
2451409	1999	8	18	126.4	148.6	230.5	34.9	47.1	314.4	302.4	247.7	222.8	144.6
2473330	2059	8	24	149.8	157.3	208.0	59.8	63.0	210.5	78.4	351.2	347.0	151.4
2575209	2338	8	1	145.4	120.0	53.2	220.4	231.8	332.6	328.8	29.0	302.0	128.4
2703956	2691	1	29	319.3	307.7	189.7	145.7	235.3	38.3	21.6	142.5	31.5	308.7
2736675	2780	8	29	162.1	161.2	75.4	331.7	239.1	67.9	219.4	330.0	245.1	156.4
2736683	2780	9	6	155.8	171.1	80.2	330.7	239.5	68.0	219.6	329.8	343.5	164.1
2750156	2817	7	27	113.4	142.0	199.6	28.8	331.0	229.5	300.8	17.9	30.8	124.9

说明：灰色栏中的年份是公元前。

附录五

天球坐标系之间的变换

在地平坐标系、赤道坐标系和黄道坐标系中，一个天体的位置可以由一对坐标值来唯一确定。有时通过观测或查表等方式获得了天体在某一个坐标系中的坐标，需要进一步知道该天体在其他坐标系里的坐标，这就需要进行坐标变换。以下分别介绍几种常用的坐标系变换。

一、地平坐标和时角坐标之间的变换

如下图,O 为天球的球心，在本例中为地心。Z 为天顶,P 为北天极，

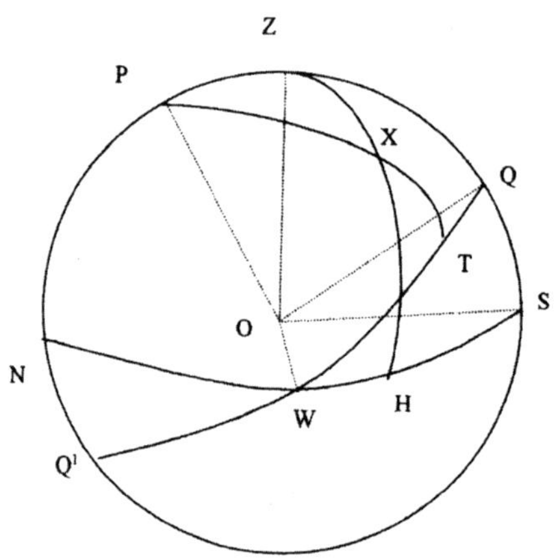

地平－时角坐标变换示意图

NWS 为地平，QWQ[1] 为赤道。X 为天体，大圆弧 ZXH 与地平线垂直交于 H，大圆弧 PXT 与赤道垂直交于 T。设观测地的地理纬度为φ，则圆弧 PZ 等于 $90°-\varphi$。

设天体 X 的地平坐标为（A，z），时角坐标为（t, δ），则圆弧 ZX 为天顶距 z，∠SZX 为方位角 A；XT 为天体的赤经 δ，∠QPX 为时角 t。

（a）设已知 A 和 z，求 t 和 δ 的公式为（1）：

$$
(1)\begin{cases}\cos\delta\cos t=\sin\varphi\sin z\cos A+\cos\varphi\cos z\\ \cos\delta\sin t=\sin z\sin A\\ \sin\delta=-\cos\varphi\sin z\cos A+\sin\varphi\cos z\end{cases}
$$

（b）设已知 t 和 δ，求 A 和 z 的公式为（2）：

$$
(2)\begin{cases}\sin z\cos A=\sin\varphi\cos\delta\cos t-\cos\varphi\sin\delta\\ \sin z\sin A=\cos\delta\sin t\\ \cos z=\cos\varphi\cos\delta\cos t+\sin\varphi\sin\delta\end{cases}
$$

二、赤道坐标与和黄道坐标间的变换

设天体 S 的赤道坐标是（α, δ），黄道坐标是（λ, β）。图中 Υ

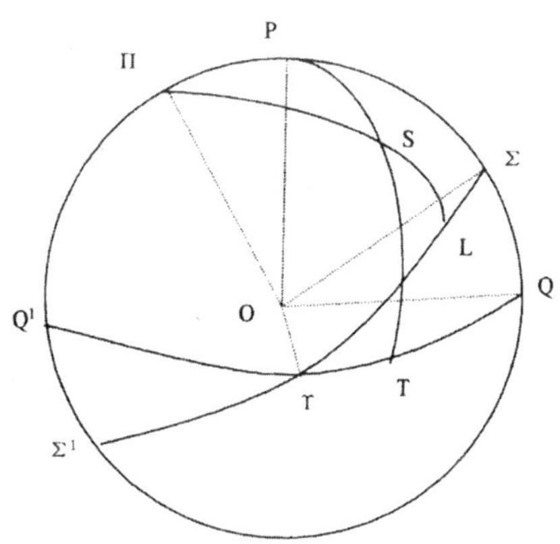

赤道－黄道坐标变换示意图

为春分点，P 为北天极，Π 为北黄极，则 ΠP 的数值等于黄赤交角 ε。O 为地心。

（c）设已知（α，δ），求（λ，β）的公式为（3）：

$$（3）\begin{cases}\cos\beta\cos\lambda = \cos\delta\cos\alpha \\ \cos\beta\sin\lambda = \cos\varepsilon\cos\delta\sin\alpha + \sin\varepsilon\sin\delta \\ \sin\beta = -\sin\varepsilon\cos\delta\sin\alpha + \sin\delta\cos\varepsilon\end{cases}$$

（d）设已知（λ，β），求（α，δ）的公式为（4）：

$$（4）\begin{cases}\cos\delta\cos\alpha = \cos\beta\cos\lambda \\ \cos\delta\sin\alpha = \cos\varepsilon\cos\beta\sin\lambda - \mathrm{sim}\varepsilon\sin\beta \\ \sin\delta = \sin\varepsilon\cos\beta\sin\lambda + \cos\varepsilon\sin\beta\end{cases}$$

利用以上四组公式，可以唯一地把一组已知坐标转化为另一组坐标。

附录六

中国古代恒星总图——三垣二十八宿

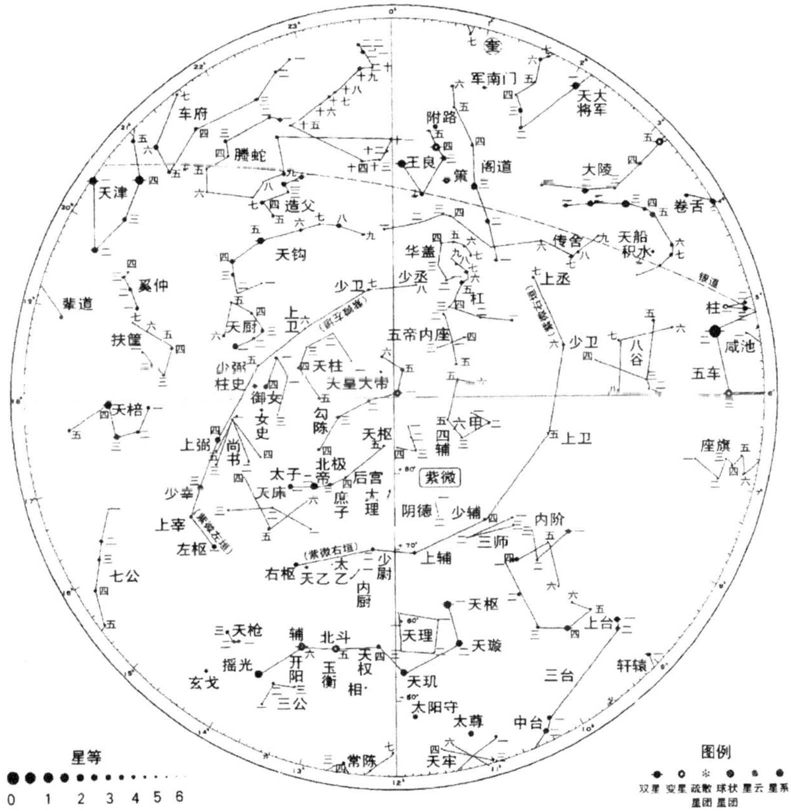

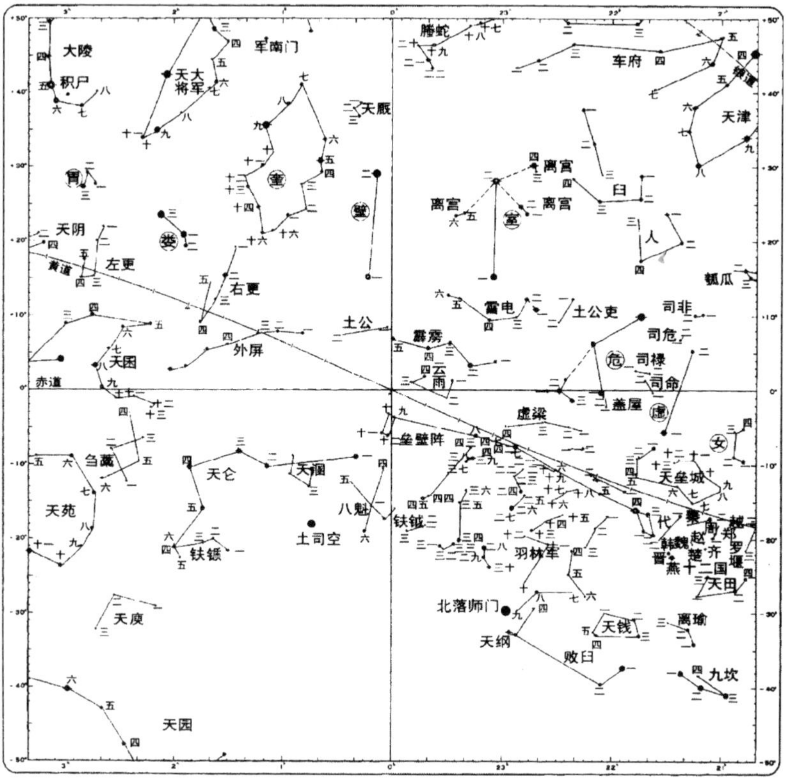

大陵
积尸
天大将军
军南门
胃
天阴
娄
奎
天厩
壁
左更
右更
黄道
土公
外屏
天囷
赤道
刍藁
天仓
天溷
八魁
土司空
天苑
鈇锧
天庾
天园
螣蛇
车府
天津
离宫
离宫
离宫
室
臼
人
瓠瓜
雷电
土公吏
司非
司危
危
司禄
司命
霹雳
云雨
盖屋
虚梁
虚
女
垒壁阵
天垒城
鈇钺
羽林军
北落师门
天纲
败臼
天钱
离瑜
九坎
代
秦
周
越
郑
韩
魏
赵
齐
晋
楚
燕
十二国
罗堰
天田

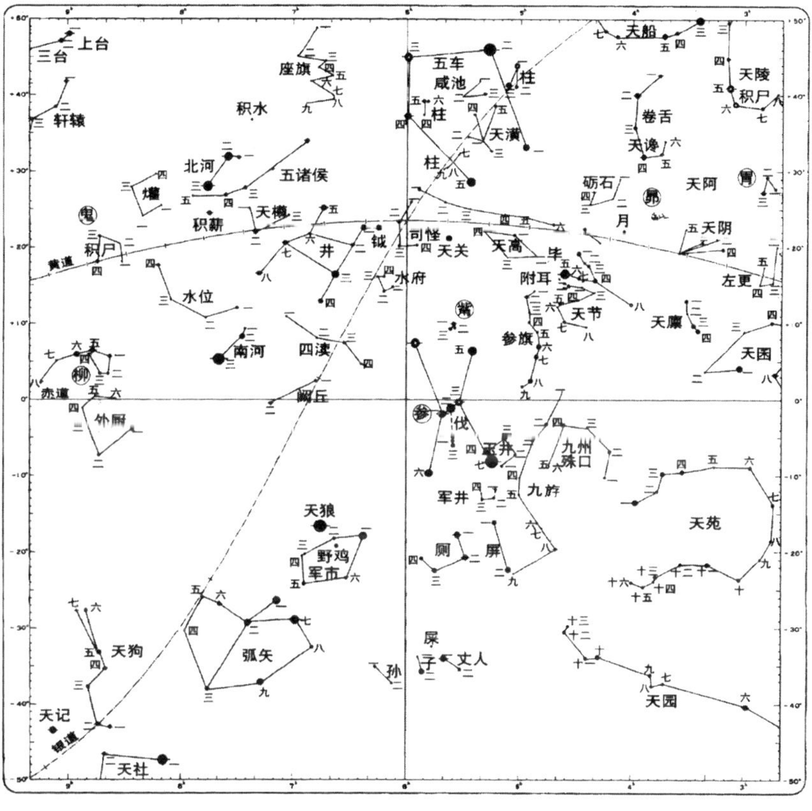

上台
三台
轩辕
座旗
积水
五车
咸池
柱
天潢
天船
天陵
积尸
卷舌
天谗
北河
五诸侯
砺石
天阿
月
天阴
天樽
积薪
井
钺
司怪
天关
天高
毕
左更
黄道
积尸
水位
水府
附耳
天节
天廪
参旗
南河
四渎
天囷
柳
赤道
外厨
阙丘
参
伐
玉井
九州殊口
九斿
军井
天苑
天狼
野鸡
军市
厕
屏
弧矢
天狗
屎
丈人
子
孙
天园
天记
银道
天社

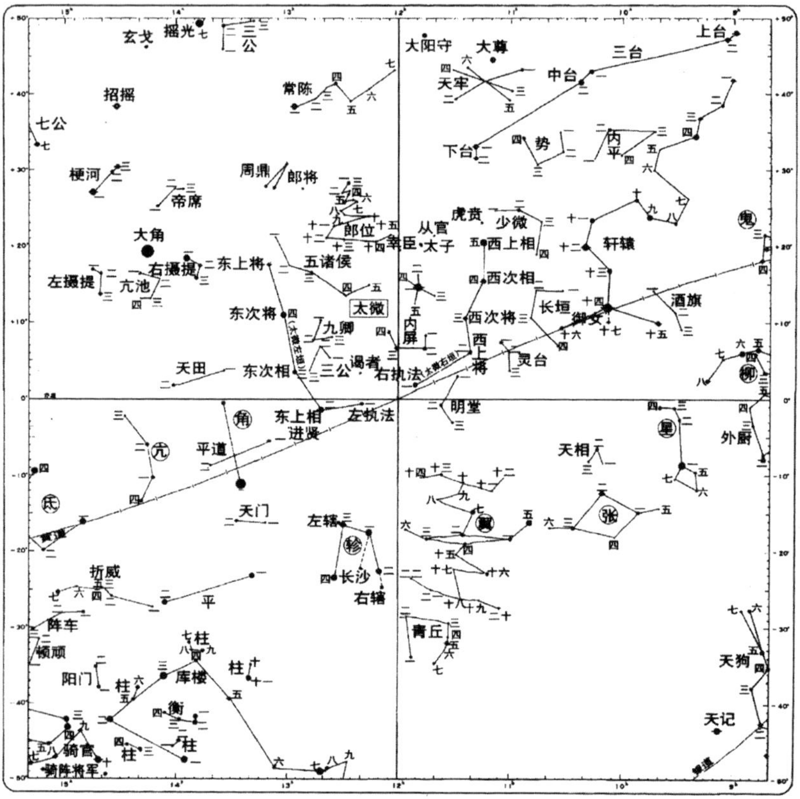
玄戈
摇光
三公
七公
招摇
常陈
大阳守
大尊
天牢
中台
三台
上台
下台
势
内平
梗河
周鼎
郎将
帝席
大角
郎位
虎贲
少微
从官
幸臣
太子
西上相
轩辕
鬼
左摄提
亢池
右摄提
东上将
五诸侯
西次相
酒旗
东次将
太微
长垣
西次将
御女
九卿
内屏
天田
东次相
三公
谒者
右执法
西上将
灵台
柳
东上相
左执法
进贤
明堂
角
亢
平道
天相
星
外厨
氐
天门
左辖
轸
翼
张
长沙
右辖
折威
平
阵车
青丘
顿顽
七柱
柱
天狗
阳门
柱
库楼
衡
天记
柱
骑官
骑阵将军

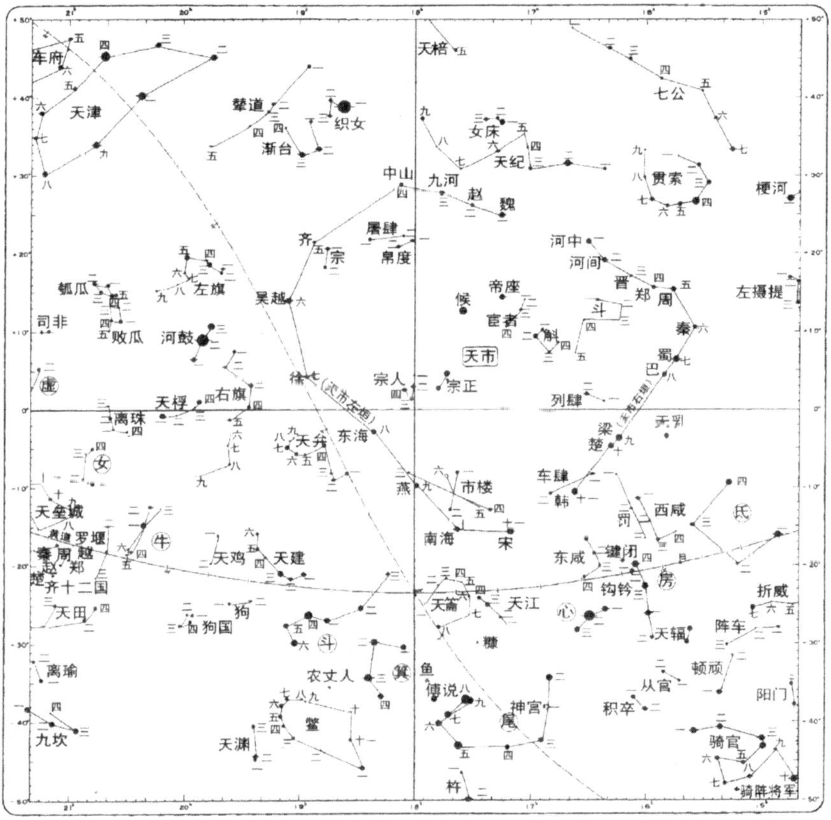
车府
天津
辇道
织女
渐台
天棓
七公
女床
天纪
贯索
梗河
中山
九河
赵
魏
屠肆
帛度
齐
宗
河中
河间
晋
郑
周
左摄提
帝座
候
宦者
斛
斗
秦
蜀
巴
匏瓜
左旗
吴越
司非
败瓜
河鼓
天市
虚
徐
天市左垣
天市右垣
宗人
宗正
列肆
天桴
右旗
离珠
东海
梁
楚
天乳
天弁
女
车肆
韩
燕
市楼
西咸
氐
天垒城
罗堰
牛
南海
宋
罚
天鸡
天建
东咸
键闭
房
齐十二国
钩钤
折威
天籥
天江
心
天田
狗
狗国
斗
糠
天辐
阵车
离瑜
农丈人
箕
鱼
顿顽
傅说
从官
阳门
神宫
积卒
尾
鳖
九坎
天渊
骑官
杵
骑阵将军

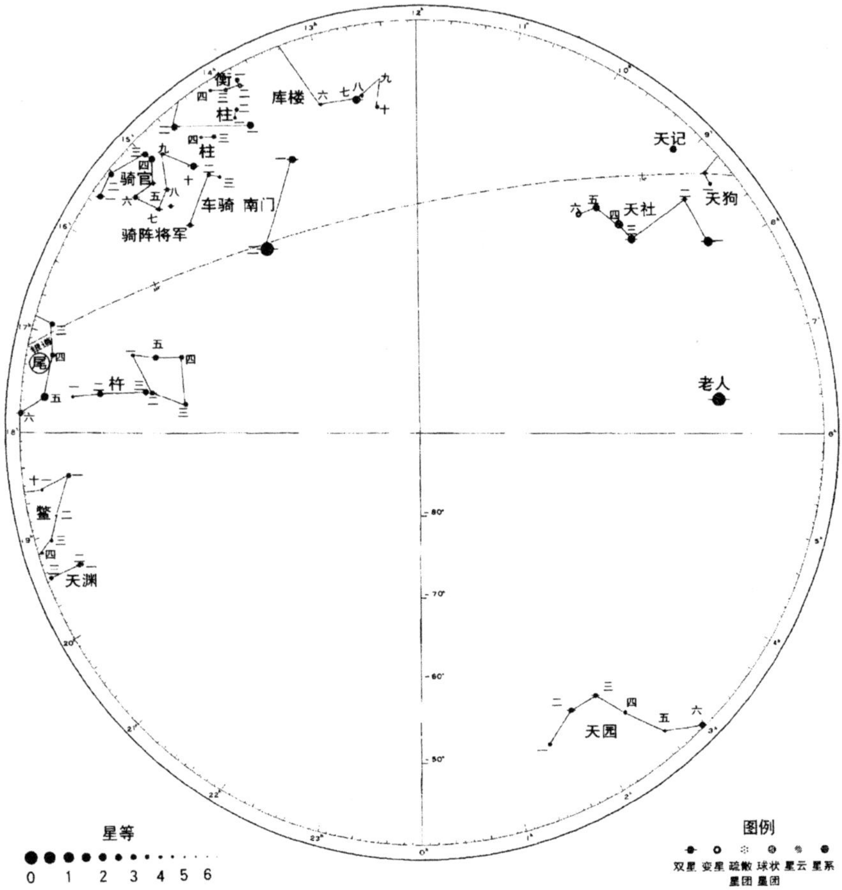

据伊世同主编:《全天星图》(地图出版社，1984)重新绘制

附录七

三种克商之年证据多寡优劣一览表

在夏商周断代工程将近结束时，出现了三种关于武王克商的年代，为便于比较三说优劣，特制作下表：

天象记载

文献及内容	公元前1044年说	公元前1046年说	公元前1027年说
《汉书》引《武成》： 历日	合	能自洽	无具体日期
月相	有文献依据	无文献依据，且不合常理（肉眼观测很难确定）	无具体日期
《逸周书·世俘》： 四月乙未	合	不合	无具体日期
一月丙午旁生魄	合，且不必改动文献	不合，除非改动文献	无具体日期
《国语》： 伶州鸠所述天象	合	合	不合
可疑的“岁在鹑火”	不依赖	严重依赖	不依赖
利簋铭文： 甲子日克商	合	合	无具体日期
甲子朝岁鼎	合	不合（发生在前一天）	无具体日期
伪古文《武成》： 月相	合	不合	无具体日期
《书序》： 一月戊午师渡孟津	合	不合	无具体日期
《淮南子·兵略训》： 东面而迎岁	合	不合	无具体日期

王年记载

文献及内容	公元前 1044 年说	公元前 1046 年说	公元前 1027 年说
鲁公纪年	可合	可合	不合
《古本竹书纪年》	不合	不合	合
武王克商后在位	2 年：有文献依据	4 年：缺乏文献依据	未考虑
与“西周列王的年代学的研究”结题报告中成王元年吻合	有文献依据（武王克商后在位 2 年）	缺乏文献依据（武王克商后在位 4 年）	不合

附加说明：

前人常谓《武成》“惟一月壬辰，旁死魄，越翼日癸巳，王朝步自周，于征伐纣”及《世俘》“惟一月丙午旁生魄，若翼日丁未，王乃步自于周，征伐商王纣”两条记载矛盾，一直是据《武成》以改《世俘》，而未见为这样改动提供足够的根据。

根据我们的研究，从壬辰到丙午正好半个朔望月，这两条记载的月相和历日干支是完全自洽的，我们可以给出一个新的解释：将《武成》“**王朝步自周**”释为“武王自周地出发”（注意：周师已经先期出发），将《世俘》“**王乃步自于周**”释为“武王从周地来到军中”。武王于一月壬辰旁死魄之次日从周地出发，至一月丙午旁生魄的次日与大部队会合。这样的解释合情合理，又不必改动文献，就可使《武成》、《世俘》两者同时畅然可通，应该是更可取的。

假如不改动文献，那么在公元前 1046 年说的月相定义下，“壬辰旁死魄”和“丙午旁生魄”必分处两个月中，与记载中两者同处一月不合；而在公元前 1044 年说的月相定义下所排的历日与记载相合。

附：关于“次优解”问题致李学勤先生的信件：

学勤先生史席：

我们已经又作了一系列计算，兹将结果汇报如次：

关于月在天驷。“天驷”星就是天蝎座 π 星。讨论会上有人主张可以是指四颗星，为求严密无失，我们此次试改从此说进行计算，结果与我们预料的完全一样：两说筛选的结果几乎没有差异。原因说来也很简单：天驷四星的黄经几乎完全相等——它们排列成垂直于黄道的一条直线。故我们原先令月球与天驷之黄经差小于 2°，已经是极宽条件矣。

天驷之疑问既除，接下来考虑不同的月相定义。计算结果见下表：

……（略）

综上所述，我们相信，最优解确实反映了历史真相。因此鄙见以为提供“次优解”非但从科学上说没有意义，从事功的角度来说，对工程整体亦无益也——“次优解”可能导致人人各取所需，只会徒增混乱。

至于“既死霸”的问题，可有两条出路：一是设法对“粤若来二月既死霸粤五日甲子”文句作新的解读，将“既死霸”理解为新旧月之交的天象，实际上就是“月亮完全看不见了”，这样置之上月之末也就可通。[1] 二是为月相术语定义之改变寻找一些理由。

因此，我们认为不宜提交关于“次优解”的正式报告，故采用信件形式向先生汇报。并且强调，我们认为这些“次优解”在科学上没有意义，对工程整体来说则极可能是有害的。

披沥直陈，恭请指教。耑此即颂

文安

江晓原　顿首

一九九九年一月八日

[1]　有人建议定义“既死霸”为下弦月之始，实际上很成问题。因为用肉眼确定下弦或上弦之始，要比用肉眼确定新、旧月之交困难得多。

附录八

近年海内外媒体对本书研究成果的大量报道

（不完全统计）

海内外媒体对本书研究成果报道统计表

“武王伐纣”专题研究成果

1.“‘武王伐纣时的天象研究’课题最新进展”,《科技日报》1997.4.28.

2.“千古之谜：武王伐纣年代？——江晓原教授谈‘夏商周断代工程’专题研究进展”,《文汇报》1997.12.26.

3.“上古年代之谜有望破解”,《科学时报》1999.1.6.

4.“武王伐纣何日胜　天文破解千古谜”,《文汇报》1999.1.10.（头版）

5.《世界日报》（美国华文报纸）1999.1.17.

6.《联合报》（台湾）1999.1.17.

7. 上海东方广播电台“东方时空”1999.2.11. 早上

8.《文汇报》（香港）1999.2.11.

9.《上海科技报》1999.2.12.（头版）

10. 新华社新闻稿《“武王伐纣”日程表重现于世》，1999.3.5.

11.《新闻报·晚刊》1999.3.5.（头版）

12. 中央电视台 1999.3.6. 中午 12:00“新闻 30 分”
13.《世界日报》(美国华文报纸)1999.3.6.
14.《侨报》(美国华文报纸)1999.3.6.
15.《深星时报》(香港)1999.3.6.
16.《解放日报》1999.3.6.
17.《北京晚报》1999.3.7.
18.《海南日报》1999.3.8.
19.《福州晚报》1999.3.8.
20.《长江周末》1999.3.20.
21.《北京日报》1999.3.28.
22.《中国老年报》1999.4.16.
23. 新华社新闻稿,1999.4.26.
24.《新华每日电讯》1999.4.27.
25.《澳门日报》1999.4.27.
26.《沈阳晚报》1999.5.25.
大批省报及晚报未及统计

推算孔子诞辰
27.《文汇报》1999.6.23.(头版)
28. 香港中国通讯社 1999.6.23.(上海电)
29.《沈阳日报》1999.6.24.
30.《天津日报》1999.6.24.
31. 新华社新闻稿(记者喻菲),1999.6.25.
32.《上海科技报》1999.6.25.(头版头条)
33.《华声报》1999.6.26.
34.《世界日报》1999.6.26.
35.《新民周刊》1999.6.28.
36.《钱江晚报》1999.6.28.
37. 人民日报网络版·晚报新闻 1999.6.28.
38.《生活时报》1999.6.29.

39.《人民公安报》1999.7.3.（摘自《北京晨报》）

40.《沈阳晚报》1999.8.3.

41.《沈阳日报》1999.8.5.（整版“特别报告”）

42.《资产周末》1999.8.20.（头版头条+第 10 版）

43. 人民日报网络版·国内媒体视点 1999.9.6.

44.《科技日报》1999.9.6.（“科海聚焦”）

45.《情系中华》（浙江省一级期刊）1999 年第 10 期

46.《青年科学》（辽宁省一级期刊）1999 年第 11、12 期（连载）

47.《中国教育报》2000.3.16.

大批省报及晚报未及统计

综合索引

（按汉语拼音顺序）

X

Y

后记

本书付梓之际，常有友人就“天文历史年代学”的概念垂问，因此借后记中的篇幅再谈一谈。

所谓“天文历史年代学”，即运用天文学方法去解决历史年代学问题。它实际上是天文学史或历史学之下的一个交叉学科的小分支。“天文历史年代学”这个名称，虽是由我首次明确提出来，但这个小小的学科分支是早就存在着的。至少，西方学者早在几个世纪之前就已经在运用天文学方法解决历史年代学问题了。

但是天文历史年代学的首创之功，恐怕确实要归于中国人。可以毫不夸张地说，两千年前，西汉末年的超级学术大师、王莽新朝的“国师”刘歆，正是天文历史年代学之祖。他留下的《三统历·世经》就是历史上第一个天文历史年代学的成果。天文历史年代学中的很多基本思路，刘歆都已经有了。他所缺的，主要是两个工具：一是现代的天体力学方法，二是现代的电脑。我曾不止一次在公开场合说过，如果有人能将天体力学公式和奔腾电脑送给刘歆，刘歆也能很好地解决武王伐纣的年代问题——这固然是玩笑之辞，但并非毫无道理。

不过严格地说，现代意义上的天文历史年代学，只能等到20世纪的最后几年才能真正确立。这是因为，刘歆所缺的那两个工具，对于现代意义上的天文历史年代学来说，一个也不能少。没有现代的天体力学，就无法从理论上精确回推几千年前的真实天象；而没有今天的电脑，就很难在实际上对几千年前的天象进行巨量的、地毯式的回推计算。此两大工具任缺其一，就无法完成武王伐纣日程表之类的课题所需要的计算。

我们以武王伐纣年代等问题为个案，所发展的这一套天文历史年代学方法，主要是用于解决早期的历史年代学问题，而稍后（比如，公元前 841 年之后）的历史，因为已经有明确的历史纪年，年代学问题就不那么棘手了。但年代学问题的出现，是不以人的意志为转移的，公元前 841 年之后的历史仍然有年代学问题，我们的方法同样可以应用于这些问题——通常不用像武王伐纣年代问题那样费事——孔子诞辰问题就是一个极好的例证。

我们所处的时代，是一个变化很快的时代。回想三年之前，我领导的中国科学院上海天文台的天文学史研究组，接受了“夏商周断代工程”中的《武王伐纣时的天象研究》和《三代大火星象》两个专题。而到本书付梓时，我已担任上海交通大学科学史系——这是全国第一个这样的系——的首任系主任，当年天文学史研究组的主要成员之一钮卫星博士也调入了本系。人事变迁如白云苍狗，不禁令人感慨系之。

“夏商周断代工程”结题时，我们的成果无疑应由上海交通大学和中国科学院上海天文台共享。

江晓原

2000 年 1 月 6 日

于上海交通大学科学史系